生态文明视野中的心理学研究

第二届全国生态与环境心理学大会论文集

田　浩　吴建平　王广新　李　明／主编

中央编译出版社
CCTP Central·Compilation & Translation Press

目录 Contents

序言：论环境意象的象征意义 朱建军 /01

理论进展与研究综述

走向生态主义的心理学 訾非 /002

第30届国际心理学大会"环境与可持续性"研究综述 吴建平 李娜 /019

2000—2012年我国环境心理学的研究现状：
    基于CNKI文献计量学分析 王凡 李朝旭 史娟 /033

生态消费：二元对立中的演化与发展 王广新 /042

生理温暖同人际温暖的联系 苏金龙 杨昭宁 /051

从活动论到具身认知：谈生态化学习观的发展历程 宋东清 付瑛 /061

进化视角下的乱伦回避 吴宝沛 /070

环境认知与环境适应

青少年依恋环境的情绪启动和注意恢复功能 池丽萍 苏谦 /090

环境群体性事件中的公众心理需求分析 王政 /106

让教室环境更美好：复愈性教室环境研究 张帆 吴建平 /112

大学生教室座位偏好的环境心理研究 张丽敏 /124

生态视域下的大学课堂环境创设策略研究 杨洪瑞 /133

在京少数民族大学生城市认同
　　与社会适应水平研究　尹佳骏　吴建平　/141
复愈性环境的理论与实证性研究综述　许志敏　吴建平　/152
压力水平与社会网络构建关系的研究　赵爽　/162

生态心理咨询

医易心理治疗方法论和方法模型　张桂赫　/180
浅析生态心理学理念对心理咨询的启示　温娟　訾非　/194
老子"无为"思想对心理咨询及
　　心理治疗领域的贡献　戴冕　訾非　/202
自我接纳团体辅导缓解贫困大学生
　　心理压力的研究　赵彤　赵富才　孙淑晶　/216
我国房树人绘画测验的评估与诊断功能的应用现状
　　邢怡伦　项锦晶　裴欢昌　王鹏翀　陈涛　罗捷　/226

环境关心与环境保护

环境关心与亲环境行为：
　　环境心理控制源的调节作用　刘贤伟　吴建平　/240
环境行为控制感、环境知识及
　　环境关心对亲环境行为的影响　李阳　吴建平　/255
新生态范式量表（儿童版）的修订和施测　苏丹　王明怡　/270

后　记　/280

序言：论环境意象的象征意义

朱建军[①]

当我们研究环境对人的影响时，最常见的做法是把环境当做一种物质的存在。但是在环境与人的相互作用中，环境对于人，不仅仅是物质的存在，还有其符号和象征的意义。

因此，环境对人的影响也可以分为两类：一类是作为物质存在的环境，对人的身心产生影响，比如高温会影响人的生理活动，进而影响到人的情绪行为等；另一类是作为符号或者象征影响人——也就是说，人通过认知活动，给某个环境赋予名称和意义，通过对这个意义的有意识或者无意识的解读，引起心理的反应。例如，如果你告诉一个人，他现在是住在五星级饭店的总统套房中。这个环境对他的意义就是"豪华"，而这个人对豪华的态度，就决定了他对这个环境的反应。

对环境的认知，是人的认知系统的功能，而人的主要认知方式大致可以分为两类：一是逻辑思维，二是形象思维或具体思维。

形象思维是更原始的一种认知方式，在人类早期历史中以及在每个人儿童期3到6岁的阶段，是一种主要的认知方式。这种认知方式运用意象作为主要符号。意象不仅仅是写实性的形象，而且是有象征意义的心理图像，人们看待这些心理图像时是按照其象征意义去理解它的。例如，玫瑰花象征着爱情，因此，当人类看待玫瑰花的时候，不是仅仅把它看做是一种植物的繁殖器官，而是看做"爱情"的具像化的化身，看做可以看得见摸得着的"爱情"。

---

① 朱建军，北京林业大学心理学系教授，研究方向：意象对话。

人类无需理性思考，在形象思维中就会自发解读这些象征，了解这些意义并受到其暗示作用。①

当人通过形象思维去看环境时，他会倾向于把环境或者环境中的一些事物看做是一种意象或说一种有象征意义的形象。被当做意象看待的环境可称为环境意象。意象都是有象征意义的，人会从环境意象中看到象征意义，而这个象征意义会引起他的心理反应。中国古代建筑中，十分关注环境以及环境中事物的意象的意义。②③

下面，我将运用心理学中象征分析的方法，来解读自然和人工环境中的一些环境意象的象征意义，并简述其对心理的影响。

一、自然环境意象的象征意义

山：作为意象，山的心理象征意义主要是：坚定、稳固、高大、有力量、可依赖，以及顽固等。山可以用于象征那些性格坚定、能力超人、值得信赖的人，比如孔子的弟子把他比作让人仰望的高山（高山仰止）。山有时也可以象征那些顽固不化的人。

因此，当人看到环境中的山，山对他的心理影响是，我们会有一种敬仰感、崇拜感、信赖感和安定感，而山的"顽固"也使人偶尔会有无奈和压力感。

在古代堪舆学中，认为房子或者墓地背后有山是吉祥的，就是因为背后有山能给人一种信赖感和安定感（有靠山）。

河流：作为意象，河流的象征意义主要是：财富、爱和关怀、灵活性和生机，有时有泛滥的危险。河流可以象征着温和、友善的人。当看到河流，人会有一种喜悦的感觉，富足的联想。因此，不仅古代堪舆学要求房前有河流，

---

① 朱建军：《意象对话心理治疗》，北京：北京大学医学出版社2006年版。
② 韩锋、徐季丹：《古村流坑的风水格局与环境意象》，载《东华理工学院学报》（社会科学版），2005年第2期。
③ 唐贤巩、胡安明、刘娟：《婺源古村落空间环境意象的解读》，载《现代农业科学》，2008年第4期。

现代的住宅设计中"亲水环境"也一样是令人喜悦。

树木：作为意象，树木的象征意义主要是：生命力、自然、宁静，树木的状态可以象征着人的身心状态——枝繁叶茂的树木象征着健康快乐、枯木象征着衰弱和抑郁、被蛀空的树木象征着失落、失望和悲哀。因此，环境中有枝繁叶茂的树木，对人的心理有很积极的影响。当然，树的种类不同象征意义也不同。①②

二、房子及其细节的象征意义

在心理意象的研究和意象对话心理咨询的实践中，我们发现：作为意象，房子的象征意义是代表我们的身体或心灵。因此，房子的各种状态都可以成为我们的心态的象征。因此，当我们住的房子象征意义不好的时候，这个不好的消极意义会潜移默化地影响到人的身体或心理状态。③

这个影响是潜意识的，不论房主人是不是承认这个影响，这个影响都持续存在。通过心理象征和心理暗示作用，住房环境可以对人的自信心、心境和性格产生巨大影响。

例如，作为意象的房子中，门窗的大小、透明与否是人的开放性的象征。如果一个人住的房子门窗很小，象征意义就是缺少开放性。如果这个人大量时间在这个房子中，他的心理上的开放性就会在不自觉中逐渐减小，性格就容易走向更自我封闭的方向。

再例如，为了防盗有些人在楼房的窗户外加了铁栏杆。不论在任何时代，铁栏杆都象征着一种阻隔、是一种对外防御也是对内部人的一种禁锢。每天生活在铁栏杆内，人就不断地受到一种暗示："世界是危险的，别人是可怕的，而自己是不自由的。"这样人的情绪一定会受到消极影响。虽然我们不能把

---

① 贾军：《植物意象研究》，东北林业大学博士论文，2011年。
② 李莉：《中国传统松柏文化研究》，北京林业大学博士论文，2005年。
③ 朱建军：《意象对话心理治疗》，北京大学医学出版社2006年版。

城市人往往更容易冷漠归罪于一个铁栏杆，但是我们不能不说铁栏杆对城市人性格的冷漠化或多或少起到了一定的作用。

传统人居环境风水认为，房子的各层门都对成一条线是风水不好的，会导致破财。从象征意义上看，里门外门在一条线上，在门打开的情况下外面的人对房子里的情况是一览无余的。这象征着过分的开放以至于没有个人隐私。如果一个人的性格这样开放，当然对自己是不利的，会有可能受到别人的伤害或危害。如果我们把"财"作广义理解，理解为无论物质或精神方面的有价值的东西，那"破财"象征着有所损失——没有个人隐私和自我保护意识的人当然会更容易有损失。

当然，所谓某个房子的象征意义是不是好，也不是绝对的，而是要根据具体需要而定。有研究表明，房间天花板高，对居住者的创造性发挥有利，但是容易使人不细心；天花板低，使得居住者更细心，但是对创造性发挥不利；因此，一个企业中，创意人员和财务人员所需要的天花板高低就是不同的。对于前者来说，高天花板很有好处，而后者则需要在一个天花板相对低一点的地方工作。

三、环境中的人造物品的象征意义

椅子：可以象征"位置"或者地位，也可以象征"生活态度"。

专制皇帝接见臣子的房间中，把坐椅放在一个很高的台子上，使之离其他人所在的位置较远并且高高在上。象征意义是皇帝的社会地位高出其他人。任何一个人，不论他是不是在意识中了解这一点，站在下面仰头看上面椅子上的人的时候，都会直接产生一种受到压迫的感觉。当然，在此之后他也许会有不同的反应，有的人会反抗这种压迫，产生愤怒和敌对情绪；而有的人会屈服这种压迫，产生畏惧的情绪。但是不论是什么反应，都说明了环境对人有深刻的影响。

太师椅会使人的生活态度更"端正"，躺椅可以使人的生活态度更放松。

灯：灯本身因调节亮度的功能，对人心理有直接的物质化的影响。同时，作为意象，也有象征意义的影响。

灯象征着"光明"也就是积极美好，也可以象征智慧，因为灯让我们能够看清事物，让我们摆脱无知。消极一面，过分亮的灯光象征着"没有隐私"。

因此，合理地安排灯光，对调节我们的心理有重要的作用。

画：画的内容是什么，对心理的暗示作用和实际的事物类似。画上有松树和仙鹤，这些中国人认为象征着长寿的动植物，可以对老人产生积极的心理暗示作用，有利于老人的身心健康；年轻夫妻卧室的画上有风情美女，则有利于夫妻性关系和谐。

总之，从心理象征和心理暗示的意义上看，环境如同无声的语言，在和人对话。一个象征意义好的环境，仿佛是在不断地鼓励人，而一个象征意义不好的环境，则仿佛是在不断地威胁、贬低或者责斥人，在不同环境中长期生活，人的心理会积累许多积极或者消极的影响。从这个角度分析，则许多从其他方面难于解释的人居环境风水原则会很容易得到理解。

这方面的心理学研究目前还刚刚开始，我们如果进一步研究，将会得出更多的有指导性的结论。如果能配合实证性研究，则能得到更有说服力的结论。这些对环境心理学理论，以及环境建设应用，都将有很大的价值。

理论进展与研究综述

走向生态主义的心理学[1]

訾非[2]

1 生态主义的心理学：从物理学隐喻到生态学范式

深受经典物理学影响的现代心理学，不论以费希纳、冯特等人的研究为起点的科学心理学，还是以弗洛伊德的精神分析学为代表的人文取向心理学，自19世纪末至20世纪中后叶的近百年发展中，都倾向于把人的心灵世界作机械式的理解。把心理结构（intrapsychic structure）作静态的简化的勾绘，把心理活动的动力还原为少数几个动机，心理学者们试图从心理现象中找到如天体运行一般简洁明了的规律性。在这种思想的指导下，学者们提出了大量的简化的假设并用经验的知识去验证或推翻它们。这种心理学研究无疑积累了关于心理现象的大量的局部的规律和事实。行为主义心理学家发现的个体行为与强化/惩罚之间的规律性，经典精神分析学归纳的心理冲突与神经症症状之间的联系，社会心理学家发现的人类群体的一些在特定情境下可预测的行为模式，都是典型的代表。然而不论科学心理学还是人文取向的心理学研究，在大量的局部的证据汇聚之后，都逐渐显露出一个事实：以还原论和静态观点为指导去理解心理世界，未免捉襟见肘。例如，虽然在一定的实验设置下，强化与行为之间具有可资量化的规律性，当实验条件未有严格的控制，特定的个体处于现实的环境中，行为便受了复杂的因素的影响，实验室内归纳的

---

[1] 原文载于《北京林业大学学报》（社会科学版），2014年第2期。
[2] 訾非，博士，北京林业大学心理系副教授。主要研究方向：人格与社会心理学、生态心理学。

规律性便失去了对现实的解释力，霍桑实验便是一个例子。①文化心理学领域的研究者也发现类似的情况，在主流西方文化中完成的一些心理学研究，在其他文化中未必能够得到相似的重复结果，文化环境对个体的思维方式和判断方式构成显著的影响。②再如，虽然经典精神分析提出的冲突与神经症症状之间的联系不可否认，但是把这种关系看成因果联系，显然是基于对于人格的过于简化的理解。事实上，心理冲突是人类普遍存在的心理过程，它们演变为神经症症状，则不得不考虑人格的其他结构的缺陷及生理因素（例如神经递质的失衡）的影响。即使弗洛伊德本人，在其学术生涯的后期，也修改了自己对于神经症的发生机制的理论，把心理的潜意识—意识二元对立模型修改为自我—本我—超我这种复杂模型，提出理解焦虑的发生不能忽略自我（ego）的功能问题，③④并且他对症状与生物遗传因素的联系也给予了强调，⑤把神经症症状的发生看成生物的（biological）、种系遗传的（phylogenetic）和纯心理的（pure psychological）因素的综合结果。⑥

试图获得心理现象的简单运行机制，却在探究的过程中揭开了心理现象的复杂性，这个结果虽然出乎许多研究者的预料，却与现代物理学及其他自

---

① E. Mayo, *Social Problems of an Industrial Civilization*, Boston: Division of Research, Graduate School of Business Administration, Harvard University, 1945.

② Shweder, R., *Thinking Through Cultures*, Harvard University Press, 1991.

③ S. Freud, *The Ego and the Id, The Standard Edition of the Complete Psychological Works of Sigmund Freud, Volume XIX (1923–1925): The Ego and the Id and Other Works*, London: Hogarth Press, 1923, 1–66.

④ S. Freud, *Inhibitions, Symptoms and Anxiety,The Standard Edition of the Complete Psychological Works of Sigmund Freud, Volume XX (1925–1926): An Autobiographical Study, Inhibitions, Symptoms and Anxiety, The Question of Lay Analysis and Other Works*, London: Hogarth Press, 1926, 75–176.

⑤ S. Freud, *Beyond the Pleasure Principle, The Standard Edition of the Complete Psychology Works of Sigmund Freud (Vol. 18)*, London: Hogarth Press, 1920.

⑥ S. Freud, *Inhibitions, Symptoms and Anxiety, The Standard Edition of the Complete Psychological Works of Sigmund Freud, Volume XX (1925–1926): An Autobiographical Study, Inhibitions, Symptoms and Anxiety, The Question of Lay Analysis and Other Works*, London: Hogarth Press, 1926 , 75–176.

然科学对物质现象的最新认识不谋而合。耗散结构理论、分形理论、非线性系统理论、测不准原理、相对论等新发现已经向人类描绘了物质世界的复杂性，它远非以万有引力定律为代表的经典物理学所能描述和洞察。要认识物质世界的规律性，必须持有系统的、多元的、互动的、非线性的和相对性的眼光。最能体现现代自然科学对物质世界的复杂性的认识的学科莫过于生态学，它吸收了现代自然科学的最新成果，已经摆脱了对生命现象的静态的、还原论的理解，揭示了生命现象的系统性、多元性、互动性等特点，发现生物圈是由处于复杂的竞争与合作中的个体构成的、各成分之间共同演化、协同发展的整体。

  心理学尚未摆脱对心理现象的还原论的、静态的、孤立的理解，它对心理现象的复杂性的重视尚不及生态学对于生命现象的认识。不过，从上个世纪后半叶，尤其是上个世纪末开始，一批心理学者开始以更为开阔的视角探究心理世界的规律性。例如，一些生态心理学家开始考量心理活动与环境的整体关系，[1][2][3][4][5] 试图从人与环境的互动中理解心理现象。也有一些学者把人类看做自然的一个组成部分，探究人类心理活动的自然属性。[6][7][8] 这些生态心理学家的工作是 20 世纪末以来蓬勃发展的一种心理学新潮流的代

---

  [1] R. G. Barker, *Ecological Psychology: Concepts and Methods for Studying the Environment of Human Behavior,* Stanford, CA: Stanford University Press, 1968.

  [2] E. J. Gibson, *The Ecological Approach to Visual Perception*, Boston: Houghton Mifflin, 1979.

  [3] U. Bronfenbrenner, Developmental Research, Public Policy, and the Ecology of childhood", *Child Development*, 1974(45): 1–5.

  [4] U. Bronfenbrenner, *The Ecology of Human Development*, Cambridge, MA: Harvard University Press, 1979.

  [5] U. Neisser, I. E. Hyman, *Memory Observed: Remembering in Natural Contexts*, New York, NY: Worth, 2000.

  [6] T. Rozak, *He Voice of the Earth: An Exploration of Ecopsychology*, New York: Simon & Schuster, 1992.

  [7] D. D. Winter, *Ecological Psychology: Healing the Split Between Planet and Self*, New York: Harper Collins, 1996.

  [8] G. S. Howard, *Ecological Psychology: Creating a More Earth-friendly Human Nature*, Notre Dame, IN: University of Notre Dame Press, 1997.

表。与生态心理学几乎同时兴起的一系列心理学新领域都一定程度上体现了人们对心灵世界的复杂性的理解。这些领域如积极心理学（例如，Seligman & Csikszentmihalyi, 2000）①、叙事心理学（例如，Sarbin, 1986; McAdams, 1993）②③、自体心理学（例如，Kohut, 1971; Stolorow, Brandchaft & Atwood, 1987）④⑤、社会建构论心理学（例如，Gergen, 1985）⑥、超个人心理学（例如，Wilber, 1995）⑦、进化心理学（例如，Buss & Barnes, 1986; Pinker, 1997）⑧⑨等。它们倾向于用系统的（systematic）、整合的（holistic）、多元的（multiple）、有机的（organic）和主体间（intersubjective）的视角去认识心理现象。在传统的心理学领域，例如文化心理学和社会心理学，类似的观点也几乎同时发展起来。一个比较有代表性的例子是 Whiting 等人在 20 世纪七八十年代提出的被称为"Whiting Model"的从文化因素和生存环境场域的视角看待儿童发展的研究模式。⑩⑪社会心理学的多元文化（multicultural）视角的兴起，对研究的生态效度的重视，亦兴起于 20 世纪七八十年代。

从心理学的这些发展，能够看到一种新的心理学研究视角、研究范式和

---

① M. E. P. Seligman, M. Csikszentmihalyi, "Positive Psychology-An Introduction", *American Psychologist,* 2000, 55(1): 5–14.

② T. R. Sarbin, *The Narrative as Root Metaphor for Psychology*, New York: Praeger, 1986.

③ D. P. Mcadams, *The Stories We Live by: Personal Myths and the Making of the Self*, New York: Gilford Press, 1993.

④ H. Kohut, *The Analysis of the Self: As Systematic Approach to the Psychoanalytic Treatment of Narcissistic Personality Disorders*, New York: International Universities Press, 1971.

⑤ R. Stolorow, B. Brandchaft, G. Atwood, *Psychoanalytic Treatment: An Intersubjective Approach*, Hillsdale, NJ: Analytic Press, 1987.

⑥ K. J. Gergen, "The Social Constructionist Movement in Modern Psychology", *American Psychologist,* 1985, 40(3): 266–275.

⑦ K. Wilber, *Sex, Ecology, Spirituality*, New York: Harper Collins, 1995.

⑧ D. M. Buss, M. Barnes, "Preferences in Human Mate Selection", *Journal of Personality and Social Psychology*, 1986, 50(3): 559–570.

⑨ S. Pinker, *How the Mind Works*, New York: Norton, 1997.

⑩ J. Whiting, B. B. Whiting, *Children of Six Cultures: A Psycho-Cultural Analysis*, Cambridge, MA: Harvard University Press, 1975.

⑪ C. M. Worthman, "The Ecology of Human Development: Evolving Models for Cultural Psychology", *Journal of Cross-Cultural Psychology*, 2010, 41(4): 546–562.

学术氛围正在形成之中，心理学正在发生一场新革命。把这种状况称为心理学的"生态主义运动"（ecologistic movement）是比较贴切的，因为就总体而言，心理学的这些新进展告诉我们，心灵世界是一个生态系统，而且人的心灵世界又存活于更大的生态系统之中。探究"生态地"存在的系统，不能不抱有整体的、相对的、互动的、多元的和层次性的视角。心理学研究需要从"物理学隐喻"向"生态学范式"转变。

鉴于"生态心理学"（ecological psychology）这个概念已被用于描述Rozak、Barker等人的研究领域，那么对于生态心理学之外的更大、更为广泛的具有生态视角的心理学新进展，笔者建议采用"生态主义的心理学"（ecologisticpsychology）[①]这个词来概括心理学正经历的这场变化，使它能够涵盖诸如自体心理学、积极心理学、叙事心理学、社会建构论心理学、超个人心理学等具有生态主义思想的心理学新领域以及传统的心理学研究领域的生态主义取向。

2 生态主义视域下的心理现象与心灵世界

应该怎样看待人的心理世界？这个问题曾是不言而喻的。当费希纳以物理学家的思路去探究人的感觉强度与客观物理变量之间的数学联系时，物理学尚未走出牛顿力学的框架，经典物理学方法是探究心理现象的指挥棒。冯特用生理学实验的方法改造心理学研究时，拉美特"人是机器"的理念得到了充分的体现。不单心理学，那个时代的生理学和医学对生命现象的理解也一样笼罩在物理隐喻和机械模型之下。拉美特拿来作为人体的隐喻能指的，是朴素的机器或者说机械——它们是在大规模集成电路、系统科学、耗散结构理论出现之前最为复杂的人造物了。

20世纪的物理学从宏观到微观揭示了宇宙的复杂性，发现在不同观察尺

---

① 訾非：《感受的分析：完美主义与强迫性人格的心理咨询与治疗》，中央编译出版社2012年版。

度下物质运动的规律性需要采用全然不同的方式进行描述。测不准原理更是挑明了微观尺度下观察者和被观察者之间的相互依存的关系。因而，就物理学而言，它也不复是有统一方法的单纯学科。宏观尺度的物质运动仍然具有很好的可预测性，而微观尺度的物质运动则只能用概率去理解。因此，即使固守物理学隐喻，我们对心理现象的理解也面临着危机和变革的必要。对心理现象的测量是不是也依赖于观察者呢？例如，在咨询室里，咨询师所观察到的来访者，在多大程度上是来访者"本来的面目"，在多大程度上是咨访双方互动的结果？所谓心理现象的"本来面目"，是否在一定程度上有赖于观察的方式和观察的情境？创设自体心理学与主体间性理论的学者 Kohut、Stolorow 等人[1][2]都以现代物理学的"测不准原理"作为隐喻，指出在咨访关系中心理现实依赖于两人的互动，产生于两人之间。

随着身心医学（Psychosomatic Medicine）和医学社会学的发展，人体的机械隐喻，或者说，拉美特式的朴素机器隐喻，也受到了挑战。一方面，人所从存在的物质世界是复杂的，这种复杂性尤其体现在生命圈的运行规律上。现代生态学揭示了生命之间的远超乎前人想象的相互依存性。人的有机体与肉眼可见和不可见的生命体的生死兴衰复杂地交织在一起。另一方面，身体（body）又与心灵（mind）的活动密不可分，如果单纯探究身体而忽略心灵，我们无法完整地理解人体的健康与疾病。[3]人的身体存活于生命世界之中，亦栖居在以个体的心理活动及其所从依赖的文化氛围之中，或者说，人的身体是物质与精神两大系统的交汇之地。

即便就机器隐喻本身而言，20 世纪以来人类创造的复杂机器，例如大规模集成电路、电力系统、互联网，在特性上越来越接近生态系统所具有的那种复杂性，而不是机械所具有的那种简单性与可还原性。在当下的时代，"人是机器"这句话已经不复能承载还原论者的乐观主义，反倒在提醒我们不该

---

[1] R. Stolorow, B. Brandchaft, G. Atwood, *Psychoanalytic Treatment: An intersubjective Approach*, Hillsdale, NJ: Analytic Press, 1987.

[2] H. Kohut, *How does Analysis Cure?* Chicago: University of Chicago Press, 1984.

[3] G. Asaad, *Psychosomatic Disorders: Theoretical and Clinical Aspects*, New York: Brunner-Mazel, 1996.

低估人体所具有的复杂性。

如果说人的身体本身如生态系统一般复杂，理解它必须有整体的、动态的和系统的视角，那么作为调控机体而在进化中产生的心理机能，我们更不可草率地坚持以机械隐喻去理解。事实上，与医学、生命科学的发展模式类似，在还原论和静态思想指导下的心理学研究所积累的证据，恰恰指向了心理现象的非还原性和非静态的事实，这是心理学学科的辩证发展路径。心灵世界的复杂性绝不亚于人的身体的复杂性，这个认识是在心理学的百多年发展过程中逐步确立起来的。弗洛伊德创立精神分析疗法之初，试图把心理活动的动力简化为力比多，把人的心理结构简化为意识和潜意识，但长期的临床经验使他不得不放弃这类简化理解。他承认心理活动的动力至少包含生本能与死本能两种类型。心理结构也至少包含自我、本我和超我三个成分，并且它们之间的相互作用也十分复杂，绝非压抑、投射和移情几个机制所能概括。荣格对于心理活动的复杂性比弗洛伊德有更清醒的认识，他的集体无意识和原型理论是对内在心理结构的复杂性的深刻总结。如果说荣格对于人类的心理现象的解析具有一些神秘主义色彩而与心理学的科学性渐行渐远，Murray（1938）则继承了荣格理论的合理内核，即对人格的复杂性的清醒认识，发展了人格学（personology）理论。[1]他把人的内在需求分解成近30种类型，并认为个体的心理活动与外部世界的相互作用中产生了种种需求模式与主题。深受怀特海过程哲学影响的Murray使人格理论进一步突破了精神分析学的还原论倾向，把人格视作大量需求的群落发展史。Maslow发展的需求层次理论，以及稍后出现的积极心理学正是在这个基础上对人的心灵世界的整体性、多元性和层次性的进一步认识，它们解释心理现象的方式更加具有生态性。至上世纪末兴起的叙事心理学[2][3]、社会建构论心理学[4]、动机系统理论[5]、超个

---

[1] H. A. Murray, *Explorations in Personality*, New York: Oxford University Press, 1938.

[2] T. R. Sarbin, *The Narrative as Root Metaphor for Psychology*, New York: Praeger, 1986.

[3] D. P. Mcadams, *The Stories We Live by: Personal Myths and the Making of the Self*, New York: Gilford Press, 1993.

[4] K. J. Gergen, "The Social Constructionist Movement in Modern Psychology", *American Psychologist,* 1985, 40(3): 266–275.

[5] J. D. Lichtenberg, *Psychoanalysis and Motivation*, Hillsdale, NJ: Analytic Press, 1989.

人心理学①等领域,心灵世界的生态面貌被大致描绘出来:心灵世界的动力来自活跃的、多样的和有层次的动机与需求,各种动机之间发生着复杂的相互作用,人格乃是由大量的子人格群落构成的系统。人的心灵世界所从存在的社会与文化,也是一个复杂的大系统,心灵系统与之有紧密的联系;心灵的发展一如生命圈,也是从无序到有序的进化过程(在这一点上,Wilber 在《性、生态、灵性》这本书里给出了最为大胆的分析)。②尽管如此,人文取向的心理学对心灵世界的面貌的生态性描述仍是一个粗略的轮廓。多数的研究停留在理论探究的层面上,细致的个案研究并不多见。

　　心理活动和心灵世界的复杂性,也得到以定量研究为主要方法的科学取向的心理学的证实。心理学定量研究经历了从探究双变量之间的因果关系到探索中介、调解效应再到借助结构方程来认识多变量之间的复杂关系的演变。科学心理学定量研究的每一种领域往往起始于对有限的变量的相互关系的探究,而随着研究的深入都走向了对心理现象复杂性的揭示。例如,一些人格研究的学者试图发现人格的有限维度,期望用少量的维度去描述人格特质。然而随着对大五人格等人格特质量表的定量施测,以及对人格变量与心理健康指标关系的探索,研究者们逐渐发现,在人格的几个大维度之下,存在着大量的小维度(层面,facet),恰恰是这些小的维度才对其他心理变量有更为准确的预测性(例如,Mershon & Gorsuch, 1988; Paunonon & Ashton, 2001)。③④人格的大维度无非是对人格的框架式描述,人格的内容是无限丰富与复杂的。社会心理学关于攻击、从众、亲社会等行为的研究,也经历了类似的过程。"攻击是社会学习的结果"、"从众行为源于情境的模糊不清"、"助人行为乃基于社会交换动机"这些简化的解释逐渐让位于对文化模式、社会情境、

---

① K. Wilber, *Sex, Ecology, Spirituality*, New York: Harper Collins, 1995.
② K. Wilber, *Sex, Ecology, Spirituality*, New York: Harper Collins, 1995.
③ B. Mershon, R. L. Gorsuch, "Number of Factors in the Personality Sphere: Does Increase in Factors Increase Predictability of Real-life Criteria?" *Journal of Personality & Social Psychology*, 1988, 55(4): 675–680.
④ S. V. Paunonen, M. S. Ashton, "Big Five Factors and Facets and the Prediction of Behavior," *Journal of Personality & Social Psychology*, 2001, 81(3): 524–539.

行为主体的生理状态、行为主体间的关系状态等一系列因素的综合考量。[1]认知心理学与进化心理学的探索表明,人的心理活动具有"模块性"(modularity),这些模块是人类在进化过程中应对不同的生存主题而产生的相对独立的功能结构。[2][3][4]因此,探究人的行为,就不能不同时考虑个体所处的特定情境与个体心理模块的特殊面貌,而且在比较和对比不同类型的心理活动时,既要看到它们的联系与交叠,也要看到它们的功能模式的根本差异。在这个前提下,还原论的简化解释,例如弗洛伊德提出的青春期性心理的成熟意味着个体的力比多从异性父母转向家庭之外的爱恋对象的看法,就混淆了不同功能模式,把具有相似性的心理过程(都包含有依恋的成分)误以为是同一种心理过程(都被视作性欲的运作),或者说,把在心理障碍个案中发生的混淆依恋关系与性爱关系的现象过度概括为普遍的心理规律。

心理学百多年来的研究与实践表明,心灵世界是由林林总总的心理单元构成的生态群落,各单元之间一刻不停地发生着相互作用,它们的冲突、叠合、替代、汇聚、松解犹如生物世界中生命个体之间的互动,构成了具有历史性、层次性和系统性的生态的世界。理解人的行为,就应该把心理现象看成心灵世界内部的复杂单元相互作用的结果。分析复杂的心灵活动,可以借鉴生态学和其他自然科学通过探究复杂系统而发展出的理论工具。举例来说,解释复杂现象的分形理论[5]的"自相似性"(self-similarity)概念,就非常适于分析心灵世界的部分规律,尤其适合用来分析动机的运作。就动机的运作模式

---

[1] E. Aronson, T. D. Wilson, R. M. Akert, *Social Psychology* (5th edition), Upper Saddle River, NJ: Prentice-Hall, 2005.

[2] R. Samuels, "Evolutionary Psychology and the Massive Modularity Hypothesis", *British Journal for the Philosophy of Science*, 1998, 49(4): 575–602.

[3] *Evolution and the Human Mind: Modularity, Language, and Meta-cognition*, Cambridge: Cambridge University Press, 2000, 13–46.

[4] 熊哲宏:《"模块心理学"的理论建构论纲》,载《心理科学》,2005,28(3):741—743。

[5] B. B. Mandelbrot, *The Fractal Geometry of Nature*, San Francisco: W. H. Freeman, 1983.

而言,"产生愿望/目标→做出行动→实现愿望/目标(或未实现愿望/目标而调整愿望/目标)"这个三阶段过程既是当下生活瞬间的动机(例如做出一个行为)的运作模式,也是生活的短期目标(例如去完成一件工作)的运作规律,又是一段时期的目标追求(例如去完成一项任务)的过程样式,还是生活中长期目标(例如在某个职业上获得成功),甚至人生追求(例如获得一种人生的成功感、自我实现感)的运作形式。也就是说,从大的心理过程(获得成功的人生)到小的心理过程(完成一个行为)都符合相似的模式;而且大的心理过程由小的心理过程构成(人生的目标的实现是由较为短期的目标追求建构而成的);大的心理过程也反过来影响小的心理过程(例如人生目标可能影响到短期生活目标,甚至个体对当下生活情境的期望)。动机的这种自相似性意味着看待心灵世界既要关照不同层面之间相互的决定作用,又要考虑某个层面本身的结构。例如,虽然期望获得成功人生的个体应该努力做好一件件小事,但是当个体困惑于什么是成功的人生(例如,是拥有一份和谐亲密的家庭生活,还是获得事业上的异乎寻常的成功),在这个比较宏观的层面上发生困扰,仅从"踏踏实实做好每件小事"这个角度去思考,就难以有实质性的帮助。

就心灵世界与外在世界(物质的、社会的、文化的世界)的关系而言,理解这两个世界的相互影响,也应该持有生态的观点,应把心灵世界这个"内在生态系统"(inner ecosystem)看成是与外部世界这个"外在生态系统"(outer ecosystem)互动的产物。生态心理学家最关注心理现象的这个特点,把研究重点从探索人的内部心理机制转向对人与环境互动关系的探究。进化心理学家则从种系发生的角度解释这种互动在漫长的人类进化史中是如何塑造人类的心理模式的。综合进化心理学、发展心理学和生态心理学等领域的研究,一系列证据指向心灵与外在世界之间存在着一种二元对立的关系,这种关系在个体的心灵世界内化出二元对立的感受(例如归属、联结和占有等积极感受与厌弃、拒斥和逃避等消极感受①②）。这个关系与中国传统文化中的阴阳对立概念不谋而合。因此，就心灵世界的面貌而言，心理学的研究成果与千百年来人文学者的现象学观察是能够相互支持印证的。

社会建构论心理学亦着重强调心灵世界与外在世界（他者）的依存关系。但是社会建构论心理学在揭示了心理现象的文化建构性的同时，对心理现象的生物一致性多有忽略。以格根（1985）的《现代心理学的社会建构主义运动》为例，这篇社会建构论心理学的开山之作在谈到心理现象的建构性时，列举母爱和爱情等在不同文化和历史时期具有显著差异的心理现象为例，试图说明心理概念的历史建构性和文化特异性。③然而如果我们不仅注意这些来自人类学观察的结论，还认真对待依恋研究领域的一系列成果，就能发现这些现象在不同文化的个体间还有跨文化的相似内核，甚至具有跨物种的相似性。Harlow 和 Zimmermann 对幼猴的依恋研究便是一例。④事实上，心理现象既有社会建构性，又有生物决定性，社会的建构并非任意的。生物过程与社会过程的交互作用才是心理活动的更为准确的面貌。这种看法已经比较鲜明地体现在当今心理人类学（Psychological Anthropology）的学术实践中。⑤

3 对心理问题与精神障碍的生态主义理解

对心理问题与精神障碍的理解也面临着从机械的、物理隐喻的模式向生态学范式的转变。不论经典精神分析视野下的"趋乐避苦"、"生本能与死本能"，

---

① 訾非：《走向进化与生态审美心理学》，载《北京林业大学学报》（社会科学版）2011，10（1）：44—49。

② 訾非：《人类世界感的二元对立及其对心理咨询与治疗的启示》，见吴建平、訾非、李明：《环境与人类心理》，中央编译出版社 2011 年版，第 20—26 页。

③ K. J. Gergen, "The Social Constructionist Movement in Modern Psychology", *American Psychologist,* 1985, 40 (3): 266–275.

④ H. F. Harlow, R. R. Zimmerman, "The Development of Affective Responsiveness in Infant Monkeys", *Proceedings of the American Philosophical Society,* 1958 (102): 501–509.

⑤ R. A. Levine, *Psychological Anthropology: A Reader on Self in Culture*, Chichester, West Sussex: Blackwell, 2010.

还是行为主义视野下的"习惯成自然",都试图把人格还原为简化的模型。而这些模型对心理问题的解释是相互冲突的。以拖延行为为例,经典精神分析取向的心理咨询师会以"继发性获益"来解释这种现象。的确,一个持续拖延学期作业的大学生,因为这种拖延而推迟了自己面对艰苦工作或者不完美的成绩的场面。然而,如果不是这个学生的自我(ego)缺乏那种坚韧性、那种能从克服困难中获得乐趣和自尊的动力结构,拖延如何可以成为一种习惯性的行为?如果这个学生处于一种更为严格的环境,他的拖延或许就会失去存在的可能性(例如在军校等严格的环境中)。就这个案例而言,经典精神分析拿出的继发性获益的解释,积极心理学家在探讨这类问题时会指出的坚韧性、责任性的缺失,社会与文化心理学家从个体生存环境的角度作出的分析,都可能切中了问题的不同的方面。如果把这几种看似冲突的看法放在"心灵生态系统"的大视角下去看待,便能得到并不矛盾的解释。拖延者的"心灵生态系统"出现了"结构性失衡",坚韧性的不足、责任感的缺失、继发性获益、容忍性的环境,所有这些元素共同导致了拖延行为的产生与维持。从生态的观点来看,心理的健康乃是心灵生态系统的平衡与完整的状态。以这个观点理解心理健康,也意味着要把它看做一种动态过程,即心灵在适当的情况下表现为适当的状态,而不是某一种"标准"状态。

经典精神分析以创伤、压抑和冲突来解释精神障碍的发生,行为主义则以非适应性行为的反复强化来解释障碍行为的发生与固化,如今,叙事心理学、客体关系理论、自体心理学与主体间性理论、系统家庭治疗、动机系统理论等新的理论和治疗方法则更倾向于把精神障碍视作心理世界及其所存在的外部环境的"结构性失衡"的结果。换言之,创伤、压抑、冲突、非适应的行为,乃是心理结构的功能性失调、人格正常发展的失败以及个体生存的心理环境的不利所导致的后果。精神障碍的发生被理解为遗传素质、早期经验、现实的压力、价值信仰与人格结构、创伤经历、社会支持系统的状况以及个体与社会支持系统的互动状况等多因素的共同作用和交互作用的结果。经典精神分析对心理困扰的还原论式的归因,即把当下的心理困扰归因为过去不良经验在当下环境里的再现,需要用系统论的、分形理论的观点加以修正。这里不妨举一个案例：一位在某公司就职的员工，因不满领导对待他的方式——他认为是专断的——而心情烦恼，求助于心理咨询。咨询师发现来访者与父母的关系不良，父母的教育方式是专断、缺乏沟通的。坚持经典精神分析看法的咨询师，会认为来访者当下的困扰乃是过往经历的展现，如果来访者处理好自己与内在父母的关系，便能够解决当下他与领导的冲突。这种思路是把来访者的过往经验看成问题所在，认为它扭曲了他对于现实境况的认知和体验。因而分析治疗便是通过对情结的处理，使来访者回到对现实关系的更准确的体验上来。对于在关系方面存在严重困扰的个体，这种归因有不可否认的正确性，尤其对人格障碍者而言。但对于一般个体来说，这个归因就流于简单化了。我们不能不考虑到，在一定文化下生活的个体，他在家庭中经验的父母教养模式，与他在成人世界里面临的来自权威的管理模式，具有"自相似性"。这位在专断的家庭环境里成长的个体，在一个类似于家庭的环境里工作，反倒是更为准确地感受到了环境里的专断模式。比之于一个在另一种家庭环境下成长的个体，他对于现实的判断可能更准确，而不是更扭曲的。家庭与社会的自相似性是先于个体的经验而存在的。即使来访者改善他与父母的关系，当下的处境若仍然与幼时的经验相仿，他的心理困扰便可能依然如故。因此，相对于内心的改变，环境的改变同样重要。这意味着，心理咨询工作者的责任不仅仅是在个体的内部做工作，还应该是良好的社会环境的推动者。否则，心理咨询与治疗通过把所有问题归咎于个体的内心和过往经历，无意间与不良的社会环境构成一种"共谋"。另外，把问题归咎于个体的内心和过往经历，也不能完整地解释"群体心因性疾病"这种由信息性社会影响（informational social influence）[1]与个体人格的易受暗示性交互作用而产生的群体性心理障碍。

　　心理咨询与治疗的效果，也应被理解为多种经验复合作用的结果。心理咨询与治疗过程给个体带来的影响是多元、多层面的，新体验的植入、与他

---

[1] E. Aronson, T. D. Wilson, R. M. Akert, *Social Psychology* (5th edition), Upper Saddle River, NJ: Prentice-Hall, 2005.

人的互动模式的调整、内在关系的修复、人格结构的变化、新的习惯的形成、自我强度（ego strength）的提高、不合理信念的改变、人生故事的重整，所有这些被不同的心理治疗流派分别认定为疗效的来源的因素，是可以在同一咨询个案中发生的。而且，生活处境的改变，年龄的增长带来的态度与性格的变化，精神药物导致的积极的、在某些重性精神障碍可能是决定性的效果，这些情况也都该纳入到心理健康恢复过程的解释框架中。这些因素的交互作用也不可忽视，甚至可能是至关重要的。例如，没有精神药物对焦虑障碍者的镇定作用，心理治疗中对其性格的焦虑易感因素的分析就变得困难重重。再如，来访者内在人格结构的变化与他的外在人际关系模式的改善之间，具有互为因果、协同演变的关系。概言之，心理健康的达成，不是类似机械体的修复，而是内在生命圈逐步走向良性运转并与外部世界保持平衡互动的过程；咨询师或治疗师与来访者之间的互动，是两个心灵系统的相互作用，故而应以生态的眼光看待这个过程，实现生态主义的心理咨询与治疗（ecologistic counseling and psychotherapy）。

4　生态主义视域下的心理学学科建设

既然心理现象具有类似于有机体和生态圈的复杂性，探究心理现象必然需要兼容多种研究方法。然而心理学界长期存在着科学心理学与人文取向的心理学之间的龃龉。科学心理学尽力排除研究中的主观性，生怕内省、共情和思辨的方法沾污科学的客观性。人文取向的心理学面对被边缘化的局面，亦采取了两种极端的应对方式。其一，为了满足科学客观性的要求，把质性研究法朝着量化研究模式去改造。通过访谈的结构化，研究方案的程式化，对质性材料的计算机编码分析，质性研究邯郸学步式地变成一种准量化研究，失去了它能够贴近活生生的存在经验与生存现场的长处。其二，一些人文取向的心理学研究者出于对科学心理学的反感，试图解构客观性，不承认心理过程有其相对稳定的规律性以及人格的结构性，忽略人性的生理基础，无限夸大心理现象的相对性与社会建构性。一些人文取向的心理学者甚至抛开不论科学还是人文取向的心理学都应该秉持的求实精神和怀疑精神,落入神秘主义的泥沼。Weiss 的前世催眠研究,海灵格对于精神及生理疾病的解释便是一些典型的例子。

任何一种举足轻重的学科,它最为关注的是其试图发现和解决的问题,而不应在发现和解决问题之前先设定"正确的"或"正统的"方法。方法的正确性只能从它是否有效地发现和解决了问题来判定。心理学长期纠结于方法,无疑舍本逐末。这种纠结的主要原因,在于心理学努力成为一门科学的过程中,试图像其他科学那样保持客观性,然而心理学所研究的对象——内在的心理过程——却只有主观的感受方能获得。强调客观性,放弃内省、共情等"主观"方法,心理学的研究必然只能涉及心理过程的片段和外在的行为,使得心理学窄化为认知神经科学和行为科学。而对于人文取向的心理学来说,因着主流的科学心理学对于内省、共情等"主观"方法的排斥与疏远,它的研究成果也缺乏来自实证证据的有力支持。这些情况导致心理学迟迟未能结束内在的冲突,成为一门内在平衡、不同方法互相支持补充的学科。心理学学科应该放弃方法之争,承认不同的方法是对心理现实的不同角度的反应,实验、问卷调查、内省、共情、思辨、人类学方法、文本分析等一系列获取心理现实的方式都支撑了——而不应认为是扰乱了——我们对心灵世界的理解。不论秉持何种研究取向的研究者,可以批评任何方法的不当使用,却不应先入为主地认为一些方法比另一方法更优越或更正确。

心理学界必须能够包容传统与新生的研究范式,兼容科学心理学与人文取向的心理学,承认在探究心理现象的不同层面与不同子系统时应该采用与之相宜的研究方法,只有这样方能催生出更好的学术生态环境。如此一来,所谓心理学的生态主义运动就不仅仅局限于学术理论本身,而是扩展到新学术氛围的建构。学者罗永忠(2006)提倡的心理学研究的"生态平衡"观点能够概括这种新学术氛围应具的特点,即"研究对象是多元的,研究方法是多元的,研究成果是多元的"[①]。

---

① 罗永忠:《生态平衡:中国心理学研究突围的别一个方向》,载《心理学探新》,2007,27(102):19—22。

就心理学与其他学科的关系而言，心理学也应该成为人文科学与自然科学连接互动的一个中介，成为"学术生态圈"的一个重要组成成分。正如邵华和葛鲁嘉（2011）指出的，在生态主义视域下，心理学与其他相关学科之间可以构成一个"动态的、相互关联的、共同发展的整体"[①]。

5 讨论

所谓生态主义的心理学，是在对人的心灵世界的理解、对心灵世界所从存在的环境的理解，以及探索心灵世界的方法这三个方面都体现出生态视角的心理学。

生态主义的心理学，首先是以生态的视角看待人的内在心理过程。这意味着把心灵世界看成由复杂的成分构成的有机的整体。心理学的百年发展，现代自然科学积累的丰富知识和理论，都为我们生态地理解心灵世界奠定了基础。不过，鉴于心理学长期受还原论的影响，要想把握住心灵世界的较为明晰完整的面貌，还需要很长的探索路程。

生态主义的心理学，也意味着对心灵世界所从存在的环境（物质的、社会的、文化的）抱有生态的理解。当下心理学在探究环境对心理的作用时，倾向于割裂物质、社会和文化环境对个体的影响。探究自然环境对个体的心理影响的学者，往往把环境中的文化因素或社会因素作为无关变量排除出去，反之亦然。例如，精神分析流派的学者几乎完全不考虑物质环境对个体心理的影响，如果一位来自边远农村的来访者抱怨城市的喧嚣与拥挤，他们会分析来访者的人际环境，认为这是一种投射或移情现象；而环境心理学家会抓住物质环境对心理的影响而不考虑人际因素。尽管他们分别抓住了部分的真相，却忽略了不同的心理过程之间的交互性。研究的结果便难以最大程度地贴近个体的体验。

---

① 邵华、葛鲁嘉：《生态主义视域下的理论心理学研究》，载《沈阳大学学报》，2011，23（6）：105—107。

生态主义的心理学还意味着，心理学作为一门科学，本身也需要"生态地"发展。心理学学科的发展与心理学家观察到的心理现象之间也有一种"自相似性"。当心理学学科的不同分支之间沦于门派之争，不同方法之间互不认可，人们受心理学的影响而体验到的心理过程亦是充满矛盾的。恰如坊间流传的"荣格派的来访者做荣格式的梦，弗洛伊德派的来访者做弗洛伊德式的梦"所隐喻的，心理学的理论能够反过来建构人的心理。心理学学科内部的不平衡与不兼容，也反过来割裂受心理学理论影响的个体的心灵世界。

从物理学隐喻走向生态学范式，无疑是一次重大的转变。生态学研究生命体与其周围的物质和生命环境的相互关系，心理学则研究心理现象以及心理现象与心理环境的关系。于心理学而言，生态学是比物理学、生理学等任何其他自然科学更为合适的借鉴。但是，借鉴其他学科的范式来建立一门学科，毕竟是这个学科尚未真正确立起来的一种标志。将来随着心理学学科主体知识的建立，当我们对心灵世界的规律有了足够的认识，心理学就不会以其他学科作为隐喻和范式的来源，其他学科的知识和理论仅作为心理学科的基础和工具而存在，心理学会拥有自己的"心理学范式"，并成为更为后起的新兴学科的借鉴。只有到那时，心理学作为一门科学的根基才算最终确立起来。

第 30 届国际心理学大会"环境与可持续性"研究综述

吴建平[①] 李娜[②]

2012年7月22—27日，第30届国际心理学大会在南非开普敦举行，本次大会由国际心理科学联合会（International Union of Psychological Science，IUPsyS，简称国际心联）主办，由南非国家研究基金会与南非心理学会共同承办。100多个国家的约5000位代表出席了会议。大会围绕"心理学服务人类"这一主题，探讨心理学如何将科学研究和实践转化为能够帮助人类发展的知识、技能和工具。

本次大会，有关生态与环境心理学研究领域提交的论文分属于环境/可持续性（environment/sustainabililly）这一专栏，这一研究领域提交的会议论文约60篇。[③][④]来自世界各地的研究者从不同角度探讨了心理学与环境可持续性发展的关系。会议论文分特邀演讲、特邀研讨会、专题研讨会、报告论文、张贴论文等。

[①] 吴建平，北京林业大学人文社会科学学院心理系副教授，研究方向：社会心理，环境心理。

[②] 李娜，北京林业大学心理系硕士研究生，研究方向：生态与文化心理。

[③] 30 International Congress of Psychology, Cape Town, South Africa, July 22–27, 2012. Abstracts. Published under the Auapices of the International Union of Psychological Science(IUPsyS).

[④] International Journal of Psychology, Volume 47, Issue Supplement S1, pages 346–355, January 2012. http://onlinelibrary.wiley.com/doi/10.1080/00207594.2012.709100/full

1 特邀演讲论文

在大会特邀演讲部分，荷兰埃因霍温科技大学的 Cees Midden 作了《用有说服力的技术促进可持续发展行为》的报告，认为可持续性生活很大程度上是消费者如何使用周围技术的结果。从这个角度来看，严格技术和行为解决方案的分离不仅是人为的，也是不利于找到真正的可持续的解决方案的。文章进一步讨论了说服沟通中各种形式的自动加工过程。认为可持续发展基本上是一种社会现象。

德国哥廷根大学的 Peter Schmuck 作了《哥廷根可持续发展的科学方法：整合可持续发展的定义性特征和可持续发展科学》的报告。哥廷根可持续发展的科学方法包括七个要素，每个要素中科学家都执行具体的任务以完成研究周期。德国可再生能源村的案例说明研究者是如何工作的。在 2000 年到 2005 年启动了一个试点项目，生物能源村从当地的可再生能源中利用热能和电能。自 2005 年以来，超过 50 个德国村庄模拟了示范村。在示范村采用纵向研究的方法，检验幸福感的提升是转变的结果的假设。结果表明，从访谈数据来看，从事该项目村民的子样本支持假设，同时，从问卷数据来看，更大的较不积极的村民样本不支持假设。

荷兰格罗宁根大学的 Linda Steg 等作了《享乐主义价值观在缓解气候变化的可持续性行为中的重要意义》的报告。研究表明，价值观在环境行为中起着重要作用。环境态度、偏好、行为，相对于自我超越价值观（利他和生物圈），与自我提升尤其相关。研究的目的是证明享乐主义价值观在环境领域中也发挥着重要的作用。在系列四问卷研究中发现了对研究假设的一致支持：享乐主义、利己、利他、生物圈价值观可以通过经验来区分，这表明四种价值观之间的区分不仅有理论意义，而且被消费者意识到。重要的是，符合我们的期望，即使是对其他值进行控制，享乐主义价值观与一系列环境态度、偏好和行为成显著负相关，这表明享乐主义价值观抑制亲环境选择。这表明，在环境研究中包括享乐主义价值观是很重要的，那些旨在鼓励应对气候变化的亲环境行为干预措施应该考虑相关行为的享乐主义后果,这些可能是行为变化的重要障碍。

2 研讨会论文

2.1 "缓解气候问题的心理学贡献"的特邀研讨会与专题研讨会

大会与国际应用心理学协会(International Association of Applied Psychology,简称 IAAP)第四部门"环境心理学专业委员会"联合举办了关于"缓解气候问题的心理学贡献"的特邀研讨会。研讨会召集人是荷兰的 Linda Steg, Wouter Poortinga, Mica Estrada 等,来自瑞典、英国、美国、荷兰的学者展示了他们的研究成果。

瑞典学者 Tommy Garling 等报告了对价值取向相关的环境政策措施的态度研究。他们认为独立于价值取向,人们关心的是气候变化的后果和其他当前环境问题,但是高自我提升者却不太愿意为减缓和适应气候变化买单。研究显示,为减缓不同环境问题而实施的环境政策措施引起了非透明的个人开支(比如政府补贴),价值取向对有关政策措施的态度的影响完全由环境问题来调节。这表明,环境政策措施的花费也可能会调节价值取向的影响。而当个人费用是透明的(如交通拥堵费),价值取向的影响部分受环境问题调节。

英国卡蒂夫大学的 Wouter Poortinga 报告了"对把核电作为一种解决气候变化方法的态度"的研究。气候变化无疑是目前世界正面临的最大的环境威胁。英国已经自己设定了具有法律约束力的目标:到 2050 年减少 80% 的温室气体排放量。实现这一目标,需要向低碳能源生产转变。各种行业和政策制定者都认为核能可能是有助于缓解气候变化的低碳能源技术。在这项研究中,他们利用具有全国代表性的英国调查结果,探讨了大众对核电重新定位的反应。目前研究发现仅仅一少部分人无条件支持核电。总体而言,对核电的支持与对气候变化的关注呈负相关。

2.2 "以社区为基础的解决环境问题的方法"的特邀研讨会与专题研讨会

美国加利福尼亚州立大学的 Paul Schultz 等报告了"能源团队：以社区为基础的提高住宅能源效率的合作方法"。该报告总结了在纽约州的锡拉丘兹实施合作试点项目。该项目涉及 5—10 个家庭组共同完成一系列结构化活动，这些活动旨在促进更有效地使用家庭能源。研究为提高住宅能源效率，为降低能耗、节约自然资源，并减少温室气体排放提出了重要目标。

德国纳尔逊曼德拉都市大学 Angelika Wilhelm-Rechmann 等报告了"在南非地方政府层面使用社会营销，进一步保护生物多样性"。报告指出南非是一个生物多样性大国，有着悠久的保护传统。为了保持其生物多样性，在迅速发展的当地直辖市的土地利用总体规划系统有必要优先考虑生物多样性。他们使用社会营销方法研究当地土地规划者以及他们的层级结构如何能被说服改变他们的行为，使他们的行为能在决策过程中朝着有意义的纳入现存生物多样性地图的方向发展。

德国马格德堡大学的 Diana Woelki 等报告了"提升环境态度的社会规范干预措施"。报告指出除了保护此时此处的环境，近期制定的政策涉及说服人们适应预期的气候变化。

加拿大维多利亚大学 Wokje Abrahamse 等报告了"鼓励节约资源的社会影响方法：一项元分析"。研究者提出了更好地理解潜在过程的研究议程，通过这个过程社会影响导致亲社会行为的改变。

美国宾夕法尼亚州立大学 Janet Swim 等报告了"生态信息：创建意见领导者减少宿舍楼能源消耗"。报告指出能源竞争是一个试图节能的流行方法。然而，一些消耗通常和这些竞争相关，有效意见领导者是创新问题的专家、有说服力的销售人员。研究中创建有效意见领导者通过两个步骤，首先，教育住在宿舍楼内的 29 名学生节能的个体行为，第二，帮助他们成为节能的销售人员。为了创造专家，他们应用了积极的应对模式，教导领导者有效改变行为，允许他们根据经验决定与学生相关的行为改变的阻碍和促进因素。为帮助他们成为销售人员，他们练习了彼此之间的沟通，为社会影响的促进和阻碍因素作准备。该研究的项目成功地转变了意见领导者个人行为，提高了能源竞争的成功性。例如，与没有受训意见领导者的宿舍楼相比，有这些领导者的宿舍楼在能源竞赛中明显减少了他们的平均用电量，竞赛结束后继续使用更少能源。

2.3 "恢复和复愈性环境"研讨会

本研讨会的召集人 Terry Hartig 教授对恢复和复愈性环境的当前研究作了介绍。对处于压力之下的关注已促进关于环境对人类健康和幸福影响的心理学研究。研究者和实践者提出一种视角，强调环境的复愈作用。对多样化环境（如荒野地区、城市公园、教堂、咖啡馆和博物馆）下恢复经历进行了研究，研究者已经汇集来自环境美学、户外娱乐、休闲研究等领域的观点，提出了环境的心理意义的积极观点。本次研讨会的报告将说明当前在恢复视角旗帜下进行的各种研究。

瑞典乌普萨拉大学 Terry Hartig 报告了"人口水平的恢复现象和恢复环境研究的发展"。Hartig 指出，在库尔特·勒温的心理生态学报告中，他曾呼吁心理学家考虑非心理学数据对个体和群体行为的意义。然而，勒温的呼吁似乎很大程度上被遗忘了。近几十年，心理学作为一门学科已经进一步向内发展，越来越多的研究者研究大脑行为的关系，忽略了行为在社会生态中发挥的作用。虽然这种向内转变产生了很明显有价值的发现，但是这也包含了机会成本。社会流行病学对相关问题提出的警告在这方面有一定的指导意义。经典社会流行病学承认对个体水平疾病机理研究的价值，但同时也认识到这种研究的局限性。其一，健康的跨人口变化，或者在同一人口跨时间变化不一定是通过参考个体水平的因素来解释的。其次，当某一人口个体处于某种环境条件下，研究使用的是单一人口样本，它就不能很容易地被识别为个体决定因素。在本报告中，Hartig 将总结承认这种局限的心理健康研究。在这些研究中，对瑞典人口分配精神药品的聚合时间序列数据分析是在心理恢复的环境支持和限制的相关心理学理论指导下进行的。这些研究提出的问题都可以帮助促进涉及个体和小团体的恢复环境研究。

英国 Sabine Pahl 等学者报告了"水环境的恢复效应"。当前的实验室研究已经提出水是恢复环境的关键特征。水可以在户外（如沿海环境）或者室内（如水族馆），它可以直接或通过各种媒介被体验。本报告将总结水环境或者蓝色空间恢复效应的三个研究部分。① 展示了室内水下场景的压力减少效应，压力工作之后，把参与者置于水族馆的大水槽中提高了心理指标。② 展示了当面临引起痛苦或恐惧背景时，虚拟的水环境如何使个体获益。当参与者积极控制沿海环境虚拟现实时，他们在模拟的牙科治疗中应对更好，尤其是如果他们高焦虑时。③ 用日记方法追踪了真正参观沿海环境（和②中模拟的环境相同）的影响。从参观之前到之后，自我报告的心情改善了。研究者也要求参与者记录他们在游览期间参与了哪些活动。用多水平分析比较各种活动之间的心情效应，尤其关注更消极的（如读书）和更积极的（游泳）活动。总之，本研究检验了理解自然恢复环境的创新方法。结果对于在压力和痛苦背景中使用水环境很有前景。

荷兰格罗宁根大学的 Agnes Van Den Berg 等报告了"与自然接触促进睡眠效应的研究"。大量的研究表明，接触自然缓解身心的压力和忧虑。如果压力会扰乱睡眠，研究者提出与自然接触可能提高睡眠质量的创新假设。他们实施了第一个测试这种观点的调查（220 名参与者，181 名男性，平均年龄 23 岁），探索接触自然和睡眠质量之间可能的联系（用匹兹堡睡眠质量指数衡量）。结果表明，与观察建筑环境、天空或者混合环境的参与者相比，在室内环境中能观察自然，并且上个月大部分时间都在这样的环境中度过的参与者报告了更好的主观睡眠质量，白天更少的困扰。在初步调查的基础上，我们将选择有睡眠问题的个体参与后续实验。在此实验中，一半参与者睡觉之前想象他们处在自然环境中，剩下的参与者想象自己在建筑环境中，因变量是睡眠质量。这个实验，其结果将在会议中展示，将为接触自然对睡眠质量的因果影响提供线索。把这些研究放在一起，研究者强调，改善了的睡眠质量可能是一种新的、很大程度上被忽略的与自然接触的潜在获益。

2.4 "价值行为的差距：如何填补？"研讨会

在这一专题中，西班牙庞培法布拉大学 Gert Cornelissen 报告了"社会价值取向是自动表达的？"该研究借鉴社会直觉模型，提出社会价值取向在行为中是自动表达的这一假设。经过中介和实验分析，研究者进一步证明社会价值取向的自动表达受知觉到人际亲密的调节。

英国卡迪夫大学的 Gregory Maio 报告了"为什么价值—行动差距可以比生活更大：价值冲突与环境行为的溢出效应"。该研究在人类价值观和亲环境行为之间建立联系。指出亲环境行为和自我超越价值观（保护环境）相一致，而且当这些价值观被激活时最有可能表现亲环境行为。自利价值观（如财富，权利）的激活减少了自我超越行为的可能性。因此，当自利价值观激活时，亲环境行为变得不太可能。

荷兰格罗宁根大学的 Goda Perlaviciute 等报告了"对亲环境产品意愿的情景和性情影响"。该研究表明，当亲环境目标在情景中是首要的并由强烈的亲环境价值观支持时，亲环境目标是最突显、最有可能增加对亲环境产品的意愿的。

荷兰格罗宁根大学的 Ellen Van Der Werff 等报告了"影响环境自我认同的因素"。介绍了环境自我认同作为价值行为关系的中介。认为越是强烈赞同生物圈价值观的人，越是认为自己是环境友好型人（比如，他们的环境自我认同更强烈），这反过来影响了亲环境行为。研究表明环境自我认同实际上在一定程度上是稳定的（受价值观的影响），但也有一部分是易变的（例如，受过去行为的影响）。当前研究旨在为环境自我认同概念提供更多领悟，为刺激亲环境行为提供更多机会。

美国加利福尼亚州立大学的 Paul Schultz 报告了"环境问题空间偏见的跨文化研究"。结果表明，来自人口较少社区有更强地方认同的个体的空间偏见更大。研究者把这种结果解释为"地方服务偏见"的证据，这种偏见缓解了地方区域环境问题的严重性。

2.5 "提高人类发展的全球心理学"研讨会

墨西哥学者 Maria Montero 报告了"有关贫困的社会生态学"研究。以社会生态学作为理论框架,提出了对墨西哥贫困研究的最新进展。本研究有不同阶段,此研究是比较研究的一部分,在比较研究中比较了贫困对来自墨西哥市区和农村地区家庭的影响。

2.6 "理解企业中每天可持续的做法"专题研讨会

本专题研讨会的目的是介绍和讨论对理解影响组织内可持续发展的心理因素可能有用的创新理论、方法、初步研究、根本的变革和实现途径。大型机构对全球变暖的潜在贡献,在未来 100 年,将是非常重要的。尽管如此,组织中可持续发展实践的研究仅仅是在当前才成为心理学研究感兴趣的领域,这是由于人们日益意识到大型企业对气候变化的贡献,事实上,环境和社会可持续发展已经进入私人和公共部门管理者和领导的议事日程。许多公司现在也开始竞相成为可持续发展的领导者,并因此引入或改变政策、产品和流程来解决污染,减少资源的使用,以改善社区和利益相关者的关系。在这一研究领域值得关注的问题是为了更好地确定可持续发展的途径,这些途径导致减少排放的预期目标,并有助于减缓企业内气候变化。本次研讨会旨在通过大规模的组织管理和员工实践的探索,理解可持续生产和消费方式的驱动和阻碍因素。

来自意大利的 Marino Bonaiuto 等报告了"低碳实践的促进者和阻碍者:个体和组织因素"的研究;在此论文中,展示定性研究的结果,此研究的目的是评估能源生产部门的一个大型意大利公司工作场所的现有的日常活动和行为,这将会影响温室气体的排放水平。

来自荷兰格罗宁根大学的 Angela Ruepert 等报告了"环境行为中的正面和负面溢出效应";研究者认为,当最初的行为被认为是源自自我意志的时候(如自我决定),积极溢出效应(在环境行为中)更有可能发生。另一方面,当最初的行为被认为是外部因素引起的,消极的溢出效应更有可能。展示的实验给出了溢出效应背后机制的见解,以及促进亲环境行为的应用。

来自荷兰格罗宁根大学的 Linda Steg 报告了"如何鼓励企业采用环保政策"的研究。研究认为政府压力是公司采用亲环境政策的关键来源。而且认为公民基于价值的投票是政府这样做的非常重要的压力源。这表明我们应该加强和优先考虑公民的生物圈价值观。

3 报告论文

会议提交的报告论文 29 篇，就其中一些论文作简要介绍。

南非西开普大学 Sabirah Adams 提交的《儿童对自然环境的认知：创建儿童和环境友好型城市》，建议把环境教育纳入学校课程，以便能在同龄人中灌输更大的环境意识。

荷兰科技大学 Ron Broeder 等的《对乱扔垃圾的反思：光亮表面激活了清洁概念》，认为理解和防止乱丢垃圾的研究始于环境、社会、审美问题。研究数据表明知觉到的光泽与干净的认知联系。对于乱丢垃圾，这项研究可能导致有趣的干预和行为效应，例如有光泽元素的环境（例如瓷砖）可能导致更少的乱丢垃圾行为和更多的垃圾箱。

中国台湾民族研究所的 Ruey-Ling Chu 等的论文《台湾对气候变化认知和亲环境行为》，其研究的主要目的是考察当前公众对气候变化的认知，以及对全球变暖和台湾气候变化的应对行为。虽然在发达国家，有通过节约能源和减少碳排量来缓解全球变暖的明确前景，但台湾人相对更少地意识到气候变化的危险及其后果。本研究假设，个体差异和与知识相关的认知可以预测台湾人的亲环境行为。一个全国性的调查（N=2158）结果表明，如期所料，人们的生物圈价值取向和内疚效应都与环保态度、意图和保护环境行为相关。此外，亲历自然灾害对预测台湾人对环境的态度和行为有独特的贡献。

美国芝加哥州立大学的 Margaret Dust 等的《心理距离影响环境态度》，通过调查心理距离对随后环境态度的影响以寻求拓展当前的研究。一个来自城市非传统大学的学生样本参加四个平行问卷中的一个。参与者首先回答各种人口统计问题和三个关于具体环境态度的开放式问题。在问卷的第二部分，每个版本都提供了一些环境场景，范围从密切个人（一个孩子受到污染影响）到遥远客观（南极企鹅受到污染的影响）。然后要求参与者表明他们对一个与亲环境相关的信息的赞同水平。正如所预言的，参与者对问题的心理距离或者感知到的距离与个体对亲环境信息赞同水平相关。这种关系存在于有关心理距离问题的时间和空间版本中。参与者成长环境类型也可以预测他们对开放问题的反应。这些结果表明，使信息个人化，影响及时化，向听众选择呈现环境参数可能有助于整体效能。

德国奥托·冯·格里克大学的 Florian Kaiser 等提交了《环境态度和自然态度的因果关系方向和自发变化量》的论文，该研究对 251 人采用纵向研究，探讨通过提高个体对自然的态度来促进一种积极的环境态度，并以此提高个体的生态参与。研究证实了两种态度之间的实质性联系，但是找不到因果关系方向的可靠知识。

中国澳门大学的 Lisbeth Ku 提交了《拿出实际行动：内在与外在生活价值观对支付和保护环境意愿的影响》。本研究假设，赞同归属和社区等内在生活价值观的个体比赞同金钱、形象等外在价值观的个体更愿意保护环境。对 169 名大学生和 347 名成年人被试研究显示，与没有接受任何价值操作的控制组相比，参与者在内部价值占首要条件下会捐赠显著多的钱，而参与者在外在价值占首要条件下会给亲环境事业捐赠显著少的钱。

南非大学的 Michael Leary 的论文《企业可持续发展所需要的文化基础的探索性研究》，其研究的目的是确定推动和支撑可持续发展的企业文化。为实现这一目标，调查了一个部落群，这个部落群已经数百年来在他们部落社区当中成功保持着可持续发展。

中国北京林业大学的李明（Ming Li）的论文《心理解读可持续发展的中国智慧》，提出世界面临的最紧迫的问题是环境的可持续性。中国的易经或者周易提出了解决这一问题的指南。心理学角度的解读对快速增长的发展中国家重拾可持续发展的古代智慧非常有用。利用丰富的心理文化遗产对中国和世界都是很有价值的。根据周易话语，本文进一步讨论了四个主题。(1)周易的心理学方法，(2)周易的恰当行为模式，(3)周易隐含的可持续发展的新伦理,(4)周易的天地存在意识。

英国学者 Sabine Pahl 等报告了《垃圾的有害影响:一项检验垃圾对健康影响的研究》。乱丢垃圾对环境的消极影响已经有据可查。仅仅海洋垃圾一年就导致 10 万个海洋哺乳动物和 70 万只海鸟死亡。尽管之前的研究表明垃圾对环境对游客有害,但是很少有已知研究直接检验对游客的影响。一个简短的实验室研究对此做出了检验。参与者(n=79)根据五个维度[(1)审美偏好,(2)行为偏好,(3)快乐,(4)唤醒和(5)恢复潜力],评价了一系列图像。所有的刺激都被设置在类似温和的天气条件下、坐在可以眺望大海的退潮海岸上。场景要么是(1)干净的,或者(2)有海藻,(3)游客丢下的垃圾,或者(4)淡季捕鱼丢的垃圾。在岸上被发现的垃圾,代表了通常找到的垃圾的主要类别。为了把此研究与之前的环境文学联系起来,也使用了其他(干净)环境类别。统计发现表明,与干净和有海藻的环境条件,以及其他环境类别相比,两种有垃圾的环境是最不利的条件。因此,研究表明,垃圾不仅对环境而且对我们的健康有害。

中国北京林业大学的吴建平(Jianping wu)等的论文《检验生态自我效应对预测亲环境行为的研究》,使用自我中包含自然量表(Inclusion of Nature in Self scale, INS),测量人们将自然看做自身一部分的程度。同时使用环境关心量表(environmental concern, EC),测量人们关心环境的三个价值取向,即利己价值观(egoistic values)、利他价值观(altruistic values)、生物圈价值观(biospheric values)。使用亲环境行为(pro-environmental behavior)问卷,测量被试亲环境行为的程度。在中国大陆发放问卷 335 份,有效问卷 300 分,被试年龄跨度为 18—60 岁。研究结果显示,生态自我、环境关心价值观、亲环境行为三者存在相关;生态自我对亲环境行为有预测作用;自我与自然最大重叠的人表现出更多的对环境负责的行为。

印度学者 Parul Rishi 等的报告论文《印度沿海脆弱城市的气候变化的隐性知识,沿海窘迫和主观幸福感》,对印度沿海脆弱城市的气候变化内隐知识,沿海窘迫和主观幸福感进行了一项行为调查,评估受访者对气候变化的意识,以及对气候压力的理解、主观幸福感和应对策略/适应。未来的干预措施必须纳入气候变化的社会心理维度，以提高沿海社区的意识和适应能力。

哈萨克国立大学 Nazym Satybaldina 等报告了《个人与自然的关系作为生态意识的特征》。研究的目的是鉴别三个年龄组（18—25 岁，40—50 岁，65—75 岁）环境意识类型。环境意识由个体对自然态度的心理特征决定。调查显示，18—25 岁组在与自然对象互动中，审美类型最盛行，40—50 岁组是务实类型，65—75 岁组是实用类型。18—25 岁的人愿意探索自然，65—70 岁的调查意愿几乎没有。

日本早稻田大学心理学系 Kazuhisa Takemura 等报告了《关注日本核电站的原因》。研究者分析了福岛和东京辐射强度之间的关系，朝日新闻中关于核电站的文章数量，以及 2011 年 3 月到 2011 年 9 月对核电站网络搜索查询数量（通过谷歌）。相关分析表明，对福岛和东京核电站基于查询的网络搜索和福岛辐射强度紧密相关。朝日新闻中有关核电站的文章数量和基于查询的网络搜索成显著弱相关。相关和偏相关分析结果表明，对核电站的社会关注，与报纸文章对核电站的报到相比，更受福岛核辐射强度的强烈影响。研究者还在福岛和东京核电站检索信息中分析了辐射强度的影响等信息。多元回归分析结果表明，福岛辐射的增长率对福岛和东京网络搜索有最强烈的影响。

中国浙江大学的王重鸣（Zhongming Wang）的论文《中国组织中的企业新能源变化决策的多选择判断机制》，指出在中国组织太阳能创业处于高度不确定的企业转型和升级过程的条件下，找出企业改变决策的特征和增值机制。研究者调查了中国浙江三个太阳能创业公司。采访了行政经理和企业家，开展了案例重点讨论会。研究结果表明，绿色产业变革决策过程是高度动态的，并与全球、技术、创新、风险、集体、社会、政府和组织的多重相关因素一起进步。

英国卡迪夫大学的 Wouter Poortinga 报告了《对威尔士引入一次性购物袋收费的评价：态度转变和行为外溢》[1]。威尔士在英国第一个对一次性购物袋

---

[1] W. Poortinga, L. Whitmarsh, C. Suffolk (2013), "The Introduction of a Single-use Carrier Bag Charge in Wales: Attitude Change and Behavioural Spillover Effects", *Journal of Environmental Psychology*, Volume 36, December 2013, Pages 240–247.

收费以控制其使用。从 2011 年 10 月起，购物者在销售点必须为每个一次性购物袋支付 5 便士。本文报告了评估购物袋收费态度和行为影响的现场实验的初步结果。在收费之前，进行了大约 500 个电话访谈（2011 年 9 月）。6 个月后，对购物袋收费，重新联系了这些访谈者（2012 年 4 月）。在英格兰做了类似的调查作为控制组。由于认知失调 / 自我知觉过程以及从这项政策中获益的经验，政策在实施之后变得更加可以接受。未来将进一步研究，随着更加积极的与废物相关的态度和规范的发展，这项政策是否可能会导致行为外溢到其他与废物相关的行为中。

此外，巴西学者 Vitor Sampaio 等提交了《用存在主义现象学的方法解释环境心理学》的报告论文。印度德里大学的 Girishwar Misra 提交了《走向可持续的心理学》的报告论文。俄罗斯莫斯科国立大学 Anna Leonova 等提交了《在变换世界当中人类的可持续发展和福祉》报告论文。德国马格德堡大学的 Diana Woelki 等提交了《对个体适应气候变化的社会影响》的报告论文。等等。

4 张贴论文

南非西北大学的 Soretha Beets 等提交的论文《环境风险和心理健康的预测：生活质量的作用》，选取来自南非菲兹拉达区的 3407 名参与者，通过菲兹拉达区市家用灾害评估调查的方法收集以下数据，包括：（1）持久的心理健康，（2）不同月份易发灾难风险的调查问卷，（3）反映生活质量的问题。生活质量的定义为：①获得或拥有农业用地，②家畜的所有权，③获得医疗设施，④获得饮用水，⑤获得电。结果显示，环境风险的增加并没有对心理健康造成负面影响。环境风险和心理健康的关系不受生活质量的影响，生活富裕的人（较高生活质量）尽管在面临环境风险时受到更多的保护，但在心理健康方面的得分却较低。

喀麦隆布法罗大学 Effange Emilia 等提交了《气候变化是喀麦隆生活变化和陌生生活条件的决定因素：应对策略是什么？》的论文。在喀麦隆大约

80%的穷人生活在农村地区，主要从事农业生产，将近30%的国内生产总值来自农业和相关活动。将近70%的国内劳动力从事农业生产。这些统计数据表明，喀麦隆公民的幸福很大程度上依赖农业。然而，由全球气候变暖引起的气候变化不仅会打击喀麦隆的农业部门，也会影响到人类发展。对喀麦隆人口的直接严重影响就是贫困，以及贫困对人类发展的不利影响。

澳大利亚维多利亚大学 Samantha Mordecht 等提交了《情景幸福感和心理社会支持：18岁到25岁个体在维多利亚丛林大火之后（重新）建立幸福感过程的地方视角》。该研究是关于2009年维多利亚丛林大火之后，18—25岁个体（重新）建立幸福感的过程的探讨。

2000—2012年我国环境心理学的研究现状：
基于CNKI文献计量学分析

王 凡[①] 李朝旭[②] 史 娟[③]

环境是可以直接、间接影响人类生活和发展的各种自然因素和社会因素的综合体。具体是指在人的心理、意识之外，对人的心理、意识的形成发生影响的全部条件。其中自然环境为身体和心理发展提供物质条件，社会环境是影响心理发展的主要因素。[④] 环境心理学作为心理学的新兴学科之一，是社会科学与自然科学的结合，是建筑环境学和应用心理学的结合，是关注人与环境相互作用和相互关系的学科，[⑤] 它根植于心理学的一些基本原理，通过研究在不同社会文化和环境下人们的心理活动规律，从而寻求人与环境相互适应的可持续模式。[⑥] 环境心理学最初产生于美国，布鲁斯威克（E. Brunswik）的知觉理论、勒温（K. Lewin）的心理场论（field theory）为环境心理学研究奠定了基础，20世纪40年代末巴克（R. G. Barker）等人对自然定居点中居民行为的生态学研究，20世纪50年代霍尔（E. Hall）从文化人类学角度对个体使用空间的研究，以及20世纪60年代城市规划师林奇（K. Lynch）对城市表象和环境认知的研究，为环境心理学的兴起开辟了道路。[⑦] 20世纪60年代

[①] 王凡，曲阜师范大学教育科学学院心理学系硕士研究生。
[②] 李朝旭，曲阜师范大学教育科学学院心理学系副教授。
[③] 史娟，曲阜师范大学教育科学学院心理学系硕士研究生。
[④] 林崇德、杨治良、黄希庭主编：《心理学大辞典》，上海教育出版社2004年版，第498页。
[⑤] 车文博：《当代西方心理学新词典》，吉林人民出版社2001年版，第128—129页。
[⑥] 杨玲、樊召锋：《当代环境心理学研究的新进展》，载《甘肃社会科学》，2006年第2期，第193—196页。
[⑦] 马逊风、黄冬梅、黄钰、何子光：《环境心理学有关问题的探讨》，载《吉林师范大学学报》（自然科学版），2004年第1期，第33—36页。

至70年代许多从事环境心理学研究的协会相继成立,一些环境心理学杂志也相继创刊,最著名的《环境与行为》杂志于1969年在美国创刊,这是环境心理学兴起的重要标志。20世纪70年代初,美国心理学会建立了一个新的分会——人口与环境心理学会,并出版了《人口与环境心理学》杂志。环境心理学的主要奠基者之一的柯雷克(Kenneth Craik)1973年为《心理学年鉴》撰写的"环境心理学"的研究综述,意味着"环境心理学"已经被接受为心理学的一个分支领域。1978年,环境心理学的另一位主要代表人物斯托克斯(D. Stokols)为《心理学年鉴》撰写的关于"环境心理学"的研究综述,基本上确定了环境心理学作为心理学分支的正式地位。因此,一般认为,作为心理学一个分支的环境心理学诞生于20世纪70年代,距今已有40多年的历史。1987年,斯托克斯(Stokols & Altman)等主编出版了《环境心理学手册》,被看做是环境心理学发展中的一个里程碑,同时也是环境心理学成熟的标志。[1]

经过40多年的发展,环境心理学在理论建设、实验研究和应用领域都取得了较大进展。[2]但是在我国的研究还相对滞后。20世纪70年代初有学者编译环境心理学著作,80年代有一些关于环境心理学初步研究的文章见诸刊物,但一直到90年代关于环境心理学研究的书籍和文章都很少。1993年对国内环境心理学的发展来说是不得不提的重要时间,4月,英国著名环境心理学家David Canter先在清华大学建筑系作报告,后为同济大学建筑系和华东师范大学心理系的学生授课;6月,常怀生教授等人联名在《大众心理学》杂志上发表《关于促进建筑环境心理学学科发展的倡议书》,呼吁社会促进建筑环境心理学学科;7月,在吉林市召开了第一次"建筑学与心理学"学术研讨会;《建筑师》杂志在12月专门为这次会议出版了一期专刊,这些可以看成是这门学科在中国的正式诞生。1993年以后环境心理学研究开始加快了步伐。[3]近些年来,

---

[1] 刘建新、高岚:《简述环境心理学的形成与发展》,载《学术研究》,2005年第11期,第9—12页。

[2] 俞国良、王青兰、杨治良:《环境心理学》,人民教育出版社2000年版,第19页。

[3] 转引自刘萍、吴建平:《中国环境心理学的发展历程与研究现状》,载《赣南师范学院学报》,2007年第1期,第18—21页。

随着环境问题加剧等原因,学者们对环境心理学的关注越来越高,研究也越来越多,显示了其旺盛的生命力和广阔的发展前景。

本研究拟对国内 2000—2012 年发表的环境心理学的研究成果进行文献计量学分析,通过对发表文献的梳理,探讨 10 多年来国内环境心理学研究的发展概况以及趋势,以期从宏观的角度为将来的深化研究提供借鉴。

1 对象与方法

1.1 文献取样

首先,查找资料。以 CNKI 中国学术期刊网络出版总库作为文献检索平台,采用标准检索,检索条件:主题为"环境心理或含环境心理学";模式:"精确";时间:"2000.01.01—2012.12.31"。取样文献为 2000 年 1 月 1 日—2012 年 12 月 31 日期刊数据库收录的主题为"环境心理学"的所有文献,以此条件进行文献检索,共检索出文献共 1846 篇。其次,确定研究资料。剔除刊物总目录信息、产品介绍信息、无作者的文献、刊物征稿要求、会议信息、征订启示等,最后选择有效文献 606 篇作为研究资料。最后,规范资料。检查资料内容以及关键词是否与环境心理或环境心理学的研究相关。

1.2 分析单元

参考已有的相关文献,在广泛查阅环境心理学的相关论文之后,对所收集的 606 条相关文献进行了认真分析,确定了以下分析单元:文献种类、发表时间、发表源期刊、作者机构、地域分布、研究内容、合作人数和研究者发表文献量等。

1.3 数据处理

采用文献计量法,以百分比和频次分析为主。

2 结果与分析

2.1 文献种类分布

检索CNKI中国学术期刊网络出版总库收录的2000年至2012年主题为"环境心理或环境心理学"的发表文献1846篇,通过删除不相关文献(包含报纸类文献),共选择有效文献606篇。研究文献种类分布见表1,由表1可以看出,学术期刊类论文最多,有417篇,占论文总数的68.81%,学位类论文超过所有文献的四分之一,可见对环境心理学的研究形式已呈多样化的趋势。

表1 研究论文文献种类分布

种类	篇数	百分比(%)
期刊类	417	68.81
学位类	158	26.07
会议类	31	5.12
总计	606	100.0

2.2 文献发表时间分析

我国对环境心理学研究相比于其他心理学分支学科来说研究文献较少。2000年以来,环境心理学的研究文献数量由表2可知,2000、2001年仅有8篇,占论文总数的2.68%。随后论文逐年呈增多趋势,尤其在2005年后增长迅速。

表2 研究论文时间分布

时间	2000	2001	2002	2003	2004	2005	2006	2007	2008	2009	2010	2011	2012	总计
篇数	8	8	20	23	26	34	45	51	67	74	68	83	99	606
百分比(%)	1.32	1.32	3.30	3.80	4.29	5.61	7.43	8.42	11.06	12.21	11.22	13.70	16.34	100.0

2.3 发表源期刊分布

针对学术期刊论文进行发表源分布的分析,期刊论文共417篇,以建筑、设计规划类期刊为主,有129篇,占论文总数的30.94%;其次是环境类期刊和社科综合类期刊;心理学期刊论文数为21篇,占论文总数的5.04%,在发表源分布中居于第4位。见表3。

表3 发表源期刊分布

期刊种类	篇数	百分比(%)
建筑、设计规划类	129	30.94
环境类	41	9.83
社科综合	74	17.75
心理学类	21	5.04
医学类	16	3.84
其他	136	31.61
共计	417	100.0

表4 研究力量分布

作者单位	篇数	百分比(%)
建筑、规划院校(系所)	207	36.00
农林院校(系所)	141	24.52
师范院校	83	4.43
其他院校	49	8.52
社会研究机构	59	10.26
其他	36	6.26
共计	575	100.0

2.4 研究力量分布

以第一作者单位为依据,对研究力量进行统计分析,由表4可知,研究力量主要集中于高校,占论文总数的83.48%,高校又以建筑规划、艺术设计类院校(或系所)居多,其他机构研究相对薄弱。

2.5 研究地域分布

以第一作者单位为依据,对研究力量的地域分布进行统计分析,由表5可知,我国环境心理学研究力量的地域分布不均衡,主要集中在北京、湖南等地区,西部地区对环境心理学的研究则相对薄弱,青海和西藏的数据为0。

表 5　研究力量地域分布

省份	北京	湖南	上海	江苏	辽宁	湖北	山东	重庆	广东	浙江	黑龙江
篇数	56	53	34	31	31	29	28	28	27	25	24
%	9.74	9.22	5.91	5.39	5.39	5.04	4.87	4.87	4.70	4.35	4.17
省份	河南	天津	陕西	吉林	安徽	四川	福建	江西	云南	河北	山西
篇数	20	20	19	18	17	17	15	15	13	12	11
%	3.48	3.48	3.30	3.13	2.96	2.96	2.61	2.61	2.26	2.09	1.91
省份	甘肃	广西	贵州	内蒙古	海南	新疆	宁夏				
篇数	8	8	4	4	3	3	2				
%	1.39	1.39	0.70	0.70	0.52	0.52	0.35				

2.6 研究内容分析

参照刘萍、吴建平（2007）对国内环境心理学研究内容的分类，对 575 篇研究文献的研究内容进行了划分。

由表 6 可知，环境心理学的研究主要集中在环境心理学在设计规划中的应用，即目前我国环境心理学偏重于人为环境，如建筑物和城市对人心理和行为的影响，这与环境心理学在我国的产生以及我国环境心理学处于引入阶段是分不开的（刘萍、吴建平，2007）。与刘萍、吴建平的研究结果不同的是，各研究内容的比例大小发生了变化。再者，在这里没有列出环境应激与领域性，并不是没有相关文章，而是由于与其他研究主题相重合，被归入到其他类别中。

表6 研究内容分布

研究内容	篇数	百分比（%）
环境心理学应用于设计	191	33.22
不同类型环境的心理效应	100	17.39
空间行为	69	12.00
环境认知	53	9.22
潜在环境影响	52	9.04
环境问题的心理效应	43	7.48
环境问题行为对策	36	6.26
学科探讨	26	4.52
个人空间	5	0.87
共计	575	100.0

2.7 合作方式

以学术期刊论文为参照，从发表文献中作者署名的人数来考察研究方式，417篇文献中，以独著为主，有230篇，占总篇数的82.61%；2人合著的有129篇，占总数的30.94%；3人合著46篇，占11.03%；3人及以上合著12篇，占论文总数的2.88%。反映出环境心理学研究领域内部合作研究的趋势基本形成；但与独立研究相比，集体合作研究（3人及以上）成果的比例较低。

2.8 研究者发表的文献量

根据普赖斯定律（Price's Law），一个研究领域或学科形成稳定研究群体的指标之一是撰写该领域研究论文2篇及以上的作者必须达到一定规模[①]。10年来以第一作者署名、连续发表环境心理学研究论文2篇及以上的作者仅14人；大量研究者仅发表过1篇文献。表明环境心理学研究领域的核心研究

---

① M. L. Pao, "Lotka's law: A Testing Procedure", *Information Processing & Management*, 1985, 21(4), pp. 305–324.

群尚未形成，研究队伍分散且缺乏稳定性。这种不稳定必然影响环境心理学研究的深度和广度。核心作者群的形成是一个研究领域成熟稳定的标志，没有稳定的研究队伍，高影响力的研究群体尚未形成，尤其是核心作者群体并未形成，[①]说明环境心理学还缺乏明确的目标和方向，研究人员的研究选题和研究方向的随意性和离散性很大。

3 讨论

通过对环境心理学文献的梳理和分析，可以看出我国环境心理学研究现状如下：（1）我国十年来对环境心理学研究的论文逐年增加，尤其是2005年后增加更是迅速，研究的文献量往往反映着一个领域受重视的程度，这说明我国已经重视对环境心理学的研究。（2）环境心理学研究力量主要集中在高校，而高校中建筑规划、艺术设计类院校（或系所）是我国环境心理学研究的主力军，其他社会机构研究相对薄弱。这与高校有庞大的专业研究队伍有关。（3）论文发表期刊也主要集中在建筑、设计规划类期刊，其次是环境类期刊和社科综合类期刊；而在心理学期刊上发表的论文较少，这可能与环境心理学在我国产生时就和建筑学紧密相关有关系。[②]今后的研究中，应当形成以高校为主体、其他社会机构为支持的全方位、多层次的研究力量，尤其要加强专门研究机构对该领域的研究，这样才能推动该领域研究的深化。（4）环境心理学的研究主要集中在环境心理学在设计规划中的应用，这与环境心理学在我国的产生以及我国环境心理学处于引入阶段是分不开的（刘萍、吴建平，2007）。心理学是一门关乎人类幸福的学科，环境心理学更是如此，今后心理学研究者要更多地关注与人类密切相关的环境心理的研究。（5）从

[①] 罗鸣春、黄希庭、苏丹：《中国少数民族心理健康研究30年文献计量分析》，载《西南大学学报》（社会学版），2010年第3期，第17—20页。

[②] 刘萍、吴建平：《中国环境心理学的发展历程与研究现状》，载《赣南师范学院学报》，2007年第1期，第18—21页。

研究地域分布来看，10年来的研究成果广泛分布于我国29个省市，但分布不均衡。研究力量主要集中在北京、湖南、辽宁、山东等地区，这些地区高校云集，再者有林业和建筑类等专业院校；而西部地区对环境心理学的研究则相对薄弱，可能与这些地区的经济发展靠后有关系。在建设和谐社会、生态文明社会的号召下，针对研究力量不均衡，研究者之间应该加强跨地区、跨学科的合作研究。（6）环境心理学研究合作较少，以独撰为主。没有团队难有科研，缺少合作的研究在一定程度上影响着研究的质量。在未来的研究中，不仅要单位内合作，更要实现多层次、多领域、大范围的合作，特别是加强不同地区研究者之间的合作，以实现优势互补，合作共进，提高研究的整体突破。

4 小结

专家预测，心理学是21世纪最热门的十大学科之一。心理学特别是环境心理学责无旁贷地必须关注人的环境意识和行为，培养人们健康的生活方式和行为，关注全球的可持续发展。[①]我国环境心理学起步虽然较晚，但是发展迅速。要努力解决人与环境的冲突，协调人类行为与环境的关系，为构建环境效益、社会效益以及经济效益与人的心理健康相统一的和谐社会作出贡献，环境心理学的研究任重而道远。

---

① 伍麟：《当代环境心理学研究的任务与走向》，载《西北师大学报》（社会科学版），2006年第3期，第37—42页。

生态消费：二元对立中的演化与发展[①]

王广新[②]

20世纪60年代，西方资本主义社会进入经济发展黄金期。以弹性生产方式为特征的后福特主义，在加快生产步伐的同时，也加速了日常消费，以生产为主导的社会转向了以消费为导向的社会。西方学者鲍德里亚在《消费社会》中写道："在我们的时代，消费控制着生活的所有方面……这一总体状态……代表了完美的'消费'进化阶段——从纯粹而简单的财富，到由互相联系的物质所组成的系统，到对行为和实践的完全控制……无不表明这一时代的到来。"[③]伴随着消费时代的到来，人的欲望，"表现为对需求、个体、享乐、丰盛等进行解放，关于开支、享乐、非计算取代了储蓄、劳动'清教徒'主题"。"为了变成消费对象，物必须变成符号。"追求商品的符号价值带来的是一种"炫耀性消费"，就是通过消费让他人明白消费者的经济力量、权力、地位，从而使消费者博得荣誉，获得自我满足。因而，在这样一个消费社会，消费主义大行其道。但同时，过度消费也给人类敲响了警钟，人类赖以生存的环境正日益遭受着难以康复的破坏，为此，1992年，联合国环境与发展大会通过了《21世纪章程》。文件指出：全球环境恶化的主要原因是不可持续的消费和生产模式，尤其是工业化国家的这类模式。环境危机是全人类的危机，消费问题是环境危机问题的核心。无论传统经济学各流派有多少区别，它们都建立在一个前提的基础上：人的物质需要满足的持续扩张是天经地义不可置疑的。在西

[①] 基金项目：国家林业公益性行业科研专项经费资助项目（编号：200804003）。
[②] 王广新，博士，北京林业大学心理学系副教授。主要研究方向：文化心理学。
[③] [法] 鲍德里亚：《消费社会》，刘成富、金志刚译，南京：南京大学出版社2000年版。

方传统经济学的理论框架内,需求是外在于生产的。需求的自由,需求对生产的支配是传统市场经济的核心之一,也是传统经济学的核心之一。在消费主义随着经济的高速发展盛行之后,世界人均物质消费需求以及物质的消耗以惊人的速度增长。经济增长成了进步和进化的代名词。现代经济学和经济主义意识形态把经济增长视作个人幸福和社会福利的唯一源泉,经济主义的价值导向和资本主义对富强的追求,终于导致了全球性的生态危机。

消费时代的出现,消费社会的形成和发展,消费主义大行其道,固然有其社会的、政治的、经济的影响因素。然而,从根本上说,人类作为一个整体的生态意识、生态潜意识及其相互作用也都是至关重要的因素。充分了解人类的生态潜意识,明确人类形成、发展过程中的生态意识,对引导公民形成可持续的、环境友好型消费观和消费行为的养成都是有益的。

1 生态意识中的二元对立与消费观的对立

所谓生态意识,苏联学者 B. 吉鲁索夫在《生态意识是社会和自然最优相互作用的条件》一文中,提出生态意识是根据社会和自然的具体可能性,最优地解决社会和自然的观点、理论和感情的总和。生态意识的主体是人和社会,它的客体是人与自然的关系。是"人—社会—自然"复合生态系统的相互联系和相互作用,并且充分考虑系统之间的多样性和差异性。生态意识关注长期性的生态意义,强调生态潜力是经济潜力的基础。但是,当梳理文献后,笔者发现,这种界定应该是对生态意识的狭义的界定,生态意识是指在人类产生、进化和发展过程中与自然关系的一种认知和觉知。生态意识并不必然体现为人与自然和谐发展的生态文明意识,有的时候也会表现为非生态文明的生态意识。所以,在人类发展过程中,形成的生态意识可以划分成两类:

一是生态文明的生态意识,其表现如生态伦理意识,生态价值意识,生态科技意识,生态审美意识,其核心是人与自然和谐发展;建立人与自然共存共荣的自然观;建立社会、经济、自然协调发展的发展观;把资源节约、环境治理、生态保护、人口数量控制都包括在发展的概念中;选择健康、适度消费的生活观。盲目的高消费并不等于个人的身体健康，而且浪费资源、污染环境。因此，每个人的消费都应该提倡勤俭节约，反对挥霍浪费，选择健康、适度的消费观念与生活方式，提倡绿色生活。

二是非生态文明的生态意识，其表现形式诸如资源无限论，环境无价论，唯 GDP 论，其核心是无视环境的价值和内涵，以人类的利益为中心，以牺牲环境为代价换取人的短暂利益，其发展趋势是不可持续的。并且已经给人类造成了严重的环境危机和生态危机。工业文明时代，以机械化、电气化、自动化为主要标志，工业文明时代虽然在征服自然、改造自然方面表现出巨大的生产力，但是巨大的贫富差异、环境污染、资源短缺、生态破坏、人口激增、难民危机、地区冲突直接威胁着人类的生存状况和质量。

消费主义迅速产生了世界性的影响。"大量消费"、"提前消费"、"花销自由"思想在世界各地盛行。美国销售分析家维克特·勒博曾宣称："我们庞大而多产的经济……要求使消费成为我们的生活方式，要求我们把购买和使用货物变成宗教仪式，要求我们从中寻找我们的精神满足和自我满足……我们需要消费东西，用前所未有的速度去烧掉、穿坏、更换或扔掉"[①]。

因此，从生态意识层面上看，人类实际上有两种互相对立的、相互矛盾的生态意识。在人类的形成发展中，在人类进化的历史长河中，这两种生态意识在争夺主导权，或者东风压倒西风，或者西风压倒东风。所以，我们可以毫不惊奇地看到，在人类的哲学史上，伦理学史上，在人类与自然的关系上，有这么两种完全不同的生态意识，即生态文明的生态意识和非生态文明的生态意识。

2 生态潜意识中的二元对立与消费观的对立

生态意识的形成和发展是受到人类的利比多、生态潜意识的影响和束

---

① 姬振海：《生态文明论》，人民出版社 2007 年版。

缚的。人作为自然的产物，作为从自然环境中剥离出来的一种智能生物，在本质上就与自然有一种天然的联系。生态心理学家认为这种情感上的联结是人类固有的天性，是进化的遗产，他们称之为生态潜意识（Ecological unconscious）。[1] 那么，在生态潜意识层面上，人类的生态潜意识是什么？人类的生态潜意识是否就是统一的、一致的？在生态潜意识中是否也存在着相互对立的潜意识形态？生态心理学认为，人类的生态潜意识表现的是人与自然联结的固有天性，并且更多的是情感性依赖，是人对环境的内隐态度。并且认为，人类之所以做出破坏环境的行为，是由于"生态潜意识长期处于被压抑的状态"，而压抑生态潜意识的来源主要包括政治发展的不平衡，文化对生态潜意识的压抑，畸形的人类中心主义盛行；生存方式，尤其是生产与消费方式对生态潜意识的压抑。笔者并不是非常认同生态心理学的这种观点，笔者认为，正如同在生态意识层面上存在生态文明意识和非生态文明的生态意识一样，在生态潜意识层次上，人类的生态潜意识也是矛盾的、冲突的。人类的生态潜意识并非只是对自然的情感性依赖，生态潜意识也并非是被压抑了那么简单。

回顾一下心理学潜意识的研究，心理学对潜意识的界定要追溯到精神分析学派的创始人弗洛伊德，在他早期的心理地形说理论中，他详尽地论述了潜意识理论，并且认为潜意识是影响人类行为的最具有动力性的因素，是决定个体行为的根本动因。潜意识中具有动机的成分，具有动机的功能。在弗洛伊德后期的人格结构理论中，他修正了自己的观点，认为本我是潜意识的重要组成，并且本我遵循快乐的原则，其核心结构是人的欲望、冲动和尚未满足的动机等利比多。

精神分析学派的另外一个杰出代表人物卡尔·荣格从个体走向集体，从个体潜意识走向集体潜意识。在他看来，人类的原始意识通过世世代代遗传被保留先来，存在于人类的整体中，作为集体潜意识影响着人类对于自身以

---

[1] 刘婷、陈红兵：《生态心理学研究述评》，载《东北大学学报》（社会科学版），2002, 4 (2)：83—85。

及自然的一切观念和行为。从荣格的集体潜意识出发，罗扎卡认为人类存在生态无意识，"生态无意识的内容表征……宇宙进化的活的记录，可追溯到自时间史的遥远的初始条件。"①罗扎卡把掠夺性的生态意识看成是男性气质的扩张，属于弗洛伊德意义上的浅层无意识，而把非人类中心主义的生态意识看成更为根本的人与自然的潜意识关系的体现。他认为在最深层的潜意识层面上，人对于自然是依赖的，而不是征服的。罗扎卡说："集体潜意识，在最深层的水平，庇护我们物种被压制的生态智慧，这种生态智慧是自然自身稳定突现类似心灵的自我意识的反映。"②对生态无意识的压制则是工业社会中共谋的疯狂（Collusive madness）的深层根源。罗扎卡认为这种共谋的疯狂来源于人类对生态无意识的压制，这是笔者不能苟同的。笔者认为，在进化的历史上，在人类成长的过程中，人类的生态潜意识一开始就是矛盾和冲突的。

迄今为止，人类与自然的关系一直处于不平衡状态。在原始文明阶段，刚刚从大自然母体里分娩出来的人类，与自然的关系完全是一种依赖的关系。人类对大自然犹如婴儿依赖母亲。人类将自然神话，感恩、祈求、恐惧融为一体。人类脱胎于自然、来源于自然，因此与自然母亲有一种先天的情感联结，这种情感联结就是一种集体潜意识的表达，但是却是复杂的。一方面表现为感恩、依赖、祈求、和谐，另一方面表现为恐惧、敬畏、反抗、征服、攫取。这两种集体潜意识交互存在，交互影响着人们的集体意识，表现为意识层面就是生态文明意识和非生态文明的生态意识的交锋。

人类集体潜意识中对自然的恐惧、敬重以及反抗都来源于远古的自然崇拜。人类要战胜自然、征服自然并从自然身上获得最大限度地满足，代表的是人类的整体欲望，是人类的集体潜意识，这种集体潜意识通过文化、遗传因素传递给个体，完成个体内在超我的实现。农业文明的出现，人类进入了与自然公然对抗的年代。种植业保证了人类的生存和种族的延续、人类不断

---

① T. Roszak, *The Voice of the Earth*, Simon & Schuster, 1992, 320.
② T. Roszak, *The Voice of the Earth*, Simon & Schuster, 1992, 320.

开发、占有、发展自然，人类踏上了"征服"自然之路。①

乔治·弗兰克尔在他的《乌托邦与悲剧》中提到："我们这个时代的生产方式变得越来越有攻击性了，向自然发动进攻，使其服从我们的目的，而目的也即意味着利润。那种要战胜自然环境、把我们的意志强加到自然界上去的古老本能，那种施虐性的进攻使其服从我们欲望的快感，再次占据了主导地位，并且以实用的现实主义的名义获得了正常的理由。"②

集体潜意识中存在两种观念的对立，即恐惧、敬畏、反抗、征服、攫取与感恩、依赖、祈求、和谐。这两种观念的对立，恰恰体现为浅层生态学与大地伦理学的对立。例如，浅层生态学认为：自然是残酷的，这是必然规律，人类必须征服自然，人类是自然界的价值尺度，人类是自然万物的标准。而深层生态学在吸收了大地伦理学的基础上，提出了较为合理的处理人类与自然关系的理论。例如，深层生态学认为，自然界的多样性也有其自身存在的价值，保护环境不只是为了人类，而且也是为了自然本身。人口的增长已经威胁到了生态的平衡。人与生态是密切相关的，人类的存在和价值的实现也是生态整体价值实现的一部分。因此，深层生态学是在修正人类集体潜意识中人类对抗自然，对自然敌视、恐惧的部分。深层生态学的终极层面的生态智慧，也许就是人类破除长久以来形成的集体无意识的影响，是人类对自然对生命的终极领悟。

而这种集体潜意识的对立，体现在消费模式上，就是消费主义的线性消费模式和绿色消费、可持续消费模式的循环消费模式的对立。消费主义要求人们，不要把消费只看做日常生活的一个必要环节，而要将其当做人生根本意义之所在。人生的根本意义就是消费，消费就是我们"精神满足和自我满足"的根本途径。在这里，我们可发现与马克斯·韦伯新教伦理的相似之处，新教伦理为资本家提供了"终极关怀"，"终极关怀"就是人们所追求的指向"终

---

① [美] 弗卡特、汤姆戴尔：《表土与人类文明》，中国环境科学出版社1987年版，第4—5页。
② [英] 乔治·弗兰克尔：《文明: 乌托邦与悲剧》，褚振飞译，国际文化出版公司2006年版。

极实在"(ultimate reality)的人生终极意义,消费主义则试图为现代社会的大众生活提供终极意义或最高意义(但它取消了"终极关怀",因为它根本不考虑什么是"终极实在")。消费成了现代经济增长的契机。于是消费主义成了现代社会经济增长的精神动因。在消费社会中,人们的欲望总处于激发状态,所以他们永远也不会得到充分满足。

绿色消费,就是指人们的一切消费活动,即消费者的行为模式、方法、行为过程及其变化等都受到生态文明意识的支配。因而,在生态意识支配下的绿色消费活动,应该是一种"共同、整体、有限、发展"的消费。绿色消费体现了一种在生态—经济—社会相互协调的三维复合系统中考虑消费模式的可持续消费观。

可持续消费指的是,从满足人们的生态需要出发,在使用消费品享受服务的过程中遵循代际公平和代内公平原则,以实现消费者主体和消费者客体以及消费环境之间的持续、协调、共同发展的消费。实现可持续消费的目的,是为了更好地满足人们的消费需要,可持续消费是一种节约型消费,反对奢侈和浪费。在可持续消费中,生态环境、自然资源是人类存在的物质基础,为全人类共有,因而,可持续消费包括公平原则,包括本代人公平、代际公平和国际间公平。可持续消费是文明、科学的消费,是要建立人与自然的和谐关系。可持续消费要体现三个基本原则,第一是适度消费原则,即在不降低人们生活水平的前提下,人们的消费不超越自然的承载力和个人的生理承载能力,"足够就好"的一种消费,排除多余消费和避免超前消费。消费要有利于环境保护和生态平衡,要求资源的优化使用和持续利用,同时实现废弃物的最小排放和对环境的最小污染。第二,是公平消费原则。第三是和谐消费原则,从消费的角度建立起人—自然—社会的和谐关系,消费模式上由线性消费转变成循环消费。

人类的生态潜意识是一个连续的、动态的、发展的系统。人类的生态潜意识体现的是人与自然的关系、联结和相互作用的方式。这种生态潜意识会随着人类自身能力的发展而有所变化。生态潜意识的变化最终会体现为生态意识,并且最终决定人类的行为模式。包括人类的生产方式、生活方式和消费模式。人类的生态潜意识不是统一、一致的,而是一个矛盾的连续体。在生态潜意识、生态意识的相互作用过程中,逐渐形成了人类的生态自我。

3 构建生态文明自我与生态消费

威尔逊和林德斯等人提出了双重态度模型理论,认为人们对于同一种自然客体同时存在两种不同的态度,一种是能为人们意识到的、所承认的外显态度,另外一种是无意识的、自动激活的内隐态度。并且认为,双重态度与人们的矛盾心理有明显区别,在面临一种有冲突的主观背景的时候,有双重态度的人报告的是一种更容易获取的态度。[①]

笔者认为,生态潜意识中的两种对立是生态意识对立的基础和根源。人们之所以对自然表现出两种完全不同的意识和态度,根源于人们潜意识中的对立,进一步形成人们消费行为与消费模式中两种不同的消费观。

而意识与潜意识的对立是自我与本我的对立。自然作为一种超我存在,它约束和制约着人类的生态自我。人类对自然的潜意识心理,有感恩、依赖、祈求、和谐,另一方面表现为恐惧、敬畏、反抗、征服、攫取,最终还要回到与自然和谐相处,尊重自然的道路上来。原因就在于自然最终作为一种超我存在,依然约束着我们的生态潜意识,指引着我们的生态意识。并且通过自然的规律,让我们逐渐形成生态文明自我,生态心理学理解的生态自我是人类个体与自然融为一体的自我,即深层生态学理解的自我。个体在发展历程中,从低到高经历了私我、临时的延展的自我、概念自我、人际自我、生态自我等阶段。生态自我指引着人们形成生态文明自我与生态消费,与自然和谐相处,尊重自然,逐渐形成尊重自然的生态消费。生态消费,是指消费的内容、方式符合生态系统的要求,有利于环境保护,有助于消费者健康,能实现经济的可持续发展。生态消费主要体现在以下四个方面:生态食品、

---

① T. D. Wilson, S. Lindsey, T. Y. Schooler, "A Model of Dual Attitudes", *Psychological Review*, 2000, 107(1): 101–126.

生态用品、生态环境和生态享受。生态消费是比绿色消费更高层次的可持续消费，它不仅考虑到了生态产品，而且更深层次考虑人与环境的生态关系。要培养广大公民的生态消费行为，就要强化消费者的生态消费意识。消费创新的核心是消费主体（消费者）的创新，因此，我们必须培养一大批具有生态消费意识的消费者。可以传授生态消费知识，形成强大的舆论氛围来激发消费者的生态消费意识，使绿色产品逐渐在市场上占有越来越多的份额，以此引导生产者和创新者走生态化之路。让这支高素质的消费者队伍作为消费群体中的意见领袖强有力地影响其他用户，使其大规模扩散，这样才能使生态消费得到真正的实现。

生理温暖与人际温暖的联系[①]

苏金龙[②] 杨昭宁[③]

在日常生活中,我们经常可以听到诸如此类对他人的描述,如"他让人感觉很温暖"、"他对人很冷"、"听了她的一番话,我心里面暖暖的"。综合这类言语不难发现它们里面蕴含着的共同内容:用温度的高低来表达人际感觉的亲疏。实际上,早在上世纪50年代Asch有关人际印象形成的研究已发现"温暖"(warmth)和"寒冷"(coldness)两个特质词在第一印象形成过程中的重要地位;之后的研究进一步表明:"温暖—寒冷"作为最重要的两个维度之一,对外群体歧视的形成起着关键作用。同时研究者指出,当我们初次同他人相遇时,人际"温暖—寒冷"的评估作为第一步影响我们对他人的印象形成,而这一步实际上很大程度上决定了我们认为对方是朋友还是对手的判断。那么,一个"温暖"的人究竟是什么样的呢?一般认为,他应该是亲社会、与人合作、慷慨和值得信任的,而那些自我中心、竞争性强,不可信任的个体则被认为是"寒冷"的。[④]

上述现象提示我们:生理温度同不同的人际体验之间可能存在一定的联系,那么究竟两者是否有联系,如果答案是肯定的话。它们又有怎样的关系?此类问题的探索构成了社会认知领域研究的前沿之一。

[①] 基金项目:教育部人文社会科学研究规划基金项目(12YJA190022)。
[②] 杨昭宁,曲阜师范大学教育科学学院教授。
[③] 苏金龙,曲阜师范大学教育科学学院硕士研究生。
[④] Fiske, S. T., Cuddy, A. J. C., Glick, P., "Universal Dimensions of Social Cognition: Warmth and Competence", *Trends in Cognitive Sciences*, Vol. 11, 2007, pp. 77–83.

1 生理温暖与人际温暖

1.1 生理温暖影响人际温暖

研究发现,生理温暖可以促进人际温暖体验。Williams 和 Bargh 最先通过实验的方法证明了这种关系,在实验中,他们首先让被试触摸一杯热咖啡或冷咖啡,之后仿照 Asch 的印象形成实验程序让被试对一陌生人 A 就某些人格特质进行评价,其中一半的特质词同"温暖—寒冷"维度有语义联系,另一半特质词则同其没有联系,结果发现那些触摸过热咖啡的被试相比触摸冷咖啡的被试认为 A 更为"温暖",同时研究还发现,相比冷的物体,被试触摸过热的物体之后会表现得更为慷慨。[①]之后研究进一步显示,当被试处于温暖的房间时,他们会认为人与人之间的关系更为亲近;而当被试体验到生理寒冷时,他们则会有更强的孤独体验。此外,被试触摸过冷的物体之后,在信任博弈中会投入更少,表现出更浅程度的人际信任,而在迭代性囚徒困境范式中,那些触摸过热的物体的被试会表现出更强的合作行为。[②]

1.2 人际温暖对生理温暖的影响

生理温暖可以促进人际温暖体验,那么人际温暖体验是否同样可以影响个体对温度的知觉呢?答案似乎是肯定的。

相关研究表明,相比于被所属群体成员所接纳,当个体感觉孤独或者被其他社会成员所排斥时往往会报告更低的室温估计;[③]而在实验室中为模拟较

[①] Williams, L. E., Bargh, J. A., "Experiencing Physical Warmth Promotes Interpersonal Warmth", *Science*, Vol. 322, 2008, pp. 606–607.

[②] Storey, S., Workman, L., "The Effects of Temperature Priming on Cooperation in the Iterated Prisoner's Dilemma", *Evolutionary Psychology*, Vol. 11, 2013, pp. 52–67.

[③] Zhong, C. B., Leonardelli, G. J., "Cold and Lonely: Does Social Exclusion Literally Feel Cold", *Psychological Science*, Vol. 19, 2008, pp. 838–842.

为亲密的人际关系而让被试坐在距离比较近的位置这一操控条件下，个体会报告更高的室温估计，同时如果被试感觉自己同他人的相似之处越多（意味着对对方的吸引力和成为朋友的概率越大），对室温的估计越高。① 同时，基于人际交往过程中肢体模仿对人际体验的影响，Leander 等人研究发现人际互动过程中不合时宜的肢体模仿会让被模仿者感觉更为寒冷。②

1.3 二者的相互补充

既然生理温暖同人际温暖有密切联系，那么二者是否可以相互替换，例如，生理温暖是否可以缓解社会寒冷带来的负面体验（如孤独、痛苦）？如果答案是肯定的话，这将无疑具有很大的应用价值。虽然目前相关研究并不是很多，但已有研究显示这种替换似乎是可能的：当个体被所属群体成员所排斥后，他不仅仅倾向于更低的室温估计，同时还会增强获取热的食物和饮品的愿望，针对这种现象有研究者指出，"体验某个物体的温暖可以缓解社会拒斥带来的负性体验"；而 Bargh 和 Shalev 的研究则对此进行了进一步补充，他们发现那些孤独程度比较高的个体往往有更强的洗热水澡的倾向，而通过接触温暖物体则可以降低个体由社会拒斥带来的人际归属和情绪调节需要的强度，尽管被试并不会意识到这种影响。在此基础上，IJzerman 等人直接验证了触摸温暖物体对由社会拒斥带来的负性情绪体验的缓解作用。③

---

① IJzerman, H., Semin, G. R., "Temperature Perceptions as a Ground for Social Proximity", *Journal of Experimental Social Psychology*, Vol. 46, 2010, pp. 867–873.

② Leander, N. P., Chartrand, T. L., Bargh, J. A., "You Give Me the Chills: Embodied Reactions to Inappropriate Amounts of Behavioral Mimicry", *Psychological Science*, Vol. 23, 2012, pp. 772–779.

③ IJzerman, H., Gallucci, M., Pouw, W. T. J. L., Weiβgerber, S. C., Van Doesum, N. J., Williams, K. D., "Cold-blooded Loneliness: Social Exclusion Leads to Lower Skin Temperatures", *Acta Psychologica*, Vol. 140, 2012, pp. 283–288.

2 二者联系的生理学证据及神经基础

在人类积极社会互动过程中扮演重要角色的催产素,同样对体温的调节起到关键作用。针对小白鼠的研究表明:当体内催产素缺少时,其对温度的调节能力会受损,同时这种损害在低温调节过程中表现尤为明显。而对于社会焦虑程度比较高的人类个体来说,当被分配到如公开演讲任务等社会性压力情景下,会呈现出更强的血管收缩———一种被视为同低体表温度相连的面对威胁时的生理反应,同时,这种生理反应在个体人际互动过程中对方的行为不符合期望规范时同样会出现,此外,亦有研究者发现个体在体验到社会拒斥的同时,会伴随出现手指温度的下降。[1]这些研究结果提示我们,人类躯体温度同人际体验方面可能存在某些联系。

脑损伤和功能成像方面的研究则对此提供了更为直观的证据。通过脑损伤研究,Craig 等人发现脑岛后上部同人类温度感知有密切联系;而之后涌现的很多研究亦显示,当个体体验到生理温暖时,其双侧脑岛皮层会出现显著激活。[2]此外,有研究者直接通过在个体脑岛插入电极的方法研究脑岛的相应功能,发现当刺激脑岛的后上部时,会引发个体温暖的感觉。上述一系列研究表明,脑岛可能是个体生理温暖感知的重要神经基础之一。另一方面,脑岛同"人际温暖"又存在密切联系,这主要体现在人际信任、人际合作、个体的公正意识等多个方面,大量脑功能成像研究显示,当个体不被信任或遭受社会拒斥或拒绝不公正待遇时脑岛都会出现激活增强;[3]同时这种联系进

---

[1] Mendes, W. B., Blascovich, J., Hunter, S. B., Lickel, B., Jost, J. T., "Threatened by the Unexpected: Physiological Responses During Social Interactions with Expectancy-violating Partners", *Journal of Personality and Social Psychology*, Vol. 92, 2007, pp. 698–716.

[2] Sung, E. J., Yoo, S. S., Yoon, H. W., Oh, S. S., Han, Y., Park, W. W., "Brain Activation Related to Affective Dimension During Thermal Stimulation in Humans: A Functional Magnetic Resonance Imaging Study", *International Journal of Neuroscience*, Vol. 117, 2007, pp. 1011–1027.

[3] van den Bos, W., van Dijk, E., Westenberg, P. M., Rombouts, S. A. R. B., Crone, E. A., "What Motivates Repayment? Neural Correlates of Reciprocity in the Trust Game", *Social Cognitive and Affective Neuroscience*, Vol. 4, 2009, pp. 294–304.

一步在非正常个体身上得以验证：患有边缘性人格障碍的个体具有的显著特征之一就是他们往往表现出人际合作困难，而针对此类群体的脑功能成像研究显示，相比正常被试群体，前者亦表现出脑岛的活动异常。①

人际温暖同生理温暖联系最直接也是最有力的证据最初来自于 Kang 等人的研究，他们通过 FMRI 发现个体在感觉寒冷和体验社会寒冷时脑岛左前部都出现显著激活，②近期研究进一步证实了 Kang 等人的研究结果，同时发现除了脑岛，腹侧纹状体亦是二者共同的神经基础。③

3 二者联系的理论解释

3.1 认知脚手架心智（The Scaffolding Mind）

该理论认为，人类新知识的获得"依附"（scaffolding）于已有知识结构基础之上，当我们理解那些比较抽象同时不太熟悉的概念时，他们的特征会同我们已知熟悉的概念构成联系，嵌套于已有概念结构之中，进而形成一个包含旧概念和新概念的新的概念结构，同时新的概念在此过程中也被赋予意义。该理论同时指出，这种依附过程包含两层含义：个体发生学上的依附和种系发生学上的依附。前者主要发生于人类婴幼儿发育期间，而后者则发生于灵长类在自然选择压力下的进化史当中。④ 就生理温暖同人际温暖的关系而言，二者在人类儿童早期个体同养育者之间的接触经验中产生依附基础。有

---

① Meyer-Lindenberg, A., "Trust Me on This", *Science*, Vol. 321, 2008, pp. 778–780.

② Kang, Y., Williams, L. E., Clark, M. S., Gray, J. R., Bargh, J. A., "Physical Temperature Priming and Cooperation Temperature Effects on Trust Behavior: The Role of Insula", *Social Cognitive and Affective Neuroscience*, Vol. 6, 2011, pp. 507–515.

③ Inagaki, T. K., Eisenberger, N. I., "Shared Neural Mechanisms Underlying Social Warmth and Physical Warmth", *Psychological Science*, Vol. 24, 2013, pp. 2272–2280.

④ Williams, L. E., Huang, J. Y., Bargh, J. A., "The Scaffolded Mind: Higher Mental Processes are Grounded in Early Experience of the Physical World", *European Journal of Social Psychology*, Vol. 39, 2009, pp. 1257–1267.

关儿童依恋的大量研究已指出母婴依恋对儿童生存和发展的重要作用，而母婴之间的频繁肌肤接触不仅伴随着躯体温暖，也是让婴儿感觉对方是可以信赖、可以依靠的线索之一，同时母婴关系作为个体接触的最初社会性关系为后来个体的社会性发展起着重要影响。这样，依照脚手架心智理论的相关解释，个体早期体验到的生理温暖和社会温暖范畴内某些概念词之间的联系就构成了二者联系的雏形。

3.2 社会认知的隐喻视角（Metaphor-enriched perspective）

在日常生活言语中，我们经常会用到形形色色的隐喻，如"我的爱就是一把火"、"我和她之间隔着千沟万壑"。Lakoff 等人认为，人类语言中的隐喻是人类理解抽象概念的基础认知工具，它使个体可以借助一批容易理解的实体性概念来理解抽象概念，经过漫长的发展过程，隐喻已成为塑造人类社会思想和社会态度的独特认知机制，对人类的相应认知过程和行为产生重要影响。[①]该观点认为，很多的社会性概念，如公平、幸福、爱等概念本身是抽象和难以恰当领会其含义的，这时个体就可以借助隐喻通过一些实体性概念来理解其寓意。而这种关系对人认知加工的影响就表现在当一种心理状态被操控改变之后，同其有隐喻性连接的概念也会产生变化，比如人类对温度感知的变化导致人际体验的变化，在这种情景下，同温度相关的概念的激活导致同其有隐喻联系的个体人际评价相关概念的不同程度的激活。

3.3 躯体构筑理论（Somatic Maker Theory）

在分析已有具身认知相关研究基础之上，Reimann 等人提出躯体构筑理论是整合相关研究的潜在理论。[②]他们认为，该理论的一个中心特征就是同情

[①] Landau, M. J., Meier, B. P., Keefer, L. A., "A Metaphor-enriched Social Cognition", *Psychological Bulletin*, Vol. 136, 2010, pp. 1045–1067.

[②] Reimann, M. et al., "Embodiment in Judgement and Choice", *Journal of Neuroscience, Psychology, and Economics*, Vol. 5, 2012, pp. 104–123.

绪有关的信号——由血管状态改变带来的心率、血压、内脏活动的变化，会影响个体的认知过程，而这些反应仅仅是情绪反应系统的成分之一，其他成分包括诸如体内激素、骨骼运动系统和大脑对相关刺激知觉加工的变化。以运动对个体认知的影响为例，当个体蜷缩或伸展胳膊的时候之所以会诱发回避或接近行为，是因为这种躯体运动触发了个体以往在紧张状态下回避某事或放松开放状态下接近某物等相关经验带来的情绪性记忆。依此逻辑，当我们接触温暖的物体时，以往同温暖相伴的情绪性记忆会被激活，其间可能包含积极的人际体验相关概念的激活，而这种激活进一步影响到个体的人际知觉。

那么，以上三种理论那种最有解释效力呢？对于这个问题也许不存在答案，因为纵观上述三种理论，我们不难发现：它们各自从不同的角度对生理温暖同社会温暖之间的联系进行了可能的解释，认知脚手架心智着重于二者联系起源的论述，隐喻视角则从语言学的角度论述二者的联系，而 Reimann 等人的观点则进一步阐释了二者联系产生的运行机制，因而在很大程度上，三种理论对生理温暖同人际温暖二者之间关系的解释是可以相互补充的。

4 未来研究展望

虽然上世纪 Harlow 关于恒河猴依恋的经典实验和 Asch 有关印象形成的研究为生理温暖同人际温暖之间可能存在联系提供了某些指引，但一直很少有研究者直接探究二者之间可能存在的关系，直到 2008 年 *Science* 上发表的一篇有关生理温暖同人际温暖联系的实证研究，之后相关研究才逐渐开始涌现。虽然目前相关研究并不是很多，但已有研究结果为未来相关研究的进一步发展提供了指引。

4.1 二者联系的方向性问题

依社会认知的隐喻视角，被隐喻所连接的两种概念是有方向性的，即从实体性概念通向被形容的抽象性概念，因而相应的影响也是有方向性的，比如有关黑暗的表征可以影响对沮丧、抑郁的理解，而却很少会用沮丧、抑郁等概念辅助对黑暗的理解，Casasanto 和 Boroditsky 有关时间和空间关系的研究则从侧面证实了这种方向性的存在，他们发现空间可以影响人们的时间知觉，但相反却不会。[①] 而已有生理温暖同人际温暖联系的研究却显示，不仅生理温暖会影响人际温暖，同时人际温暖也可以影响生理温暖，这就与该理论相冲突，对此，Laudau 等人则承认"它是概念隐喻描述面临的一项难题"[②]。

另一方面，在脚手架心智理论框架下，新知识"依附"于旧知识之上，Ackerman 和 Bargh 则通过把这种"依附"同 Kenrick 等人提出进化心理学框架下的不同层次的人类动机模型[③]相比较，指出"一种有趣的可能性是，后产生的动机可以通过能满足先前产生动机的行为得到满足，即'依附'（Scaffolding）可能产生单方向效应。例如，生理温暖同人际温暖的连接表征可能使个体的归属需要（affiliation）通过体验到生理温暖而得以满足，但结交一位新朋友并不会消除个体对生理温暖的需要"[④]。

那么，已有研究发现的人际温暖对生理温暖的影响是源于实验操控，还是有其他的调节因素，抑或现有理论需进一步完善，则有待进一步探究。

4.2 依恋类型在二者联系中的角色

认知脚手架心智理论认为生理温暖和人际温暖产生联系始于个体早期对二者的连接性体验，并指出个体早期同照料者之间的依恋关系在其间扮演着

[①] Casasanto, D., Boroditsky, L., "Time in the Mind: Using Space to Think about Time", *Cognition*, Vol. 106, 2008, pp. 579-593.

[②] Landau, M. J., Keefer, L. A., Meier, B. P., "Wringing the Perceptual Rags: Reply to IJzerman and Koole" (2011), *Psychological Bulletin*, Vol. 137, 2011, pp. 362-365.

[③] 该模型在马斯洛需要层次理论和进化生物学生活史理论的基础之上提出"人类基本动机层次理论"，认为人类基本动机包含"自我保护"、"配偶寻求"等7种动机，不同的动机的出现是有先后顺序的，如生存的需要会先于配偶寻求的需要，之后依次是生育、养育后代的需要。同时先出现的需要并不会随着后出现的需要的出现而消失，而是与之共同发生作用（详见 Kenrick et al., 2010）。

[④] Ackerman, J. M., Bargh, J. A., The Purpose-driven Life: Commentary on Kenrick et al. (2010), *Perspectives on Psychological Science*, Vol. 5, 2010, pp. 323-326.

重要角色。依此推理，IJzerman 等人认为，源于安全型依恋的个体相比非安全型依恋个体在生活早期会有更多的人际温暖同生理温暖的连接性体验，个体早期的依恋类型应该会对二者关系产生影响。他们以 5 岁左右的儿童群体为被试，发现相比低温条件下，安全型依恋个体在温暖的条件下表现出更多的助人行为，而非安全型依恋个体却并不会表现出此效应。[①] 然而，Vess 却提示另外一种可能：已有研究发现焦虑型依恋个体对人际亲密线索有更高的知觉敏感性，那么他们是否同时也存在温度知觉的敏感性？Vess 对此进行的实验研究发现，那些高依恋焦虑的个体在体验到社会寒冷（失恋）之后有更强的寻求生理温暖的欲望，同时温暖相关表征被启动后，他们会报告更强的社会温暖（恋爱满意度）。[②] 值得注意的是，Vess 的研究所用被试为成人被试，考虑到个体依恋类型的动态发展，年龄差异可能是其中的一个干扰因素，虽然如此，个体早期依恋是否确实会对生理温暖和人际温暖之间的关系产生影响，如果答案肯定的话，不同的依恋类型会对二者产生怎样的影响等问题的答案都还有待去填补。

4.3 生理温暖的限定

虽然什么是人际温暖并没有明确的界定，但一般认为积极的人际体验是其中的重要内容，如人际信任、合作、互助等，而现有相关研究也都是从这些因素着眼进行探讨。[③] 相比而言，生理温暖的限定似乎被忽略，在已有研究中，有研究者将实验中温暖条件的操作性定义为37℃，寒冷是"被冷藏一个小时"；有的是温暖"21—26℃"，寒冷"15—19℃"；还有温暖"40℃"，寒冷"15℃"。

[①] IJzerman, H., Karremans, J., Thomsen, L., Schubert, T. W., "Caring for sharing: How Attachment Styles Modulate Cues of Physical Warmth", *Social Psychology*, Vol. 44, 2013, pp. 160–166.

[②] Ves, M., "Warmth Thoughts: Attachment Aanxiety and Sensitivity to Temperature Cues", *Psychological Science*, Vol. 23, 2012, pp. 472–474.

[③] Fiske, S. T., Cuddy, A. J. C., Glick, P., "Universal Dimensions of Social Cognition: Warmth and Competence", *Trends in Cognitive Sciences*, Vol. 11, 2007, pp. 77–83.

日常生活经验告诉我们,不同的温度条件下我们的心情是不同的,有让我们感觉很舒适的温度,亦有让我们感觉很烦躁的温度。那么,不同的温度操控是否会引发不同的情绪,进而对人的认知和行为产生不同的影响?鉴于日常生活经验和情绪对个体认知和行为影响的普遍研究,我们认为这个可能是存在的。在这种条件下,对生理温暖进行限定,同时考察情绪在其间可能扮演的角色就显得尤为重要。

5 结语

2011年美国消费者研究年会上,具身研究中的7个问题被指出是该领域的未来研究方向,其中之一就是"感觉与具身"(sensory and embodiment),认为不同类型的感觉如何影响人类的情绪、认知和行为,及个体的早期实体性感觉体验如何影响抽象概念的形成,需要进一步深入研究。[①]生理温暖同人际温暖之间的具体关系如何,需要实证研究的进一步探索与验证,同时与其相应的理论解释也有待进一步考察与建构,另外,如何把相关研究成果应用于实践,如用温度启动的方法治疗孤独等消极人际体验,都将是未来值得探索的方向。

[①] Reimann, M. et al., "Embodiment in Judgement and Choice", *Journal of Neuroscience, Psychology, and Economics*, Vol. 5, 2012, pp. 104–123.

从活动论到具身认知：
谈生态化学习观的发展历程[①]

宋东清[②] 付瑛[③]

1 生态化的基本特征与生态效度

从20世纪70年代开始，教育与心理研究越来越重视生态化（Ecological）的研究取向。生态化运动（The Ecological Movement）很大程度上是指教育与心理研究应当在自然的环境下和具体的社会文化背景下探讨个体身心发展问题的一种极具生态效度的研究取向。Bronfenbrenner在他的《人类发展的生态学》（1979）中提出了自然环境与发展的个体是相互作用的假设，生态化系统包括空间上的系统和时间上的系统两种维度，为生态化研究立下经典之作。[④]然而，生态化的基本特征有哪些呢？参照人类生态学关于"生态"的描述，我们提取了以下关于"生态"的属性界定：（1）生态的必然是现实的、生活中的；（2）生态的必然是具体的、情境中的；（3）生态的必然是群落的、社会中的；（4）生态的必然是发展的、动态中的；（5）生态的必然是趋衡的、自（主体）调适的；（6）生态的必然是多样的、差异性的；（7）生态的必然是开放的、不确定的……显然，生态化的基本特征主要表现为生活性（现实的）、情境性（具体的）、社会性（群落的）、主体性（自调适的）与生成性（动态的），

[①] 论文是苏州大学优秀博士立项（宋东清，2011年）资助项目的研究成果之一。
[②] 宋东清，聊城大学教育科学学院副教授。
[③] 付瑛，聊城大学教育科学学院讲师。
[④] Bronfenbrenner U., *The Ecology of Human Development*, Cambridge, MA: Harvard University Press, 1979.

其他特征如多样性、开放性和可持续性等可视为这些基本特征的次生属性（即每种基本属性都含有的）。

所谓生态化研究，即强调在现实生活或自然情境中，在一定控制的条件下，研究人们的心理与行为，探讨与自然、社会环境中各种因素的相互作用，从而揭示他们心理发展与变化的规律。[1]Clark（1998）早就提出所有的认知实际上都是情景认知或者与情景有关。[2]我国学者李其维进一步提出第二代认知科学的特点之一是强调认知的情境性。将教育与心理研究放在具体、现实的情境中考察，注重因素之间的相互关系，更能反映出教育与心理研究内容的复杂性、多样性、不确定性等特点。以往的许多教育与心理理论多是建立在实验的基础上，缺乏研究的外部效度。具有生态化研究的方法既可以量化处理亦可质性研究，具体说来既能采用实验法，也能采用自然观察法、测量法、档案法等不同的方法，正如里德（Reed, 1996）所言，生态心理学的方法是无限开放的。[3]教育与心理研究的生态学倾向表现为质性研究方法的广泛运用，质性研究方法要求教育与心理研究以真实的教育与心理情景来研究教育与心理活动，从而使教育与心理研究更符合实际，研究的结果更有价值。美国心理学家瓦斯达（R. Vasta）称这种统一的效度为"生态效度"。美国著名学者布兰切特和格拉斯（C. H. Bracht & G. V. Glass）提出生态效度是外部效度的一种。生态效度主要是指一种情景或条件下的实验结果能推广到其他情景或条件中去的程度。目前生态效度已成为教育与心理研究中的一个重要概念，也是人们评价一项教育与心理研究的重要指标。比如近十多年来，关于儿童品德的测查，思维、记忆的发展，人格发展，亲子关系，同伴关系，家庭相互

---

[1] 刘电芝：《教育与心理学研究方法》，安徽出版社2011年版，第16—17页。
[2] A. Clark, *Embodied, Situated, and Distributed Cognition*, In Bechtel W., Graham G., *A Companion to Cognitive Sciences*, Malden, MA: Blackwell Publishers Inc, 1988: 506–517.
[3] Reed, E. S., *Encountering the World: Toward an Ecological Psychology*, Oxford University Press, 1996:189.

作用等方面都提倡或注重在现实的、真实的情景条件下控制和观察儿童的活动，测定和记录其整个过程，并取得了巨大成果。就是传统的实验室研究项目——记忆研究领域，也出现了从实验室走向生活"日常记忆运动"，涌现了立足于生活、关注日常记忆现象的自传体记忆、目击证人证词和情绪记忆的新研究领域，有力地推进了记忆心理学家走出实验室、走进社会现实生活。

2 生态化学习观的历程：活动论到建构主义再到情境学习

2.1 活动理论

20世纪20—30年代，维果斯基提出了人类高级心理机能说、文化历史说以及内化说。所谓内化，即把存在于社会的文化（如语言、概念系、文化规范等）变成自己的一部分，来有意识地指引、掌握自己的各种心理活动。在维果斯基的基础上，列昂节夫进一步强调了活动在内化过程中的关键作用。活动是指主体与客观对象进行相互作用的过程，是一种感性实践过程。人通过活动反映客观世界，形成关于世界的知识；又通过活动反作用于客观实践，使知识得到检验和发展。活动论构成了心理特别是人的意识的发生、发展的基础。心理活动是人的活动的特殊形式，在人的活动中表现着主体和客体之间相互转变的过程，人的心理是社会历史发展过程中由外部物质活动改造为内部意识活动的发展结果和派生物。[①]活动论将人类学习置于社会历史背景下，具有生态化的情境性特征。

2.2 建构主义

20世纪90年代学习的建构主义观点在西方国家颇为流行，它是认知主义的进一步发展，在皮亚杰和布鲁纳的思想中已经有了建构的思想。其基本

---

① 陈琦、刘儒德：《当代教育心理学》（第二版），北京师范大学出版社2007年版，第183—199。

观点:学习是学习者主动地建构自己的知识经验的过程,即通过新经验与原有知识经验的双向的相互作用,来充实、丰富和改造自己的知识经验。这种知识建构过程有三个重要特征:主动建构、社会互动性和情景性。这种学习观主要在于解释如何使客观的知识结构通过个体与之交互作用而内化为认知结构,更关注如何以原有的经验、心理结构和信念为基础来建构知识。建构主义主张复杂学习环境和真实学习任务,与情境学习观一致;提倡社会协商与合作学习。[①]建构主义明确提出学习的主动性、社会性与情境性,涉及生态化研究的核心特征。

2.3 情境学习

情境学习(Situated learning)是由美国加利福尼亚大学伯克利分校的让·莱夫(Jean Lave)教授和独立研究者爱丁纳·温格(Etienne Wenger)于1990年前后提出的一种学习方式。其主要观点是,学习不仅仅是一个个体性的意义建构的心理过程,而更是一个社会性的、实践性的、以差异资源为中介的参与过程。知识的意义连同学习者自身的意识与角色都是在学习者和学习情境的互动、学习者与学习者之间的互动过程中生成的,因此学习情境的创设就致力于将学习者的身份和角色意识、完整的生活经验以及认知性任务重新回归到真实的、融合的状态,由此力图解决传统学校学习的去自我、去情境的顽疾。情境学习强调两条学习原理:第一,在知识实际应用的真实情境中呈现知识,把学与用结合起来;第二,通过社会性互动和协作来进行学习。[②]情境学习理论涉及学习的生活性、情境性、社会性等特征,是一种颇具生态效度的学习理论。

---

① 陈琦、刘儒德:《当代教育心理学》(第二版),北京师范大学出版社2007年版,第183—199。

② 陈琦、刘儒德:《当代教育心理学》(第二版),北京师范大学出版社2007年版,第183—199。

3 生态化学习观的新进展:具身认知

具身认知(embodied cognition)也译"涉身"认知(孟伟,2007),其中心含义是指身体在认知过程中发挥着关键作用,认知是通过身体的体验及其活动方式而形成的,"从发生和起源的观点看,心智和认知必然以一个在环境中的具体的身体结构和身体活动为基础。①因此,最初的心智和认知是基于身体和涉及身体的,心智始终是具(体)身(体)的心智,而最初的认知则始终与具(体)身(体)结构和活动图式内在关联"。②换言之,认知是包括大脑在内的身体的认知,身体的解剖学结构、身体的活动方式、身体的感觉和运动体验决定了我们怎样认识和看待世界,我们的认知是被身体及其活动方式塑造出来的,它不是一个运行在"身体硬件"之上并可以指挥身体的"心理程序软件"。"具身认知的研究纲领强调的是身体在有机体认知过程中所扮演的角色……"③它同传统认知主义视身体仅为刺激的感受器和行为的效应器的观点截然不同,它赋予身体在认知的塑造中以一种枢轴的作用和决定性的意义,在认知的解释中提高身体及其活动的重要性。Wilson 总结并概括出 6 种具有代表性的观点——(1)认知是情境化的,(2)认知是实时的,(3)环境可以储存认知信息并在需要时供我们使用,(4)认知系统可以扩展到包括身体在内的整个环境,(5)认知是为行动的,(6)离线认知(off-line cognition)是以身体为基础的。④即使是在脱离具体环境的条件下,认知仍然受到一定的身体机制的约束。我国学者叶浩生(2010)强调情境性、具身性、

---

① 孟伟:《如何理解涉身认知?》,载《自然辩证法研究》,2007,23(12):75—80。
② 李恒威、盛晓明:《认知的具身化》,载《科学学研究》,2006,24(2),184—190。
③ L. Shapiro, *The Embodied Cognition Research Programme*, Philosophy Compass, 2007, 2(2), 338–346.
④ M. Wilson, "Six Views of Embodied Cognition", *Psychological Bulletin and Review*, 2002, 9(4): 625–636.

动力性是具身认知的首要特征。①（1）情境认知（situated cognition）：认知过程并非发生于个体的内部，而是通过实践活动，在与环境的互动过程中产生的，这样一来个体的认知就被放到一个更大的物理和社会环境中，放到文化与历史的情境中。（2）具身认知：认知是具体身体的认知。它不是一个抽象的幽灵，凌驾于身体之上。心智离不开身体的体验。具身认知的本质在于强调身体在认知活动中的关键作用，揭示出认知对身体的依赖和身体体验对认知产生的影响。（3）动力认知（dynamical cognition）把"认知视为嵌入环境中的智能体的实时的适应活动，认知是一个系统事件，认知发展是一个复杂的动力系统中的变化，它是诸多分散的和局部的相互作用的涌现的结果。"显而易见，具身认知观点包括具身性、生活性、情境性、动态性、社会性和主动性，成为生态化取向研究的现实模板。至此，我们所谓的生态化学习观即生态化学习与认知的特征及其理论含义便跃然而出，具体见下表。

表 1 生态化学习与认知的特征及其含义

特征	指向	含义
具身性	学习与认知的源泉	强调身体和身体动作在认知中的地位和作用
生活性	学习与认知的对象	强调认知对象存在现实生活中且具有现实意义
情景性	学习与认知的环境	强调认知的发生、发展都是基于特定的环境条件
动态性	学习与认知的发展	强调认知的发生、发展是一个动态变化的过程
社会性	学习与认知的团队	强调认知发生的社会性，即小组和团队合作学习
模拟性	学习与认知的主体	强调认知的发生可以脱离具体情景，即离线认知

对应生态化学习观的基本特征，学习领域出现了具身—参与学习、经验—生成学习、团队—合作学习和情境—仿真学习等不同取向的代表性模式。

---

① 叶浩生：《认知心理学：困境与转向》，载《华东师范大学学报》（教育科学版），2010, 28（1），42—47。

3.1 具身—参与学习

具身性是具身认知最基础的特征，即认知是被身体及其活动方式塑造出来的。此种取向的学习模式有具身学习、体验学习和参与性学习，强调的是学习过程中学习者身体的参与性、体验性，和学习经验的生活性、真实性等方面。

通过能使学习者完完全全地参与学习过程，使学习者真正成为学习的主角。利用那些可视、可听、可感的教学媒体努力为学习者做好体验开始前的准备工作，让学习者产生一种渴望学习的冲动，自愿地全身心地投入学习过程，并积极接触语言、运用语言，在亲身体验过程中掌握语言。生活中任何有刺激性的体验如在蹦极跳中，被倒挂在空中飞速腾跃时所拥有的惊心动魄的体验都是终生难忘的。同理，体验式学习也为语言学习者带来新的感觉、新的刺激，从而加深学习者的记忆和理解。

3.2 经验—生成学习

具身认知注重认知随时间变化的动态特征，强调认知的经验积累过程。此种取向的学习模式包括经验学习、生成学习和成长性学习，体现出学习是一个经验不断积累、知识不断更新、个体不断成长的过程。经验学习（Experiential learning）的思想最初来自美国著名教育家杜威（John Dewey）的"经验学习"。杜威认为，学习者要真正获得真知，则必须通过运用、尝试、改造等实践活动来获取，这就是著名的"做中学"（Learning by doing）。[①]

学习是经验的生成。美国心理学家维特罗克认为，学习是一个主动的过程，学习者积极参与其中并非被动的接受信息，而是主动地构建自己对信息的解释，并从中作出推论。他认为学习的生成过程就是学习者原有的认知结构，已经储存在长时记忆中的事件和脑的信息加工策略，与从环境中接受的感觉信息，即新的知识相互作用，主动选择信息和建构信息的意义。（陈琦，

---

① 经验学习，http://baike.baidu.com/view/1412395.htm.

刘儒德，2007）

3.3 团队—互动学习

社会互动是具身认知的情境性的一个方面，它不仅突出了具身认知的社会文化性，更强调了这种社会文化的互动特征。此种取向的学习模式有团队学习、小组学习和社会性学习，主张通过社会性互动和协作来进行学习，注重人际互动的学习特点。团队学习是指一个单位的集体性学习，它是学习型组织进行学习的基本组成单位，便于单位成员之间的互相学习、互相交流、互相启发、共同进步。团队学习是发展团体成员整体搭配与实现共同目标能力的过程。团队学习对组织与个体来说是双赢的选择，也是双赢的结果。

团队学习多表现为小组合作学习的形式。合作学习是指学生为了完成共同的任务，有明确的责任分工的互助性学习。合作学习鼓励学生为集体的利益和个人的利益而一起工作，在完成共同任务的过程中实现自己的理想。因此，学习过程应当设计成为一个以团队方式展开，逐步由外及内、由表及里、由远至近、由浅至深、彼此互动、合法利用资源、合理分享经验的过程。

3.4 情景—仿真学习

情境性是具身认知的典型特征，它强调了认知产生的特定情境或场景。这种取向的学习模式包括情景学习、仿真学习和情境性学习，主张学习往往发生于社会环境中的某一行为活动情境，或者某一思维线索引发的类似情境性经验的再生（仿真）。从哲学上讲，这种学习方式源于哈贝马斯在1994年出版的《后形而上学思考》一书正式提出"情境理性"的概念。[1]情境理性最核心的思想就是人类的理性总是嵌入在具体情境里的，并随着情境的变化而变化；先验的、抽象的、普适的理性是不存在的。每一种情境都是人类在某一个特点的时空点上发生着的认知过程与人生体验。

---

[1] 情境学习，http://baike.baidu.com/view/2110651.htm

4 小结

生态化学习观的完善，是与生态化认知理论的发展必不可分的。诚然，这里的学习与认知都取其广泛的含义，也因此导致了二者概念的混淆。广义而言，我们难以区分它们的交集，但至少有一点可以明确，即任何认知理论都是解释学习的一种视角或成为一种学习观。

生态化的学习观是更为包容性的学习与认知理论。就研究方法而言，它经常使用质性研究但同时也不排斥量化研究。生态化学习研究更侧重的是研究的生态效度，它将推动更多心理学家把研究重点从实验室转到社会现实生活中去。

生态化学习观的宗旨集中地体现在将人类从学习是"一种生活习惯"提升为"一种生活品质"。如果说我们的学习现状就能体现自己的学习习惯和学习风格的话，那么，生态化学习观将帮助我们从学习现状中走出来，走向更为生态、高效的学习品质的养成。

进化视角下的乱伦回避

吴宝沛[①]

1 引言

  正常个体身上长携带不少致病基因，但由于这些基因通常都是隐性的，因而不会损害个体的健康。不过，当婚配双方是近亲时，他们携带相同隐性致病基因的可能性将大大增加，于是他们的后代将会受到健康方面的损害，比如夭折、遗传病和先天畸形（Bittles & Neel, 1994; Zlotogora, 2002）。[②][③]因此，进化心理学认为，自然选择为人们配备了乱伦回避的心理机制，以便减少这种损害个体进化适应性的行为（Lieberman & Smith, 2012）。[④]事实上，早在1891年，芬兰人类学家韦斯特马克在他的《人类婚姻史》一书中就提出了一个著名的假设：早年一起长大的异性儿童，他们长大之后很少结婚（Westermarck, 1921, 引自 Maryanski, Sanderson & Russell, 2012）。[⑤]这个命题也被认为韦斯特马克假设，或韦斯特马克效应。这一假设跟人类的乱伦回

  [①] 吴宝沛，北京林业大学心理学系讲师，研究方向：进化心理学。
  [②] Bittles, A. H., & Neel, J. V., "The Costs of Human Inbreedingand Their Implications for Variation at the DNA Level", *Nature Genetics*, 1994, 8, pp. 117–121.
  [③] J. Zlotogora, "What is the Birth Defect Risk Associated with Consanguineousmarriages?" *American Journal of Medical Genetics*, 2002, 109, pp. 70–71.
  [④] Lieberman, D., & Smith, A., "It's All Relative: Sexual Aversions and Moral Judgments Regarding Sex Among Siblings", *Current Directions in Psychological Science*, 2012, 21(4), pp. 243–247.
  [⑤] Maryanski, A., Sanderson, S. K., & Russell, R., "The Israeli Kibbutzim and the Westermark Hypothesis: Does Early Association Dampen Sexual Passion? A Comment on Shor and Simchai", *American Journal of Sociology*, 2012, 117(5), pp. 1503–1508.

避心理有着密切的关系。不过，弗洛伊德则提出了相反的观点，认为男孩存在弑父恋母的本能，母亲是儿子的第一个性对象（Freud, 1953, 引自 Fraley & Marks, 2012）。①

两种观点的区别在于：韦斯特马克认为，乱伦回避是一种自然或自发的动机，乱伦可能是这一动机被破坏之后的结果；而弗洛伊德则认为，乱伦是一种自然或自发的动机，正是由于其他力量如文化和教养的影响，才使得乱伦动机难以表达，因而出现乱伦压抑行为。由于弗洛伊德精神分析的巨大影响，韦斯特马克假设长期以来无人问津，备受学术界的冷落。不过，自从20世纪60年代以来，已经有越来越多的证据支持韦斯特马克效应，支持乱伦回避心理的存在。我们将在本文中从进化心理学的角度，论述动物和人类中的乱伦回避现象，讨论人类乱伦回避的心理机制。

2 乱伦回避的生物学和人类学证据

2.1 动物界的乱伦回避

生物学家在许多动物中都观察到了乱伦回避现象。这些动物包括红狼（Sparkman et al., 2012），②寄生蜂（Metzger, Bernstein, Hoffmeister & Desouhant, 2010），③短尾猴（朱勇、李进华、夏东坡、陈燃、孙炳华，2008），④等等。

---

① Fraley, R. C., & Marks, M. J., "Westermarck, Freud, and the Incest Taboo: Does Familial Resemblance Activate Sexual Attraction?" *Personality and Social Psychology Bulletin*, 2010, 36(9), pp. 1202–1212.

② Sparkman, A. M., Adams, J. R., Steury, T. D., Waits, L. P., & Murray, D. L., "Pack Social Dynamics and Inbreeding Avoidance in the Cooperatively Breeding Red Wolf", *Behavioral Ecology*, 2012, 23(6), pp. 1186–1194.

③ Metzger, M., Bernstein, C., Hoffmeister, T. S., & Desouhant, E., "Does Kin Recognition and Sib-Mating Avoidance Limit the Risk of Genetic Incompatibility in a Parasitic Wasp?", *PLoS ONE*, 2010, 5(10): e13505.

④ 朱勇、李进华、夏东坡、陈燃、孙炳华：《雌性黄山短尾猴回避近亲交配》，载《动物学报》（*Acta Zoological Sinica*），2008，54（2），183—190。

比如，朱勇等人（2008）对一群黄山短尾猴进行了长达半年的观察，结果发现在猴群 360 次交配行为中，只有 7 次是近亲交配；而且，这 7 次交配中，没有母子乱伦的现象发生。① 非人灵长类（nonhuman primate）是跟人类关系最为密切的物种。对这些物种的择偶行为进行分析之后，Pusey（2005）明确指出，在包括黑猩猩在内的非人灵长类中，具有亲缘关系的成年个体之间极少发生乱伦行为，这一行为倾向在母系亲属之间更为强烈。②

不过，即使动物中普遍存在着乱伦回避行为，也不能直接推出这一现象同样在人类中存在。毕竟，生物学的证据对于人类而言只具有参考性，因为这些证据都是间接的，没有对人类进行直接考查。而要对人类的乱伦回避现象进行研究，韦斯特马克假设是一个很好的切入点。该假设认为，早年共同生活的经历，会消除异性男女之间的性吸引力。这是因为，他们在无意识中把对方当成了自己的手足同胞。无论是对以色列集体农场的调查，还是对中国台湾地区童养媳的研究，都对韦斯特马克假设进行了直接检验。

2.2 以色列的集体农场调查和中国台湾地区的童养媳现象

在以色列的集体农场（Kibbutz）里，所有的孩子很小的时候就被受过训练的护士专门看护，而不是由他们的父母照顾。这些孩子很多一出生就被送到了集体农场里，他们吃喝拉撒一天里大约 22 个小时都待在一起，这样的社会生活一直持续到他们的青春期。Shepher（1971）对 211 个集体农场中 2769 对已婚男女进行了调查，结果发现绝大多数的成年男女都不会跟自己在同一个农场一起长大的异性结婚。③ 只有 13 对男女曾经在同一个集体农场待过，

---

① 朱勇、李进华、夏东坡、陈燃、孙炳华：《雌性黄山短尾猴回避近亲交配》，载《动物学报》（*Acta Zoological Sinica*），2008，54（2），183—190。

② A. Pusey, "Inbreeding Avoidance in Primates", In A. P. Wolf & W. H. Durham (Eds.), *Inbreeding, Incest, and the Incest Taboo: The State of Knowledge at the Turn of the Century*, Stanford, CA: Stanford University Press, 2005, pp. 61–75.

③ J. Shepher, "Mate Selection Among Second Generation Kibbutz Adolescents and Adults: Incest Avoidance and Negativeimprinting", *Archives of Sexual Behavior*, 1971, 1(4), pp. 293–307.

但其中 8 对是在 6 岁以后，另外 5 对是在 6 岁之前，但他们待在一起的时间不超过 2 年。集体农场中不存在对性行为正式的或非正式的制裁，无论这种制裁是来自导师、父母，还是来自其他同伴。不过，Shor 和 Simchai（2009）对以色列集体农场的 60 名个体进行了深度访谈，结果发现虽然只有 3 人跟自己的同伴发生过性行为，但几乎没有人对自己的同伴有性厌恶。[①]相反，许多人承认至少某些同伴对自己有吸引力。这一发现似乎跟韦斯特马克假设相悖。Maryanski 等人（2012）对该研究进行了分析，但却发现 Shor 和 Simchai 的研究结果支持韦斯特马克假设。[②]因为这两位研究者的访谈对象包括了很多第三代和第四代的集体农场成员，而这些农场成员生活的环境已经不像早期的集体农场那样共产主义了，他们更多地待在家里，以自己的家庭为核心。专门对第一代和第二代集体农场的成员进行分析，Maryanski 等人（2012）发现他们跟同伴之间的性关系很淡漠，没有性吸引力。[③]这可能是因为他们成长在集体农场的黄金时代，因而跟自己的同伴有大量的早期交往。

除了以色列的集体农场调查，中国台湾地区的童养媳现象同样为韦斯特马克假设提供了支持（Wolf, 1970, 2005）。[④][⑤]日据时期的台湾流行童养媳制度，即贫苦家庭会在女儿很小的时候把她卖给富裕人家做童养媳，等女儿成年以

[①] Shor, E., & Simchai, D., "Incest Avoidance, The Incest Taboo, And Social Cohesion: Revisiting Westermarck and the Case of the Israel kibbutzim", *American Journal of Sociology*, 2009, 114, pp. 1803–1842.

[②] Maryanski, A., Sanderson, S. K., & Russell, R., "The Israeli Kibbutzim and the Westermark Hypothesis: Does Early Association Dampen Sexual Passion? A Comment on Shor and Simchai", *American Journal of Sociology*, 2012, 117(5), pp. 1503–1508.

[③] Maryanski, A., Sanderson, S. K., & Russell, R., "The Israeli Kibbutzim and the Westermark Hypothesis: Does Early Association Dampen Sexual Passion? A Comment on Shor and Simchai", *American Journal of Sociology*, 2012, 117(5), pp. 1503–1508.

[④] Wolf, A. P., "Childhood Associations and Sexual Attraction: Further Test of the Westermarck Hypothesis", *American Anthropologist*, 1970, 72, pp. 503–515.

[⑤] Wolf, A. P., "Explaining the Westermarck Effect: Or What did Nature Selection for", In A. P. Wolf & W. H. Durham (Eds.), *Inbreeding, Incest, and the Incest Taboo: The State of Knowledge at the Turn of the Century*, Stanford, CA: Stanford University Press, 2005, pp. 76–92.

后就跟这家的男丁结婚。对童养媳现象进行了长达 40 年的研究之后，Wolf（2005）发现，跟普通已婚女性相比，有过寄养经历的童养媳生育率比普通已婚女性低 40%，离婚率比普通已婚女性高 3 倍，出轨率比普通已婚女性高 2 倍。[1] 简而言之，童养媳更可能遭受婚姻不幸。这一现象在那些初次寄养年龄低于 3 岁的童养媳身上更明显。值得注意的是，童养媳跟其他女性相比，她们的健康状况并不差。此外，有的童养媳由于某种原因后来跟其他的男性结婚，结果她们留下的后代数目跟其他女性也没有区别。这些现象排除了某些研究者对童养媳研究的质疑，即童养媳的婚姻不幸可能跟健康或寄养压力等因素的影响有关（Rantala & Marcinkowska, 2011）。[2]

此外，有人类学家对某些允许表亲结婚的社会进行了分析。他们发现，无论是在古代埃及（Scheidel, 2005），[3] 还是在现代苏门答腊的 KaroBatak 部落（Kushnick & Fessler, 2011）[4] 或摩洛哥（Walter & Buyske, 2003），[5] 早年共同生活过的成年男女对自己的婚姻有更多的不满。

3 乱伦回避的进化心理学研究

人类学家主要是对不同社会的婚姻模式进行考察，检验韦斯特马克假

---

[1] Wolf, A. P., "Explaining the Westermarck Effect: Or What did Nature Selection for", In A. P. Wolf & W. H. Durham (Eds.), *Inbreeding, Incest, and the Incest taboo: The State of Knowledge at the Turn of the Century*, Stanford, CA: Stanford University Press, 2005, pp. 76–92.

[2] Rantala, M. J., &Marcinkowska, U. M, "The Role of Sexual Imprinting and the Westermarck Effect in Mate Choice in Humans", *Behavioral Ecology and Sociobiology*, 2011, 65, pp. 859–873.

[3] Scheidel, W., "Ancient Egyptian Sibling Marriage and the Westermarck Effect", In A. P. Wolf & W. H. Durham (Eds.), *Inbreeding, Incest, and the Incest taboo: The State of Knowledge at the Turn of the Century*, Stanford, CA: Stanford University Press, 2005, pp. 93–108.

[4] Kushnick, G., &Fessler, D. M. T., "KaroBatak Cousin Marriage, Cosocialization, and the Westermarck Hypothesis", *Current Anthropology*, 2011, 52(3), pp. 443–448.

[5] Walter, A., &Buyske, S., "The Westermarck Effect and Early Childhood Co-socialization: Sex Differences in Inbreeding-avoidance", *British Journal of Developmental Psychology*, 2003, 21, pp. 353–365.

设是否成立。而进化心理学家则对乱伦回避进行了更为深入的研究，他们主要考察乱伦回避的心理机制。一方面，许多研究者都认为乱伦回避跟亲缘识别有关（Havlicek & Roberts, 2009; Krupp, DeBruine & Jones, 2011; Park & Ackerman, 2011; Penn & Frommen, 2010），①②③④即个体要想成功地避免乱伦，首先就要成功地识别亲属和非亲属，需要判断不同个体跟自己的亲缘程度。另一方面，其他的研究者则特别强调性厌恶在乱伦回避中的动机作用（罗力群，2011; Lieberman, Tooby, & Cosmides, 2007; Tal & Lieberman, 2007; Tybur, Lieberman, & Greiskevicius, 2009），⑤⑥⑦⑧即回避亲近交配需要厌恶情绪的驱动；当亲属之间的性厌恶由于某种原因没能建立起来，他们之间的乱伦回避机制就可能会失效。

---

① Havlicek, J., & Roberts, S. C., "MHC-correlated Mate Choice in Humans: A Review", *Psychoneuroendocrinology*, 2009, 34, pp. 497–512.

② Krupp, D. B., DeBruine, L. M., & Jones, B. C., "Cooperation and Conflict in the Light of Kin Recognition Systems", In C. A. Salmon & T. K. Shackelford (Eds), *The Oxford Handbook of Evolutionary Family Psychology*, New York: Oxford University Press, 2011, pp. 345–364.

③ Park, J. H., & Ackerman, J. M., "Passion and Compassion: Psychology of Kin Relations Within and Beyond the Family", In C. A. Salmon, & T. K. Shackelford(Eds.), *The Oxford Handbook of Evolutionary Family Psychology*, Oxford University Press, 2011, pp. 329–344.

④ Penn, D. J. & Frommen, J. G., "Kin Recognition: An Overview of Conceptual Issues, Mechanisms and Evolutionary Theory", In P. Kappeler (Ed.), *Animal Behaviour: Evolution and Mechanisms*, Berlin: Springer, 2010, pp. 55–85.

⑤ 罗力群：《进化心理学关于反乱伦情感的研究》，载《心理学探新》，2011, 31(3), 204—208。

⑥ Lieberman, D., Tooby, J., &Cosmides, L.,"The Architecture of Human Kin Detection", *Nature*, 2007, 445, 727–730.

⑦ Tal, I. & Lieberman, D., "Kin Detection and the Development of Sexual Aversions: Toward an Integration of Theories on Family Sexual Abuse", In C. Salmon& T. K. Shackelford (Eds.), *Family Relationships: An Evolutionary Perspective*, New York: Oxford University Press, 2007, pp. 205–230.

⑧ Tybur, J. M., Lieberman, D. L., & Griskevicius, V., "Microbes, Mating, and Morality: Individual Differences in Three Functional Domains of Disgust", *Journal of Personality and Social Psychology*, 2009, 29, pp. 103–122.

3.1 亲缘识别的情境线索

亲缘识别的情境线索，主要是指空间、时间或状态依赖性的线索（DeBruine et al., 2011）。[①]有研究者明确提出存在两条亲属识别的情境线索（Lieberman et al., 2007）。[②]第一条线索是共处时间（co-residence duration），即异性儿童早年一起生活的时间长短。这条线索跟韦斯特马克假设一致。共处时间越长，他们对于自己跟对方是亲属的确定程度就越高。第二条线索是母亲围产期联系（Maternal Perinatal Association, MPA），即目睹母亲照料和喂养某个异性同伴的场景，不过这一场景通常只对年长的孩子有效。两条线索都得到了相关证据的支持（e.g., Granville & Platek, 2011）。[③]

第一，通过对186名大学生的调查，Lieberman, Tooby和Cosmides（2003）发现共处时间可以预测个体之间的亲缘程度，即共处时间越多，亲缘关系越近。[④]对于0到18岁而言，两者之间的相关系数是0.71；对于0到10岁而言，两者之间的相关系数是0.70。此外，共处时间还可以预测个体对第三者手足乱伦（third-party sibling incest）的道德谴责。Fessler和Navarrete（2004）也发现，即使是从小跟没有血缘关系的同伴生活在一起，这种共处经历的长短依然可以预测对第三者手足乱伦的道德谴责。[⑤]值得注意的是，这种对乱伦道德谴责的预测，只跟异性同伴共处时间的长短有关，不受跟同性同伴共处时间长短的影响

[①] DeBruine, L. M., Jones, B. C., Watkins, C. D., Roberts, S. C., Little, A. C., & Smith, F. G. et al, "Opposite-sex Siblings Decrease Attraction, But Not Prosocial Attributions, To Self-resembling Opposite-sex Faces", *PNAS*, 2011, 108, pp. 11710–11714.

[②] Lieberman, D., Tooby, J., & Cosmides, L., "The Architecture of Human Kin Detection", *Nature*, 2007, 445, 727–730.

[③] Granville, D., & Platek, S. M., "The Potential Use of Social Cues in Human Sibling Discernment", *Journal of Social, Evolutionary, and Cultural Psychology*, 2011, 5(3), pp. 163–174.

[④] Lieberman, D., Tooby, J., & Cosmides, L., "Does Morality have a Biological Basis? An Empirical Test of the Factors Governing Moral Sentiments Relating to Incest", *Proceedings of the Royal Society B*, 2003, 270, pp. 819–826.

[⑤] Fessler, D. M. T., & Navarrete, C. D., "Third-party Attitudes Toward Sibling Incest Evidence for Westermarck's Hypotheses", *Evolution and Human Behavior*, 2004, 25, pp. 277–294.

(Lieberman et al., 2007)。[1] 最后，Lieberman 和 Lobel（2012）发现，对于以色列集体农场中的成人来说，共处时间可以预测他们对同一农场中同伴的利他主义和对第三者手足乱伦的道德谴责，可以反向预测他们跟同伴之间的性吸引。[2]

第二，Lieberman 等人（2007）对 600 多人进行调查之后发现，共处时间跟 MPA 存在此消彼长的关系[3]。即在没有 MPA 线索的情况下，共处时间可以预测个体对某一手足同胞的利他倾向和利他行为，可以预测想象跟该同胞发生乱伦时的厌恶感，可以预测对第三者手足乱伦的道德谴责。但是存在更可靠的 MPA 线索时，共处时间的预测作用就会大大减少。这意味着共处时间跟 MPA 是两种不同的亲缘线索。即使把共处时间这一因素排除之后，母亲围产期联系依然能有效地预测对第三者手足乱伦的道德谴责，预测对手足同胞的利他主义。MPA 的提出，能够很好地解释 Wolf（2005）发现的一个令人费解的现象：童养媳进入丈夫家的年龄可以预测她们成年以后欠佳的生育力，因为这一年龄越小，意味着她们跟异性伙伴的共处时间越长，两者之间越可能具有亲缘关系[4]。不过，这一现象只在她们年龄小于丈夫年龄的时候才出现。对于年龄大于丈夫的童养媳来说，这一结论并不适用。这可能意味着年长的童养媳，使用了其他的亲缘线索。对此，Lieberman（2009）重新分析了 Wolf 的数据，结果发现共处时间跟生育力的关系的确只在年幼的童养媳群体中存在，对于年长的童养媳以及年长的丈夫来说，共处时间不能预测他们的生育力状况。[5]

---

[1] Lieberman, D., Tooby, J., & Cosmides, L., "The Architecture of Human Kin Detection", Nature, 2007, 445, 727–730.

[2] Lieberman, D., &Lobel, T., "Kinship on the Kibbutz: Coresidence Duration Predicts Altruism, Personal Sexual Aversions and Moral Attitudes among Communally Reared Peers", Evolution and Human Behavior, 2012, 33, pp. 26–34.

[3] Lieberman, D., Tooby, J., &Cosmides, L., "The Architecture of Human Kin Detection", Nature, 2007, 445, 727–730.

[4] Wolf, A. P., "Explaining the Westermarck Effect: Or What did Nature Selection for", In A. P. Wolf & W. H. Durham (Eds.), Inbreeding, Incest, and the Incest Taboo: The State of Knowledge at the Turn of the Century, Stanford, CA: Stanford University Press, 2005, pp. 76–92.

[5] Lieberman, D., "Rethinking the Taiwanese Minor Marriage Data: Evidence the Mind Uses Multiple Kinship Cues to Regulate Inbreeding Avoidance", Evolution and Human Behavior, 2009, 30, pp. 153–160.

3.2 亲缘识别的个体线索

亲缘识别的个体线索，主要指不同个体之间在自身特征方面的相似性方面的线索，又被叫做表现型匹配（phenotypic matching, Krupp et al., 2011; Park, Schaller & Van Vugt, 2008）。①② 简而言之，在其他条件保持不变的情况下，具有相似基因型的个体，也会具有相似的表现型，反之亦然。因此，理论上，人们可以根据其他人跟自己在诸如身体形态、行为举止或态度观点方面的相似程度，来判断此人跟自己的亲缘关系的远近。

当前研究较多的一种个体线索是面孔相似性（facial resemblance），这一线索对于个体行为具有多方面的复杂影响。一方面，许多研究发现，当人们跟其他个体进行社会交往时，对方跟自己的面孔相似性能提升人们的合作水平和利他行为（Bressan & Zucchi, 2009; DeBruine et al., 2011; Krupp, DeBruine, & Barclay, 2008）。③④⑤ 比如，Krupp 等人（2008）发现，在单次公共物品博弈中，如果被试看到博弈的其他群体成员跟自己面孔更相似时，他们会减少自己的搭便车行为，增加自己对公共物品的投资。⑥ 特别地，不少研究者都发现，孩子跟父亲之间的面孔相似性影响父亲对他们的投资（Heijkoop, Dubas &

---

① Krupp, D. B., DeBruine, L. M., & Jones, B. C., "Cooperation and Conflict in the Light of Kin Recognition Systems", In C. A. Salmon & T. K. Shackelford (Eds), *The Oxford Handbook of Evolutionary Family Psychology*, New York: Oxford University Press, 2011, pp. 345–364.

② Park, J. H., Schaller, M., & Van Vugt, M., "Psychology of Human Kin Recognition: Heuristic Cues, Erroneous Inferences, and Their Implications", *Review of General Psychology*, 2008, 12(3), pp. 215–235.

③ Bressan, P., &Zucchi, G., "Human Kin Recognition is Self-rather than Family-referential", *Biology Letters*, 2009, 5, pp. 336–338.

④ DeBruine, L. M., Jones, B. C., Watkins, C. D., Roberts, S. C., Little, A. C., & Smith, F. G. et al, "Opposite-sex Siblings Decrease Attraction, But not Prosocial Attributions, To Self-resembling Opposite-sex Faces", *PNAS*, 2011, 108, pp. 11710–11714.

⑤ Krupp, D. B., DeBruine, L. M., & Barclay, P., "A Cue of Kinship Promotes Cooperation for the Public Good", *Evolution and Human Behavior*, 2008, 29, pp. 49–55.

⑥ Krupp, D. B., DeBruine, L. M., & Barclay, P., "A Cue of Kinship Promotes Cooperation for the Public Good", *Evolution and Human Behavior*, 2008, 29, pp. 49–55.

van Aken, 2009），①父亲会跟这样的孩子拥有更多的亲密感（Alvergne, Faurie & Raymond, 2010; Lewis, 2011）。②③在收养孩子的时候，被收养者跟自己的面孔相似性影响男性的收养决定，他们更倾向于收养跟自己长得更像的孩子（Volk & Quinsey, 2007）。④一项对非洲塞内加尔农村的田野调查发现，通过面孔和气味特征评定的父子相似性，跟父亲对孩子的投资指数成正相关，他们会花更多的时间跟自己长得像的孩子，也会给这些孩子更多零花钱(Alvergne, Faurie & Raymond, 2009）。⑤另一方面，面孔相似性在择偶领域带来的积极影响就很少，甚至会有相当的消极影响（see DeBruine, Jones, Little & Perrett, 2008 for a review）。⑥DeBruine（2005）发现，面孔相似性在长期择偶情境下对配偶吸引力评价方面没有影响，而在短期择偶情境下对配偶吸引力评价有消极影响。⑦DeBruine 等人（2011）还发现，在评价异性面孔吸引力的时候，那些拥有异性手足的女性比没有异性手足的女性更厌恶跟自己相似的面孔，而且拥有异性手足的数量越多，这一效应就越强烈。⑧这种现象没有在评价同性面孔吸引力的情境下出现。不过，在面孔相似性对社会合作行为的影响方面，

---

① Heijkoop, M., Dubas, J. S., & van Aken, M. A. G., "Parent-child Resemblance and Kin Investment: Physical Resemblance or Personality Similarity?", *European Journal of Developmental Psychology*, 2009, 6(1), pp. 64–69.

② Alvergne, A., Faurie, C., & Raymond, M., "Are Parents' Perceptions of Offspring Facial Resemblance Consistent with Actual Resemblance? Effects on Parental Investment", *Evolution and Human Behavior*, 2010, 31, pp. 7–15.

③ Lewis, D. M. G., "The Sibling Uncertainty Hypothesis: Facial Resemblance as a Sibling Recognition Cue", *Personality and Individual Differences*, 2011, 51, pp. 969–974.

④ Volk, A. A., & Quinsey, V. L., "Parental Investment and Resemblance: Replications, Refinements, and Revisions, *Evolutionary Psychology*, 2007, 5(1), pp. 1–14.

⑤ Alvergne, A., Faurie, C., & Raymond, M., "Father-offspring Resemblance Predicts Paternal Investment in Humans", *Animal Behaiviour*, 2009, 78, pp. 61–69.

⑥ DeBruine, L. M., Jones, B. C., Little, A. C., & Perrett, D. I., "Social Perception of Facial Resemblance in Humans", *Archives of Sexual Behavior*, 2008, 37, pp. 64–77.

⑦ DeBruine, L. M., "Trustworthy But Not Lust-worthy: Context Specific Effects of Facial Resemblance", *Proceedings of the Royal Society of London B*, 2005, 272, pp. 919–922.

⑧ DeBruine, L. M., Jones, B. C., Watkins, C. D., Roberts, S. C., Little, A. C., & Smith, F. G. et al, "Opposite-sex Siblings Decrease Attraction, But Not Prosocial Attributions, To Self-resembling Opposite-sex Faces", *PNAS*, 2011, 108, pp. 11710–11714.

也有少数研究得到了不一致的结果（Bressan, Bertamini, Nalli & Zanutto, 2009；Giang, Bell & Buchner, 2012）。[1][2]

在人类择偶领域，受到较多关注的另一种个体线索跟主要组织相容性抗原 MHC 有关（Havlicek & Roberts, 2009）。[3] MHC 是构成人类免疫系统的重要物质，因此在一定范围内后代的 MHC 越多样，可能意味着他们的免疫系统越强大。而在择偶过程中，选择一个具有优秀基因的伴侣，对于个体的繁衍成功具有重要意义。MHC 的异质性或多样性是优秀基因的一个重要组成部分，因为它有助于人们抵抗病菌和寄生虫对自己后代的侵袭（Tybur & Gangestad, 2011）。[4] 因此，人们在择偶时应该会选择跟自己的 MHC 更异质的配偶。对人类嗅觉择偶偏好的研究，比较一致地证明了这一点（see Havlicek & Roberts, 2009）。[5] 比如，实验室研究发现女性更喜欢那些在体味和面孔方面拥有更多 MHC 异质性的男性（Lie, Rhodes & Simmons, 2008），[6] 但这种偏好没有在男性身上发现（Coetzee et al., 2007; Lie et al., 2008）。[7][8] 不过，

---

[1] Bressan, P., Bertamini, M., Nalli, A., & Zanutto, A., "Men do Not have a Stronger Preference than Women for Self-resemblant Child Faces", *Archives of Sexual Behavior*, 2009, 38, pp. 657–664.

[2] Giang, R., Bell, R., & Buchner, A., "Does Facial Resemblance Enhance Cooperation?" *PLoS ONE*, 2012, 7(10): e47809.

[3] Havlicek, J., & Roberts, S. C., "MHC-correlated Mate Choice in Humans: A Review", *Psychoneuroendocrinology*, 2009, 34, pp. 497–512.

[4] Tybur, J. M., &Gangestad, S. W., "Mate Preferences and Infectious Disease: Theoretical Considerations and Evidence in Humans", *Philosophical Transactions of The Royal Society B*, 2011, 366, pp. 3375–3388.

[5] Havlicek, J., & Roberts, S. C., "MHC-correlated Mate Choice in Humans: A Review", *Psychoneuroendocrinology*, 2009, 34, pp. 497–512.

[6] Lie, H. C., Rhodes, G., & Simmons, L., "Genetic Diversity Revealed Inhuman Faces", *Evolution*, 2008, 62(10), pp. 2473–2486.

[7] Coetzee, V., Barrett, L., Greeff, J. M., Hanzi, S. P., Perrett, D. I., & Wadee, A., "Common HLA Alleles Associated with Health, But not Withfacial Attractiveness", *PLoS ONE*, 2007, 2(7), e640.

[8] Lie, H. C., Rhodes, G., & Simmons, L., "Genetic Diversity Revealed Inhuman Faces", *Evolution*, 2008, 62(10), pp. 2473–2486.

在最近的一项研究中，Lie, Simmons 和 Rhodes（2010）则发现基因异质性同时会影响男性和女性的择偶偏好。①他们设定了两种异质性的指标，一种是基因相异性（genetic dissimilarity），即双方 MHC 共享的等位基因数量，数量越多，意味着基因相异性越低；一种是基因多样性（genetic diversity），包括异质性和标准差，异质性表示在同一位点的两个等位基因是相同的还是不同的，标准差表示两个等位基因在同一位点的距离。结果发现，基因相异性影响男性但不影响女性的择偶偏好。无论在长期择偶还是短期择偶情境下，男性对于 MHC 相异的女性面孔更有好感。而基因多样性会同时影响男性和女性在两种情境下的择偶偏好：女性更喜欢在 MHC 位点上有更多异质性的男性，而男性更喜欢在非 MHC 位点上有更多变异性的女性。因此，这一研究暗示，无论是男性还是女性，在择偶时更倾向于选择跟自己具有异质性基因的个体，即选择亲缘关系较低的人。此外，Lie, Rhodes 和 Simmons（2010）还发现，MHC 异质性的择偶偏好影响人们的择偶成功，即 MHC 异质性更高的人们拥有更多的择偶机会，不过这一现象只出现在女性身上。②

3.3 性厌恶

有研究者（Tybur et al., 2009）从进化心理学的角度把厌恶区分为三种类型：病菌厌恶、性厌恶和道德厌恶。③病菌厌恶是为了避免被病菌感染，性厌恶是为了避开不合适的性行为和性伙伴，道德厌恶则是为了避开社会交往领域中可能剥削自己的人（Tybur, Lieberman, Kurzban & DeScioli, 2013）。④Tybur

---

① Lie, H. C., Simmons, L. W., & Rhodes, G., "Genetic Dissimilarity, Genetic Diversity, And Mate Preferences in Humans", *Evolution and Human Behavior*, 2010, 31, pp. 48–58.

② Lie, H. C., Simmons, L. W., & Rhodes, G., "Genetic Dissimilarity, Genetic Diversity, And Mate Preferences in Humans", *Evolution and Human Behavior*, 2010, 31, pp. 48–58.

③ Tybur, J. M., Lieberman, D. L., & Griskevicius, V., "Microbes, Mating, and Morality: Individual Differences in Three Functional Domains of Disgust", *Journal of Personality and Social Psychology*, 2009, 29, pp. 103–122.

④ Tybur, J. M., Lieberman, D., Kurzban, R., & DeScioli, P., "Disgust: Evolved Function and Structure", *Psychological Review*, 2013, 120(1), pp. 65–84.

等人（2009）通过一系列研究对厌恶进行了区分，结果表明不同领域的厌恶得分之间只有很少的相关和重合。①他们利用结构方程模型的方法验证了这一厌恶的领域模型。即使男性和女性在不同领域厌恶方面具有不同的差异水平，但是领域厌恶问卷对于他们都具有相同的结构（Tybur, Bryan, Lieberman, Hooper & Merriman, 2011）。②DeBruine 等人（2010）发现，女性偏爱面孔阳刚的男性，这种偏好可以被病菌厌恶所预测，但不能被其他两种领域厌恶所预测。③这一发现支持了对厌恶进行领域分类的合理性。

性厌恶是跟乱伦关系最密切的一种情绪。除了 Tybur 等人（2009）的领域厌恶问卷中涉及到乱伦题目之外，④其他研究者也发现，想象跟自己有亲缘关系的个体发生性行为，就会引发人们强烈的厌恶（Rozin, Haidt & McCauley, 2008）。⑤表明亲缘关系的线索也可以预测人们的性厌恶。比如，Lieberman 和 Lobel（2012）发现，对于以色列集体农场中的成员来说，他们共处时间越长，就会对彼此之间发生性关系持有更强烈的厌恶感。⑥共处时间以及母亲围产期

---

① Tybur, J. M., Lieberman, D. L., &Griskevicius, V., "Microbes, Mating, And Morality: Individual Differences in Three Functional Domains of Disgust", *Journal of Personality and Social Psychology*, 2009, 29, pp. 103–122.

② Tybur, J. M., Bryan, A. D., Lieberman, D., Hooper, A. E. C., & Merriman, L. A., "Sex Differences and Sex Similarities in Disgust Sensitivity", *Personality and Individual Differences*, 2011, 51, pp. 343–348.

③ DeBruine, L. M., Jones, B. C., Tybur, J. M., Lieberman, D., & Griskevicius, V., "Women s Preferences for Masculinity in Male Faces are Predicted by Pathogen Disgust, But not Sexual or Moral Disgust", *Evolution and Human Behavior*, 2010, 31, pp. 69–74.

④ Tybur, J. M., Lieberman, D. L., & Griskevicius, V., "Microbes, Mating, And Morality: Individual Differences in Three Functional Domains of Disgust", *Journal of Personality and Social Psychology*, 2009, 29, pp. 103–122.

⑤ Rozin, P., Haidt, J., & McCauley, C. R., "Disgust", In M. Lewis, J. M. Haviland-Jones, & L. F. Barrett (Eds.), *Handbook of Emotions*, New York & London: Guilford, 2008, pp. 757–776.

⑥ Lieberman, D., & Lobel, T., "Kinship on the Kibbutz: Coresidence Duration Predicts Altruism, Personal Sexual Aversions and Moral Attitudes Among Communally Reared Peers", *Evolution and Human Behavior*, 2012, 33, pp. 26–34.

联系也都能预测对想象的手足乱伦的性厌恶（Lieberman et al., 2007）。[1]性厌恶对于乱伦回避的影响在一项研究中得到了揭示。Park（2008）发现，性别和性开放度（sociosexuality）可以预测对许多性冒犯行为的评价：性开放度高的个体以及男性，通常对包括老夫少妻和婚外恋在内的冒犯行为持有不那么消极的看法。[2]但是，在涉及乱伦的情形下，这两个因素都不再有预测力了。相反，无论是男性还是女性，无论性开放度的高低，人们对乱伦行为都很厌恶。

性别和亲缘程度也影响性厌恶的水平。根据进化心理学的观点，女性在择偶过程中通常比男性对后代的投资更多，因此后代的健康和适应状况对女性本身的择偶成功有着更大的影响。换句话说，乱伦行为造成的代价对女性的影响更明显。因此，跟男性相比，女性应该对乱伦行为有更强的厌恶感。许多研究都支持了这一推论（Antfolk, Lieberman & Santtila, 2012; Fessler & Navarrete, 2004）。[3][4]亲缘程度越近，个体之间具有的共同基因就越多，因而乱伦行为对他们包含适应度（inclusive fitness）的消极影响就越大。因此，参与乱伦行为的个体跟自己的亲缘程度越近，个体体验到的厌恶感应该越强烈。Antfolk, Karlsson, Bäckström 和 Santtila（2012）发现，相比陌生人乱伦，无论是自己参与乱伦还是自己的同性手足参与乱伦，都会引发人们更强烈的厌恶感。[5]其他研究也发现，跟无亲缘关系的个体之间发生的法理性乱伦相比，有亲缘关系的个体之间发生的生物性乱伦行为更令人厌恶（Antfolk, Lieberman

---

[1] Lieberman, D., Tooby, J., & Cosmides, L., "The Architecture of Human Kin Detection", *Nature*, 2007, 445, 727–730.

[2] Park, J., "Is Aversion to Incest Psychologically Privileged? When Sex and Sociosexuality do not Predict Sexual Willingness", Personality and Individual Differences, 2008, 45, pp. 661–665.

[3] Antfolk, J., Lieberman, D., & Santtila, P., "Fitness Costs Predict Inbreeding Aversion Irrespective of Self-Involvement: Support for Hypotheses Derived from Evolutionary Theory", *PLoS ONE*, 2012, 7(11): e50613.

[4] Fessler, D. M. T., & Navarrete, C. D., "Third-party Attitudes Toward Sibling Incest Evidence for Westermarck's Hypotheses", *Evolution and Human Behavior*, 2004, 25, pp. 277–294.

[5] J. Antfolk, M. Karlsson, A. Bäcktrön, & P. Santtila, "Disgust Elicited by Third-party Incest: The Roles of Biological Relatedness, Co-residence, And Family Relationship", *Evolution and Human Behavior*, 2012, 33, pp. 217–223.

et al., 2012）。①

4 总结与展望

韦斯特马克假设跟俄狄浦斯情结针锋相对，前者认为乱伦回避是一种自然倾向，而后者则假设弑父恋母的乱伦是一种本能，乱伦禁忌是文化产物。动物行为学研究发现，即使包括非人灵长类在内在动物界，乱伦回避也是一种普遍现象。而人类学调查则直接检验了韦斯特马克假设，这些研究一致发现，早年的共同生活，会抑制成年男女之间的性吸引；双方如果结婚，常会导致婚姻不幸（Lieberman & Lobel, 2012; Wolf, 2005）。②③进化心理学家则对乱伦回避的心理机制进行了研究，他们发现无论是共处时间还是母亲围产期联系，都是亲缘识别重要的情境线索。此外，人们也会利用亲缘识别的个体线索，比如面孔相似性和MHC相关特征，调校他们的行为；他们通常会避免选择可能有亲缘关系的个体为配偶，但是会对这些人表现出更多的信任感和合作性（DeBruine, 2005; Lie, Simmons et al., 2010）。④⑤鉴于乱伦行为的严重后果以及乱伦回避的重要意，我们认为未来的研究可以在以下方面进行深入拓展。

第一，考察其他的亲缘线索。除了通常的情境线索之外，是否还有其他

---

① J. Antfolk, D. Lieberman, & P. Santtila, "Fitness Costs Predict Inbreeding Aversion Irrespective of Self-Involvement: Support for Hypotheses Derived from Evolutionary Theory", *PLoS ONE*, 2012, 7(11): e50613.

② D. Lieberman, & T. Lobel, "Kinship on the Kibbutz: Coresidence Duration Predicts Altruism, Personal Sexual Aversions and Moral Attitudes Among Communally Reared Peers", *Evolution and Human Behavior*, 2012, 33, pp. 26–34.

③ A. P. Wolf, "Explaining the Westermarck Effect: Or What did Nature Selection for", In A. P. Wolf & W. H. Durham (Eds.), *Inbreeding, Incest, And the Incest Taboo: The State of Knowledge at the Turn of the Century*, Stanford, CA: Stanford University Press, 2005, pp. 76–92.

④ L. M. DeBruine, "Trustworthy but not Lust-worthy: Context Specific Effects of Facial Resemblance", *Proceedings of the Royal Society of London B*, 2005, 272, pp. 919–922.

⑤ H. C. Lie, G. Rhodes, & L. W. Simmons, "Is Genetic Diversity Associated with Mating Success in Humans?" *Animal Behaviour*, 2010, 79, pp. 903–909.

的亲缘识别线索？文明发明以后，姓氏成为一种重要的亲缘线索，具有相同姓氏的个体可能具有相当的亲缘关系。对于不太常见的姓氏而言，两个同姓个体之间的亲缘关系可能更近。个体因素中，除了面孔相似性和MHC之外，也许性格、态度、价值观方面的匹配也可以作为亲缘关系的可能线索（Mobbs et al., 2009; Park et al., 2008）。[1][2]比如，Park和Schaller（2005）发现，跟态度不同的个体相比，人们会把态度相同的他人跟亲人概念联系起来。[3]这一倾向在相信自己直觉的个体身上更明显。Park和Ackerman（2011）认为熟悉性也许是亲缘识别的一个线索。[4]Ackerman, Kenrick和Schaller（2007）发现，想象跟自己熟悉的异性朋友发生性关系，这会在女性身上引起想象跟自己异性亲人乱伦类似的厌恶感。[5]此外，就像对待亲人一样，女性会以更友善的方式对熟悉朋友进行归因。不过，男性身上没有出现类似的现象。这可能意味着女性会用熟悉性作为亲缘线索，从而"错误地"把朋友视作亲人。这些线索都值得未来研究的深入探讨。

第二，不同亲缘关系的识别。识别不同的亲缘关系，是否需要不同的线索？有研究者认为韦斯特马克效应不仅对手足之间的乱伦回避起作用，也对亲子之间的乱伦回避有影响，即早年的共同生活能同时减少手足乱伦和亲子乱伦，这是一种亲子识别和手足识别的共同线索（Rantala & Marcinkowska,

---

[1] Mobbs, D., Yu, R., Meyer, M., Passamonti, L., Seymour, B., Calder, A. J. et al, "A Key Role for Similarity in Vicarious Reward", *Science*, 2009, 324, pp. 900–902.

[2] Park, J., "Is Aversion to Incest Psychologically Privileged? When Sex and Sociosexuality do Not Predict Sexual Willingness", *Personality and Individual Differences*, 2008, 45, pp. 661–665.

[3] Park, J. H., & Schaller, M., "Does Attitude Similarity Serve as A Heuristic Cue for Kinship? Evidence of Animplicit Cognitive Association", *Evolution and Human Behavior*, 2005, 26, pp. 158–170.

[4] Park, J. H., & Ackerman, J. M., "Passion and Compassion: Psychology of Kin Relations within and beyond the Family", In C. A. Salmon & T. K. Shackelford (Eds.), *The Oxford Handbook of Evolutionary Family Psychology*, Oxford University Press, 2011, pp. 329–344.

[5] Ackerman, J. M., Kenrick, D. T., & Schaller, M., "Is Friendship Akin to Kinship?" *Evolution and Human Behavior*, 2007, 28, pp. 365–374.

2011）。[1]不过，也有研究者强调不同的亲缘关系可能涉及不同的识别线索（Tal & Lieberman, 2007）。[2]比如，Tal和Lieberman（2007）认为，女性识别亲子关系可能涉及嗅觉信息，而男性就不能有效地利用嗅觉信息识别亲子关系。[3]但是，男性可以利用其他的信息识别亲子关系，这些信息通常都跟确定他的父亲身份有关，比如配偶的个性、行为或名声，配偶的婚配价值，自己的婚配价值，以及他跟孩子之间的表现型匹配。而在手足关系的识别方面，共处时间和母亲围产期联系可能是主要的线索。未来研究有必要探讨，识别不同的亲缘关系是否需要利用不同的亲缘线索。

第三，对排卵期心理的关注。排卵期的女性容易受孕；许多研究发现，她们这一时期会对表明优秀基因的伴侣特征格外偏爱，比如男性化的面孔和男性化的性格（Lukaszewski & Roney, 2009; Vaughn, Bradley, Byrd-Craven & Kennison, 2010）。[4][5]不过，她们同时也应该选择性地避开不合适的潜在伴侣，比如自己的亲人。最近的一项研究为这一假设提供了支持。Lieberman, Pillsworth和Haselton（2011）发现排卵期的女性会减少跟父亲的通话时间和

---

[1] Rantala, M. J., & Marcinkowska, U. M., "The Role of Sexual Imprinting and the Westermarck Effect in Mate Choice in Humans", *Behavioral Ecology and Sociobiology*, 2011, 65, pp. 859–873.

[2] I. Tal, & D. Lieberman, "Kin Detection and the Development of Sexual Aversions: Toward an Integration of Theories on Family Sexual Abuse", In C. Salmon & T. K. Shackelford (Eds.), *Family Relationships: An Evolutionary Perspective*, New York: Oxford University Press, 2007, pp. 205–230.

[3] I. Tal, & D. Lieberman, "Kin Detection and the Development of Sexual Aversions: Toward an Integration of Theories on Family Sexual Abuse", In C. Salmon & T. K. Shackelford (Eds.), *Family Relationships: An Evolutionary Perspective*, New York: Oxford University Press, 2007, pp. 205–230.

[4] Lukaszewski, A. W., & Roney, J. R., "Estimated Hormones Predict Women's Mate Preferences for Dominant Personality Traits", *Personality and Individual Differences*, 2009, 47, pp. 191–196.

[5] Vaughn, J. E., Bradley, K. I., Byrd-Craven, J., & Kennison, S. M., "The Effect of Mortality Salience on Women's Judgments of Male Faces", *Evolutionary Psychology*, 2010, 8, pp. 477–491.

次数，但却不会减少跟母亲的通话时间和次数。① 因此，未来研究还可以继续探讨排卵期女性是否会选择性避开其他的异性家人，比如她的兄弟和叔伯等。同时，鉴于这一时期乱伦后果的严重性，女性也许在排卵期会更严厉地谴责乱伦。当然，这一假设有待未来研究的明确检验。

第四，借鉴相关领域的研究。性印刻（sexual imprinting）理论认为异性父母对个体的择偶会产生积极或消极的影响（Rantala & Marcinkowska, 2011）：积极性印刻意味着成年个体会选择跟自己异性父母相似的配偶，而消极性印刻则意味着个体会选择性地避开跟自己异性父母相似的潜在配偶（实质上就是韦斯特马克效应）。② 消极性印刻得到了许多领域中实证研究的支持，而积极性印刻的研究结果（e.g., Fraley & Marks, 2010）③ 则受到了批评者在方法上和解释上的质疑，因而没有得到支持（Lieberman, Fessler & Smith, 2011）。④ 即使积极性印刻的假设没有得到支持，但乱伦回避的研究依然要面对同型婚配（assortative mating）研究的挑战，因为不少研究发现人们在择偶时倾向于选择在很多方面跟自己相似的对象，比如性格（Le Bon et al., 2013）⑤ 和教育水平（Zietsch, Verweij, Heath & Martin, 2011），⑥ 甚至面部特征比如头发和眼

---

① Lieberman, D., Pillsworth, E. G., &Haselton, M., "Kin Affiliation Across the Ovulatory Cycle: Females Avoid Fathers When Fertile", *Psychological Science*, 2011, 22(1), pp. 13–18.

② Rantala, M. J., & Marcinkowska, U. M., "The Role of Sexual Imprinting and the Westermarck Effect in Mate Choice in Humans", *Behavioral Ecology and Sociobiology*, 2011, 65, pp. 859–873.

③ Fraley, R. C., & Marks, M. J., "Westermarck, Freud, and the Incest Taboo: Does Familial Resemblance Activate Sexual Attraction?" *Personality and Social Psychology Bulletin*, 2010, 36(9), pp. 1202–1212.

④ Lieberman, D., Fessler, D. M. T., & Smith, A., "The Relationship Between Familial Resemblance and Sexual Attraction: An Update on Westermarck, Freud, And the Incest Taboo", *Personality and Social Psychology Bulletin*, 2011, 37(9), pp. 1229–1232.

⑤ Le Bon, O., Hansenne, M., Amaru, D., Albert, A., Ansseau, M., & Dupont, S., "Assortative Mating and Personality in Human Couples: A Study Using Cloinger's Temperament and Character Inventory", *Psychology*, 2013, 4(1), pp. 11–18.

⑥ Zietsch, B. P., Verweij, K. J. H., Heath, A. C., & Martin, N. G., "Variation in Human Mate Choice: Simultaneously Investigating Heritability, Parental Influence, Sexual Imprinting, and Assortative Mating", *American Naturalist*, 2011, 177(5), pp. 605–616.

睛的颜色（Bovet, Barthes, Durand, Raymond & Alvergne, 2012）。[1]因此，乱伦回避机制如何跟同型婚配理论相融合，将是未来研究的一个重要方面。我们认为，乱伦回避跟同型婚配其实关注的是不同层面，前者关心如何排除不恰当的性对象，而后者关心如何选择跟自己匹配的性对象。两者之间存在一定的拮抗，但前者可能具有更高的优先权。即在有线索表明对方跟自己是近亲的情况下，同性婚配效应将被大大弱化。

第五，乱伦回避机制的应用。对乱伦回避机制的探讨有助于理解和干预家庭内的性虐待行为（Tal & Lieberaman, 2012）。[2]正常的乱伦回避涉及两个环节：亲缘识别和性厌恶。两个环节中的任何一个出了问题，都可能导致家庭内的性虐待行为，包括乱伦。古希腊悲剧中俄狄浦斯弑父娶母，从进化心理学的角度看，这是因为他一出生就被自己的父亲丢在了荒郊野外，从一开始就没有跟母亲一起生活，这无疑会影响他的亲缘识别，同时也让他没法跟母亲之间形成正常的性厌恶。Bevc 和 Silverman（2000）调查发现，跟从小一起抚养的姐弟或兄妹相比，那些从小分开抚养的姐弟或兄妹更有可能发生跟乱伦有关的性行为。[3]此外，不少家庭内性虐待都涉及母亲单身或继父存在（Stroebel et al., 2013），这可能意味着继父跟女儿之间没有正常的亲缘识别，也没有建立正常的性厌恶。[4]因此，从干预的角度来讲，强化家庭内的亲缘识别，比如形成亲子之间正常的良性互动，对单亲家庭提供社会援助，对继父母行为进行社会监督，这些对于减少性虐待将具有重要的现实意义。

---

[1] Bovet, J., Barthes, J., Durand, V., Raymond, M., & Alvergne, A., "Men's Preference for Women's Facial Features: Testing Homogamy and the Paternity Uncertainty Hypothesis", *PLoS ONE*, 2012, 7(11), e49791.

[2] I. Tal, & D. Lieberman, "Kin Detection and the Development of Sexual Aversions: Toward an Integration of Theories on Family Sexual Abuse", In C. Salmon & T. K. Shackelford (Eds.), *Family Relationships: An Evolutionary Perspective*, New York: Oxford University Press, 2007, pp. 205–230.

[3] Bevc, I., & Silverman, I., "Early Separation and Sibling Incest: A Test of the Revised Westermarck Theory", *Evolution and Human Behavior*, 2000, 21, pp. 151–161.

[4] Stroebel, S. S., Kuo, S-Y., O'Keefe, S. L., Beard, K. W., Swindell, S., & Kommor, M. J., "Risk Factors for Father-daughter Incest: Data from an Anonymous Computerized Survey", *Sexual Abuse: A Journal of Research and Treatment*, 2013, 25(6), pp. 583–605.

环境认知与环境适应

青少年依恋环境的情绪启动
和注意恢复功能

池丽萍[①]　苏谦[②]

1　问题提出

地方依恋是指人和地方的联系,特别是情感联系。[③]它表现为对某个地方的情感依恋,将地方看做自我的一部分;或者某个地方能够满足个体的特定需要,而使积极的活动体验、情感与地方发生联结。Morgan在安全循环模型的基础上提出了地方依恋的发展理论来解释地方依恋是如何形成的。[④]该理论认为,地方依恋开始于儿童期的地方经历,并在探索外界环境与亲子依恋行为间不断循环而发展起来。具体而言,儿童与依恋对象在一起时会感到安全,其探索动机系统被激活,对环境发生兴趣,逐渐离开依恋对象进行环境探索,并在此过程中产生了控制、冒险、自由和愉悦等积极情感。当与环境相互作用过程中产生了痛苦、疲乏或焦虑时,儿童的依恋动机系统就开始取代探索动机系统,儿童又会寻找并接近能产生舒适感的依恋对象。当儿童的依恋需要得到满足后,环境再次激活儿童的探索动机系统,儿童又开始探索环境,开始新的循环。在对物理环境的探索和与依恋对象的互动不断交替循环的过

[①] 池丽萍,中华女子学院儿童发展与教育学院心理学系副教授,博士。
[②] 苏谦,北京光明小学校长助理。
[③] Altman, I. & Low, S. (1992), *Human Behavior and Environments: Advances in Theory and Research*, In Place Attachment, New York: Plenum Press.
[④] Morgan, P., "Towards a Developmental Theory of Place Attachment", *Journal of Environmental Psychology*, (2010) , 30(1), 11–22.

程中，地方依恋便逐步发展起来。可见，地方依恋是个体跟依恋对象互动时经历的积极情感与探索周围环境时体验的积极情感之间联合的结果，它可以给个体安全感、增加积极情绪、提供自我连贯性。

到目前为止，地方依恋研究重点关注的是成人，如成人地方依恋的影响因素[1]、产生依恋的地方特点[2]等，而相对忽视儿童群体。然而，环境心理学的研究却发现早在青少年期个体就已经表现出地方依恋。[3][4]虽然有关青少年地方依恋的研究较少，但有研究者从环境的恢复功能角度分析了青少年对依恋和喜爱的地方的评价。例如，Hay对青少年依恋某沙滩的原因进行了研究，结果发现5—11岁儿童看重沙滩作为活动场所的功能（"能和朋友玩"），而12—15岁青少年则强调沙滩的情感功能：他们"喜欢沙滩的安静气氛和风景"[5]。另有研究发现，青少年通常会在受到伤害或者情绪消极时选择进入他们喜欢的地方，在那里得到放松、镇静，整理思绪。[6]因此，青少年依恋的环境有可能具有恢复功能。所谓"恢复"即重新获得在适应外界环境过程中被损耗的生理、心理和社会能力。[7]后来的研究也为此观点提供了实证支持。例如，Scannell和Gifford的研究中，个体在其依恋水平较高的环境中

---

[1] Bagoc, C., "Place Attachment in a Foreign Settlement", *Journal of Environmental Psychology*, (2009) 29, 267–278.

[2] Backlund, E. A. & Williams, D. R., "A Quantitative Synthesis of Place Attachment Research: Investigation Past Experience and Place Attachment", *Proceedings of the 2003 Northeastern Recreation Research Symposium*, (2003) 320–325.

[3] Korpela, K. M., Klemettilä, T. & Hietanen, J. K. (2002), "Evidence for Rapid Affective Evaluation of Environmental Scenes", *Environment and Behavior*, 34, 634–650.

[4] Morgan, P. (2010), "Towards a Developmental Theory of Place Attachment", *Journal of Environmental Psychology*, 30(1), 11–22.

[5] Hay, B. (1998), "Sense of Place in Developmental Context", *Journal of Environmental Psychology*, 18, 5–29.

[6] 池丽萍：《从"空间"到"地方"：女性青少年依恋的社会微环境研究》，载《首都师范大学学报》（社会科学版），2011（1），73—77。

[7] Hartig, T., "Guest Editor's Introduction", *Environment and Behavior*, 2001（33）, 475–479.

有两种感受：平静、反思，其中前者是抑制消极情绪、产生积极情绪的反映，后者则是认知反应恢复的表现。[1] Mayfield 最近的研究也发现个体依恋的地方具有恢复心理能量的作用。[2]

在环境心理学的研究中，Ulrich 和 Kaplan 曾提出专门的理论来解释环境的情绪启动和注意恢复功能。[3] Ulrich 的心理进化理论认为当个体面临压力时可能出现消极情绪、短期生理变化或行为失常。[4] 而在某些环境中，如中等复杂、存在视觉焦点、包含植物和水的自然环境中，个体注意力容易被吸引，从而阻断消极想法，抑制消极情绪，激发积极情绪，并且使受到干扰而失调的生理运行恢复平衡。当积极情绪被充分激发后，原本低落的认知或行为能力就随之恢复了。Kaplan 的注意恢复理论指出，"集中注意"是人们保持认知清晰、维持日常生活的必要条件，而集中注意机制需忽略所有潜在的分心物，所以消耗心理能量较多、极易疲劳。[5] 但是，在宜人的自然环境中，集中注意可以得到很好恢复。虽然两个理论的强调点各有不同，但是它们都一致认为环境的这些独特心理功能源于个体与自然环境的视觉接触。因此，有关环境恢复功能的实验研究大都采用视觉呈现环境图片的方式，如让被试观看不同类型的环境图片。[6]

虽然呈现环境刺激的方式类似，但考察环境对个体情绪和注意的影响时

---

[1] Scannell, L. & Gifford, R. (2010), "Deflning Place Attachment: A Tripartite Organizing Framework", *Journal of Environmental Psychology*, 30, 1–10.

[2] Mayfield, M. (2011), A Place Just Right: Effects of Place Attachment on Preference for Restorative Environments, Unpublished Award Winning Psychology Papers, Macalester College.

[3] 苏谦、辛自强：《恢复性环境研究：理论、方法与进展》，载《心理科学进展》，18(1)，177–184。

[4] Ulrich, R. S. (1983), "Aesthetic and Affective Response to Natural Environment", *Human Bbehavior and Environment: Advances in Theory and Research*, 6, 85–125.

[5] Kaplan, S. (1995), "The Restorative Benefits of Nature: Toward an Integrative Framework", *Journal of Environmental Psychology*, 15, 169–182.

[6] Hietanen, J. K., Klemettilä, T., Kettunen, J. E. & Korpela, K. M. (2007), "What is a Nice Smile Like that doing in a Place Like This? Automatic Affective Responses to Environments Influence the Recognition of Facial Expressions", *Psychological Research*, 71, 539–552.

通常采用不同的实验范式。环境的情绪启动功能的相关研究一般采用情绪启动范式。[1]该范式先呈现不同类型的环境图片给两组被试，启动相应情绪，然后要求被试判断随后呈现的面部表情（通常使用高兴和厌恶两种表情代表积极和消极情绪），以检验图片启动了哪类情绪。考察环境的注意恢复功能时，通常采用前后测的实验设计。[2]事先将被试分成两组，两组各自完成一个注意任务，然后呈现不同类型环境图片、视频或让被试处于真实环境中，之后再完成一个注意任务。实验结果比较两组被试在后测注意任务上的反应时和准确率。目前，两种研究范式已被广泛应用于检验环境对个体心理机能影响的实证研究中。

研究者们采用上述实验范式开展的多数研究都是比较自然环境和城市环境对个体情绪和注意的影响。通常自然环境被看做积极刺激，能够增加个体积极情绪；而城市环境激发积极情绪的能力则较差，有时甚至会增加消极情绪。[3][4]但也有研究得到不一致的结果，如 Hietanen 和 Korpela 的研究只发现城市环境能增加消极情绪，却未发现自然环境能增加积极情绪。[5]本研究关注环境是否能激发积极情绪，抑制消极情绪，因此只涉及了有可能增加积极情绪的自然环境图片，并与中性的几何图形图片进行对比。

有关环境对个体注意影响的研究结果较一致地支持自然环境具备注意恢复功能。例如，Berto 的研究发现被试更偏好观看恢复性图片（如自然环境图片），

---

[1] Fazio, R. H. (2001), "On the Automatic Activation of Associated Evaluations: An Overview", *Cognition and Emotion*, 15, 115–141.

[2] Berto, R. (2005), "Exposure to Restorative Environments Helps Restore Attentional Capacity", *Journal of Environmental Psychology*, 25, 249–259.

[3] Hietanen, J. K., Klemettilä, T., Kettunen, J. E. & Korpela, K. M. (2007), What is a Nice Smile Like that doing in a Place Like This? Automatic Affective Responses to Environments Influence the Recognition of Facial Expressions, *Psychological Research*, 71, 539–552.

[4] Korpela, K. M., Klemettilä, T. & Hietanen, J. K. (2002), "Evidence for Rapid Affective Evaluation of Environmental Scenes", *Environment and Behavior*, 34, 634–650.

[5] Hietanen, J. K. & Korpela, K. M. (2004), "Do both Negative and Positive Environmental Scenes Elicit Rapid Processing?" *Environment and Behavior*, 36, 558–577.

且观看这些图片后在注意任务上的反应时短于观看之前;而观看非恢复性环境图片后的反应时与观看之前并没有显著差异。[①] Hartig 等人的研究发现,被试在自然环境中散步后在注意任务上的表现变好。[②]

综上所述,前人曾经发现并描述过青少年依恋环境的情绪启动和注意恢复功能,但并未用实验范式系统展示这些功能。环境心理学考察环境的恢复作用时,仅强调环境的客观特征,如自然环境或城市环境,而不考虑环境与人的关系。即这些研究只回答"自然环境是否有助注意恢复或激发积极情绪",而不回答"个体对自然环境的依恋程度是否影响环境恢复和启动功能的发挥"。我们认为同样的环境对个体的影响可能因为它与个体是否存在情感联系而表现不同,那些寄托个体情感、产生地方依恋的环境恢复性更强、更能激发积极情绪。因此,本研究将选择对某自然环境依恋程度不同的个体为被试,通过两个实验分别考察这个环境的情绪启动和注意恢复功能。

2 实验 1 青少年依恋环境的情绪启动功能

以往研究表明自然环境能激发个体积极情绪,抑制消极情绪,而几何图形对被试的情绪反应没有影响。[③]因此,在实验 1 中将被试区分为实验组和控制组,实验组被试观看自然环境图片,控制组被试观看几何图形。实验 1 假设:实验组中的低依恋被试对厌恶表情的反应快于高依恋被试,对高兴表情的反应慢于高依恋被试;控制组高依恋和低依恋被试对两种表情的反应时没有显著差异;各组被试对两种表情的判断准确率也不存在显著差异。

[①] Berto, R. (2005), "Exposure to Restorative Environments Helps Restore Attentional Capacity", *Journal of Environmental Psychology*, 25, 249–259.

[②] Hartig, T., Evans, G. W., Jammer, L.D., Davis, D.S. & Garling, T. (2003), "Tracking Restoration in Natural and Urban Field Settings", *Journal of Environmental Psychology*, 23, 109–123.

[③] Hietanen, J. K., Klemettilä, T., Kettunen, J. E. & Korpela, K. M. (2007), What is a Nice Smile Like That doing in a Place Like This? Automatic Affective Responses to Environments Influence the Recognition of Facial Expressions, *Psychological Research*, 71, 539–552.

2.1 方法

2.1.1 初测材料

采用 William 和 Vaske[①] 的地方依恋量表中文版[②] 测量青少年对特定环境的依恋水平。该量表包括 12 个项目，样题如"我觉得这个地方已经成为我生命的一部分"。量表采用 5 点评分，其中 1 表示"强烈不同意"，5 表示"强烈同意"，在该量表上的得分越高，表示被试对所评价环境的依恋程度越高。在本研究中，该量表的内部一致性信度为 0.88。研究中要求被试对其生活地区中有代表性的自然环境——沙滩，进行依恋程度的评价。该环境以海景为主，青山绿水，风景秀丽，是当地人从小经常会去的地方之一。本研究的被试有可能对该环境产生依恋。

2.1.2 被试筛选与分组

研究邀请 160 名浙江省某中学初一年级青少年（平均年龄为 12.15，标准差为 1.11；83 名男生，77 名女生）参加地方依恋量表的初测，从中选取对自然环境依恋得分居于前 27% 和后 27% 的作为实验研究的正式被试，分别称为高依恋组和低依恋组。其中，高依恋组由 26 名男生和 22 名女生组成，低依恋组包括 24 名男生和 24 名女生，共计 96 人。然后，分别将高依恋和低依恋被试分为奇偶数组，奇数组为实验组，偶数组为控制组。实验组被试在实验 1 中将被安排观看自然环境图片（初测中的沙滩图片），而控制组则观看几何图形。进入正式实验前，确认所有被试身体健康，视力或矫正视力正常。

---

① Williams, D. R. & Vaske, J. J. (2003), "The Measurement of Place Attachment: Validity and Generalizability of a Psychometric Approach", *Forest Science*, 49, 831–840.
② 池丽萍、苏谦：《青少年的地方依恋：测量工具及应用》，载《中国健康心理学杂志》，（2011）19（12），1523—1525。

2.1.3 实验设计

采用 2×2×2 的混合实验设计,实验的自变量包括两个被试间变量:地方依恋水平(高依恋/低依恋)和呈现图片类型(自然环境图片/几何图形图片),另有一个被试内变量:目标面部表情(高兴和厌恶两种表情);因变量为被试对目标表情作出反应的正确率和反应时。

2.1.4 实验材料

实验呈现两类图片:启动刺激图片和目标刺激图片。其中,启动刺激图片包括 8 张自然环境(即初测中的沙滩)图片,均为同一季节白天拍摄的照片;还包括彩色几何图形图片 8 张。目标刺激图片是人类的面部表情,共 8 张图片。图片中的表情呈现者是 2 男 2 女,每个呈现者都做出 1 个高兴和 1 个厌恶的面部表情,这些面部表情图片选自《中国化面孔情绪图片系统》。[①] 因为实验要求被试对高兴或厌恶的表情作出按键反应,所以图片呈现顺序进行了左右手平衡。由于这些图片的来源不同,因此对图片的大小进行调整,启动刺激的像素为 300×300,目标刺激的像素大小为 260×300。

2.1.5 实验程序

采用 E-prime 软件编程,电脑屏幕呈现刺激。具体程序如下:(1)屏幕中心出现一个注视点"+",呈现 1000ms;(2)间隔 250ms 后,屏幕中心呈现自然环境或几何图形图片 150ms;(3)图片消失再间隔 150ms,屏幕中心出现面部表情图片,被试判断面孔表示厌恶还是高兴,按键反应后画面消失,并直接进入下一轮第(1)步呈现,如此循环,共进行 80 轮试验。每轮试验的第(2)步中,为实验组(包括高依恋实验组和低依恋实验组)被试呈现的图片为自然环境图片,而控制组(包括高依恋控制组和低依恋控制组)被试

---

① 白露、马慧、黄宇霞、罗跃嘉:《中国情绪图片系统的编制》,载《中国心理卫生杂志》,(2005)19,719—722。

看到的是几何图形图片。在每轮试验中，启动刺激（自然环境或几何图形图片）出现和目标刺激（表情图片）出现的时间间距严格控制为 300ms，因为以往有研究发现在这个时间间隔上能够稳定地观察到启动效应。[1][2]

在第一轮正式试验开始前有 10 次练习，对被试反应正确与否给予反馈，且练习实验中的启动刺激（即自然环境图片）与正式试验中的启动刺激是不同的，以避免练习效应。整个实验过程中，被试始终注视屏幕中心。

2.2 结果

首先，采用 Hietanen 等人的数据筛选标准筛选并剔除极端数据（包括反应时短于 100ms 和长于 1000ms 的被试数据，以及反应正确率低于平均正确率减 2 个标准差的数据），[3][4] 最终得到有效被试 62 人，其中低依恋实验组 17 人，低依恋控制组 12 人，高依恋实验组 14 人，高依恋控制组 19 人。然后，以地方依恋水平和图片类型为自变量，采用多元方差分析考察被试对高兴和厌恶两种情绪的判断正确率和反应时。针对各因素的检验结果显示依恋水平的主效应显著，$F(4, 55) = 2.56$，$p < 0.05$；图片类型的主效应不显著，$F(4, 55) = 1.76$，$p > 0.05$；依恋水平和图片类型的交互作用显著，$F(4, 55) = 4.38$，$p < 0.01$。这说明地方依恋水平及依恋水平和图片类型的交互作用会影响被试对高兴、厌恶两种情绪的判断正确率和反应时。随后的被试间效应检验提示自变量的影响主要体现在对厌恶表情的反应时上：依恋水平的主效应显著，F

---

[1] Hietanen, J. K. & Korpela, K. M. (2004), "Do both Negative and Positive Environmental Scenes Elicit Rapid Processing?" *Environment and Behavior*, 36, 558–577.

[2] Hietanen, J. K., Klemettilä, T., Kettunen, J. E. & Korpela, K. M. (2007), What is a Nice Smile Like that doing in a Place Like this? Automatic Affective Responses to Environments Influence the Recognition of Facial Expressions, *Psychological Research*, 71, 539–552.

[3] Hietanen, J. K. & Korpela, K. M. (2004), "Do both Negative and Positive Environmental Scenes Elicit Rapid Processing?" *Environment and Behavior*, 36, 558–577.

[4] Hietanen, J. K., Klemettilä, T., Kettunen, J. E. & Korpela, K. M. (2007), What is a Nice Smile Like that doing in a Place Like this? Automatic Affective Responses to Environments Influence the Recognition of Facial Expressions, *Psychological Research*, 71, 539–552.

（1，58）= 10.67，$p < 0.01$；图片类型的主效应不显著，$F(1, 58) = 2.32$，$p > 0.05$；依恋水平和图片类型的交互作用显著，$F(1, 58) = 4.90$，$p < 0.05$。

为考察依恋水平和图片类型的交互作用，以测试中的实验组别为自变量，以厌恶的反应时为因变量进行单因素方差分析。结果显示，各组得分的差异达到显著水平，$F(3, 58) = 6.55$，$p < 0.01$。事后检验结果表明：低依恋实验组被试反应时最短，其反应时得分显著低于其他三组，$ps < 0.05$；其他三组间的反应时差异均未达到显著水平。四组被试在高兴和厌恶情绪的反应正确率、反应时等变量上的得分情况见表1。这说明无论被试对环境的依恋水平高还是低，在观看自然环境图片后，激发积极情绪的程度没有显著差异，环境图片没有启动积极情绪；但是，观看了低依恋的环境图片启动了被试的消极情绪。此外，不论在哪种条件下，被试对两种表情的反应正确率都较高，且经检验不存在显著差异，这保证了实验数据的可靠性。

表1 不同实验组别被试在两种表情反应上的正确率和反应时（$M \pm SD$）

实验组别	高兴的正确率	高兴的反应时	厌恶的正确率	厌恶的反应时
低依恋实验组	0.92 ± 0.11	602.60 ± 156.60	0.92 ± 0.06	559.17 ± 73.25
低依恋控制组	0.86 ± 0.20	549.26 ± 82.87	0.83 ± 0.25	640.43 ± 47.05
高依恋实验组	0.92 ± 0.11	624.08 ± 128.43	0.90 ± 0.10	678.31 ± 135.51
高依恋控制组	0.91 ± 0.07	654.42 ± 139.50	0.91 ± 0.06	663.32 ± 59.23

2.3 讨论

实验1发现，被试地方依恋水平和呈现图片的类型之间存在交互作用，在交互作用检验中，实验分组对两种表情的反应正确率都较高，且不存在差异。这可能与实验任务较简单有关。其他情绪启动研究也主要关注反应时的差异而非正确率，并将正确率作为筛选被试、保证实验数据质量的标准之一。[1][2][3]
实验还发现无论被试对环境的依恋水平如何，在观看自然环境图片后激发积极情绪的程度没有显著差异，环境图片没有启动积极情绪；但是，低依恋的环境启动了被试的消极情绪。这一结果与 Hietanen 和 Korpela 的研究结果类似[4]：只发现了自然环境对消极情绪的影响，而未发现其对积极情绪的影响；但不同的是 Hietanen 和 Korpela 的研究发现环境减少了消极情绪，本研究却显示环境启动了消极情绪。这一结果说明如下两个问题：第一，并非所有自然环境都是积极情境，能激发积极情绪。本研究中，实验所选自然环境对依恋水平较低的被试来说并非积极情境，更可能是消极刺激。自然环境是积极还是消极刺激，应因人而异，个体对该类环境具有的依恋水平能帮助我们区分该环境对他的情绪启动作用。这也正是本研究将地方依恋概念引入环境的情绪启动功能研究中的意义所在。这可能也部分解释了以往研究中自然环境未能启动和促进积极情绪的矛盾结果。[5]第二，地方依恋具有特异性，即对某个地方或环境的依恋并不能迁移到其他情景或环境中。例如，在本实验中，无论被试对自然环境依恋程度高还是低，他们观看几何图形后对消极情绪的反应时没有显著差异，且得分十分相近。

---

[1] Hietanen, J. K., Klemettilä, T., Kettunen, J. E. & Korpela, K. M. (2007), What is a Nice Smile Like that doing in a Place Like this? Automatic Affective Responses to Environments Influence the Recognition of Facial Expressions, *Psychological Research*, 71, 539–552.

[2] Hietanen, J. K. & Korpela, K. M. (2004), "Do both Negative and Positive Environmental Scenes Elicit Rapid Processing?" *Environment and Behavior*, 36, 558–577.

[3] Korpela, K. M., Klemettil, T. & Hietanen, J. K. (2002), "Evidence for Rapid Affective Evaluation of Environmental Scenes", *Environment and Behavior*, 34, 634–650.

[4] Hietanen, J. K. & Korpela, K. M. (2004), "Do both Negative and Positive Environmental Scenes Elicit Rapid Processing?" *Environment and Behavior*, 36, 558–577.

[5] Hietanen, J. K. & Korpela, K. M. (2004), "Do both Negative and Positive Environmental Scenes Elicit Rapid Processing?" *Environment and Behavior*, 36, 558–577.

3 实验2 青少年依恋环境的注意恢复功能

实验2主要考察对环境的依恋水平是否会影响环境的注意恢复功能。以往研究发现，当个体处于恢复性高的环境（如自然环境）中时，注意恢复得快，而在恢复性低的环境中注意恢复得慢。那么，当个体对恢复性高的环境依恋水平不同时，注意的恢复会有怎样的变化呢？是否对某自然环境的高依恋能促进注意恢复；而对该环境依恋水平低，环境的注意恢复功能就差，或者不表现出恢复功能。本实验假设：在观看图片之前，四组被试的注意任务反应时和正确率没有显著差异；高依恋实验组观看自然环境图片后在注意任务上的反应时和正确率都优于低依恋实验组，而观看几何图形后高依恋和低依恋被试注意后测成绩没有差异。

3.1 方法

3.1.1 被试

同实验1的96个被试，仍根据其对自然环境的依恋水平及在实验2中观看图片的不同被分为高依恋实验组、高依恋控制组、低依恋实验组和低依恋控制组。

3.1.2 实验设计

采用前后测设计，四组被试的前后测注意任务均一致，其中两个实验组（包括高依恋和低依恋实验组）在注意任务间隙观看自然环境图片，而两个控制组（高依恋和低依恋控制组）在注意任务间隙观看几何图形图片。因变量为被试前后测注意任务的反应时和正确率。

3.1.3 实验材料

采用注意研究中常用的持续性注意反应测验（Sustained Attention to

Response Test，SART）第 10 版[①]作为实验材料。该测验为一套数字图片，包括 216 个从 1 到 9 的数字。其中数字 3 被设定为目标数字，整套测验中共包括 24 个数字 3；其他数字为非目标刺激。被试在非目标刺激出现时需按键，而在目标刺激出现时不需按键。注意任务间隙观看的图片共 40 张，其中 20 张为自然环境图片，另 20 张为几何图形图片，两种图片和实验 1 相似。

3.1.4 实验程序

整个实验采用 E-prime 软件编程，电脑屏幕呈现刺激，实验过程可分为五个阶段：（1）前测的练习阶段、（2）正式前测阶段、（3）观看图片阶段、（4）后测的练习阶段、（5）正式后测阶段。前后测的练习阶段和正式施测阶段所做的都是 SART 任务。具体实验流程如下：首先，屏幕中心出现一个注视点"+"，呈现 1000ms；然后呈现数字，数字呈现的时间为 500ms。如果呈现数字为"3"，被试不作反应，数字在 500ms 后会消失并自动转到下一轮试验；如果呈现的是除"3"以外的其他数字，被试按"空格键"作出反应，若未作出反应，500ms 后数字也消失并自动转到下一轮试验中，实验一共包括 216 轮。此外，正式测验前的练习阶段会有 9 轮伴有反馈的试验，以确保被试了解和掌握实验要求。

在前后测任务之间，向实验组被试呈现自然环境图片，向控制组呈现几何图形图片。图片呈现的方式是，先呈现注视点"+"1000ms，然后连续呈现图片，每个图片呈现 5000ms，总共呈现 20 张。图片呈现过程中，被试无需作出反应，图片都会自动跳转切换，被试只需欣赏图片即可。

[①] Berto, R. (2005), "Exposure to Restorative Environments Helps Restore Attentional Capacity", *Journal of Environmental Psychology*, 25, 249–259.

3.2 结果

首先，参考以往研究的数据筛选标准，[1][2]剔除注意任务中反应时短于100ms和长于1000ms，及反应正确率低于平均数以下2个标准差的被试数据，得到有效被试57人，其中低依恋实验组16人，低依恋控制组10人，高依恋实验组16人，高依恋控制组15人。然后，以地方依恋水平和图片类型为自变量，采用多元方差分析考察被试在注意任务前、后测的正确率和反应时，检验结果显示依恋水平和图片类型的主效应均显著，$F(4, 50) = 3.38$，$F(4, 50) = 2.82$，$ps < 0.05$，两变量的交互作用不显著，$F(4, 50) = 1.12$，$p > 0.05$。被试间效应检验提示自变量的影响主要体现在后测任务反应时上，$\eta^2 = 0.28$。以地方依恋水平和图片类型为自变量、后测任务反应时为因变量，同时将前测反应时作为协变量进行方差分析，结果表明前测反应时和图片类型的主效应不显著，$F(1, 52) = 0.86$，$F(1, 52) = 2.02$，$ps > 0.05$；而依恋水平主效应和两自变量的交互作用均达到显著水平，$F(1, 52) = 9.65$，$F(1, 52) = 4.35$，$ps < 0.05$。

为进一步检验依恋水平和图片类型的交互作用，以实验组别（高依恋实验组、低依恋实验组、高依恋控制组、低依恋控制组）为自变量、后测反应时为因变量进行单因素方差分析，结果表明四组被试在注意任务的后测反应时上存在显著差异，$F(3, 53) = 6.84$，$p < 0.01$。事后检验结果发现，差异主要表现在高依恋实验组被试的反应时显著地小于其他三组被试，其他三组被试反应时得分差异不显著。这说明对自然环境依恋水平较高的被试观看该环境图片后，其执行注意任务的速度快于其他被试。表2呈现了四组被试在注意任务前、后测任务上的正确率和反应时的描述统计结果。

---

[1] Hietanen, J. K. & Korpela, K. M. (2004), "Do both Negative and Positive Environmental Scenes Elicit Rapid Processing?" *Environment and Behavior*, 36, 558–577.

[2] Hietanen, J. K., Klemettilä, T., Kettunen, J. E. & Korpela, K. M. (2007), What is a Nice Smile Like that doing in a Place Like this? Automatic Affective Responses to Environments Influence the Recognition of Facial Expressions, *Psychological Research*, 71, 539–552.

表 2　不同实验组别在注意任务前、后测上的正确率和反应时（$M \pm SD$）

实验组别	前测正确率	前测反应时	后测正确率	后测反应时
低依恋实验组	0.77 ± 0.08	315.24 ± 66.87	0.81 ± 0.07	371.90 ± 75.65
低依恋控制组	0.78 ± 0.05	350.50 ± 52.04	0.79 ± 0.04	366.81 ± 69.90
高依恋实验组	0.80 ± 0.07	295.64 ± 58.24	0.80 ± 0.06	277.62 ± 49.04
高依恋控制组	0.80 ± 0.06	341.28 ± 48.86	0.80 ± 0.06	347.20 ± 63.70

3.3 讨论

实验 2 发现，被试地方依恋水平和图片类型两自变量的交互作用显著，共同影响了被试注意后测任务的反应时，对前测反应时及前后测正确率没有影响。单因素方差分析结果表明高依恋实验组被试观看环境图片后，反应时显著短于其他三组被试。下面从两个方面讨论上述结果：第一，观看自然环境图片后被试注意任务成绩提高，而观看几何图形并没有带来注意表现的显著改善。这一结果支持 Kaplan 的注意恢复理论，[1] 与以往研究也一致，[2] 即几何图形因不具备自然环境拥有的迷人、容易识别等特征，所以不能帮助人们恢复心理能量。第二，同样观看了自然环境图片，对这一环境依恋水平较高的被试注意任务成绩好于那些对该环境依恋程度低的被试，这说明地方依恋会影响自然环境恢复功能的发挥。注意恢复理论不能解释这一结果，但是有关游憩心理学的研究却曾得到过类似的结论，即人们报告在他们喜欢的地方能够体会到平静，能对很多事情进行反思。[3] Mayfield 的研究也指出个体在

---

[1] Kaplan, S. (1995), "The Restorative Benefits of Nature: Toward an Integrative Framework", *Journal of Environmental Psychology*, 15, 169–182.

[2] Berto, R. (2005), "Exposure to Restorative Environments Helps Restore Attentional Capacity", *Journal of Environmental Psychology*, 25, 249–259.

[3] Scannell, L. & Gifford, R. (2010), "Defining Place Attachment: A Tripartite Organizing Framework", *Journal of Environmental Psychology*, 30, 1–10.

自己依恋程度高的环境中能够充分放松，集中注意可以得到休息，因此该环境表现出较好的恢复功能；而在低依恋的环境中这种注意恢复不容易出现。[1]可见，环境对注意的恢复功能只有在个体对环境持积极情绪和接纳态度的情况下才能发挥作用，而并非Kaplan所说的任何优美的自然环境都具有恢复性。这提示我们自然环境对注意的恢复功能可能因人而异。

4 综合讨论

本研究的两个实验均发现自然环境图片对被试情绪启动和集中注意的恢复都受被试对该环境的依恋水平的影响。这意味着自然环境是否具有恢复性、其恢复作用的大小受地方依恋水平的影响。所以，本研究结果为Korpela等人[2]的"依恋的地方具有恢复功能"观点提供了少有的实验支持，同时也在一定程度上补充、修正了Ulrich[3]的心理进化理论和Kaplan[4]的注意恢复理论。这些理论及其相应实证研究[5][6]只强调环境特征——如自然环境和城市环境的对比、环境中绿地面积大小等——对个体心理机能或状态的影响，而未考虑人与环境的关系。本研究发现只有那些个体依恋的环境才具有注意恢复和情绪启动作用，被试依恋程度低的自然环境不仅不具有恢复性，甚至可能

---

[1] Mayfield, M. (2011), "A Place Just Right: Effects of Place Attachment on Preference for Restorative Environments", *Unpublished Award Winning Psychology Papers*, Macalester College.

[2] Korpela, K. M., Hartig, T., Kaiser, F. & Fuhrer, U. (2001), "Restorative Experience and Self Regulation in Favorite Places", *Environment and Behavior*, 33, 572–589.

[3] Urich, R. S. (1983), "Aesthetic and Affective Response to Natural Environment", *Human Behavior and Environment: Advances in Theory and Research*, 6, 85–125.

[4] Kaplan, S. (1995), "The Restorative Benefits of Nature: Toward an Integrative Framework", *Journal of Environmental Psychology*, 15, 169–182.

[5] Fazio, R. H. (2001), "On the Automatic Activation of Associated Evaluations: An Overview", *Cognition and Emotion*, 15, 115–141.

[6] Korpela, K. M., Klemettilä, T. & Hietanen, J. K. (2002), "Evidence for Rapid Affective Evaluation of Environmental Scenes", *Environment and Behavior*, 34, 634–650.

被看做消极情境，启动被试的消极情绪，不利于心理资源的恢复。这提示我们，在旧城改造和景观设计中，除了拆旧建新、营造优美宜人的自然景观之外，还应贯彻"以人为本"的思想，重视保留、培养人和环境之间的情感联系，一个承载了美好回忆和积极情感的地方才可能是有利于个体心理健康的恢复性环境。

本研究还存在一些不足需要改进。例如，本研究实验1的结果并没有支持高依恋环境启动积极情绪、抑制消极情绪的假设。这可能与实验中图片呈现时间长短有关。本研究的图片呈现时间低于 Berto[①] 研究中的15分钟，较短的图片呈现时间可能会影响被试对环境图片的视觉加工和想象，从而削弱了环境图片的情绪启动功能。此外，若能在实验前诱发被试的消极情绪，或者通过设置实验条件使被试处于心理资源匮乏状态，则能更好地检测出依恋程度对环境恢复功能的影响。

5 结论

本研究主要得到如下结论：

（1）青少年地方依恋水平与图片类型在影响其对厌恶情绪的反应时上存在交互作用，低依恋实验组对厌恶的反应时短于高依恋实验组和两个控制组，后三组间的反应时无差异。

（2）青少年地方依恋水平影响自然环境注意恢复作用的发挥，高依恋实验组被试在观看自然环境图片后在注意后测任务上的反应时显著短于低依恋实验组和两个观看几何图形图片的控制组。

---

① Berto, R. (2005), "Exposure to Restorative Environments Helps Restore Attentional Capacity", *Journal of Environmental Psychology*, 25, 249–259.

环境群体性事件中的公众心理需求分析

王政[①]

从近年来环境群体性事件的发生、发展情况看,公众心理在环境群体性事件中有着不可低估的影响力。本文在界定环境群体性事件定义、分类、特征的基础上,以心理需求的角度为环境群体性事件研究的切入点,探讨了环境群体性事件发生的心理形成机理,从而为提高政府对环境群体性事件的应对能力和政府的环境治理能力奠定基础。

1 环境群体性事件的概念与分类

群体性事件是"由人民内部矛盾引发、群众认为自身权益受到侵害,通过非法聚集、围堵等方式,向有关机关或单位表达意愿、提出要求等事件及其酝酿、形成过程中的串联、聚集等活动"[②]。一般认为,环境群体性事件是指因环境问题而引发的群体性事件。[③] 环境群体性事件的发生呈逐年上升的趋势,已成为影响政治稳定、经济发展、社会和谐的重大问题。从原因上讲,环境群体性事件主要有两种类型,一类是因群体认为受环境污染而利益受损,在维权过程中其诉求没有得到有效及时回应,其合法权益和要求没有得到满

[①] 王政,中国环境管理干部学院法学副教授,西北政法大学法律硕士,研究方向:环境资源法。
[②] 孙元明:《群体性事件概念阐疑、类型解读及其学科发展方向展望》,载《重庆社会主义学院学报》,2013,4: 87—88。
[③] 余光辉等:《环境群体性事件的解决对策》,载《环境保护》,2010,19: 29—30。

足，而产生的集体行动，在集体行动过程中往往会出现矛盾激化，情绪发泄从而危害公共安全和扰乱社会秩序的情形，这种环境群体性事件可以称之为维权泄愤型环境群体性事件，以浙江东阳环境群体性事件为代表。另一类环境群体性事件是指居民或周边单位因担心建设项目对身体健康、环境质量和资产价值等带来不利后果，而采取的强烈和坚决的、有时高度情绪化的集体反对，甚至抗争行为，此类环境群体性事件可以称之为邻避冲突型环境群体性事件，以一系列 PX 事件为代表。环境群体性事件既有环境利益与经济利益博弈的结构性根源，又有社会转型期利益冲突的社会根源，妥善预防和处置环境群体性事件是对政府应对能力、执政能力的重大考验。

2 环境群体性事件中公众的安全需求

中国正处于工业化中后期和城镇化快速发展的阶段，发达国家两百年间逐步出现的环境问题在中国集中显现，呈现明显的结构型、压缩型、复合型特点，环境总体恶化的趋势没有根本改变，而污染对公众生命健康的损害已经得到了进一步的科学证实。世界卫生组织的国际癌症研究中心 2013 年 10 月 17 日发布了一份题为《室外空气污染是癌症死亡的主要环境原因》的报告。报告称，由世界顶尖科学家组成的团队在经过全面研究后发现，有足够的证据表明，长期暴露在被污染的室外空气中会导致肺癌，此外空气污染还与膀胱癌患病的增加有直接关联。[①]空气污染是真正具有典型性的公共卫生问题之一：空气属于每一个人，没有任何一个人拥有私人空气，据统计，2010 年全世界共有 22.3 万人死于空气污染导致的肺癌。同时，中国疾病控制与预防中心专家团队经过 8 年研究，首次直接证明了癌症高发与水污染的关系。在《淮河流域水环境与消化道肿瘤死亡图集》一书中，有水质数据与肿瘤死亡数据

---

① 世卫组织：《室外空气污染是癌症死亡主要环境原因》，新华网：http://news.xinhuanet.com/yzyd/tech/2013，2013 年 10 月 19 日。

比对，沿河区域与远离河流区域的数据比对等。数据显示，2010年，宿州埇桥区恶性肿瘤死亡人数2150人，沈丘死亡1724人。这个死亡率比全国恶性肿瘤平均死亡率高1倍，与同区域的对照区相比，高达四五倍。《图集》一书证明，企业排放的污水进入河道，污水中的汞、铅、镉等各种化学元素长期渗入地下，造成当地人的癌症高发和高死亡率。世界卫生组织公布的资料表明，因饮用受污染的水，全世界每年有3500万人患心血管疾病、7000万人患胆结石、9000万人患肝炎病，3000万人死于肝癌、胃癌，500万5岁以上的儿童丧生。①

面对如此严峻的环境形势，环境安全已成为最基本的个人需求和公共需求。在环境总体恶化的趋势尚未根本改变的情况下，随着对环境风险和恐惧的加剧，公众对环境安全的需要日益突出，环境安全已成为人们生存和发展的前提和保障。对环境安全的需求首先是一种个人需求，但随着环境风险的日益加剧和恐惧的不断增强，环境危机的因素已严重威胁到人类的生存和发展，对环境安全的需求遂成为公共需求，环境安全成为公众的"社会概念"。无法预料的环境风险后果使整个社会存在深度不安全感，对环境安全的焦虑已成为环境群体性事件的动力和燃点。

3 环境群体性事件中公众的利益需求

利益是社会生活的基础，也是社会生活中唯一的、普遍起作用的社会发展动力和社会矛盾根源，一切错综复杂的社会现象都可以从利益那里得到解释。②利益需求的分析是依据利益原则揭示出人们社会生活背后的利益动因，找出利益关系所赖以表现出来的生产关系，然后从这种利益动因和利益关系

---

① 戚晓鹏等：《淮河流域上消化道肿瘤与环境污染的模型分析》，载《地球信息科学学报》，2012, 14 (4)：433—436。

② 王伟光：《利益论》，人民出版社2001年版，第11页。

出发来说明各种社会关系和社会历史现象。[1]只有分析清楚环境群体性事件中公众（包括直接利益相关者和非直接利益相关者）的利益需求，才能有效地调整政府应对环境群体性事件的传播策略。

在维权泄愤型环境群体性事件中，直接利益相关者的基本利益需求是希望其因污染所受到的损失能够得到赔偿和补偿，但是也存在通过环境污染救济的利益诉求来谋求其他利益的情况，比如因为土地纠纷、债务纠纷、个人恩怨、同行竞争或其他矛盾所引发利益冲突，利益矛盾呈现多元化的形势，对于此种情况，必须先摸清事情的根源和解决矛盾纠纷的利益点，才能找出应对的最优策略。

在邻避冲突型环境群体性事件中，利益诉求与利益纠葛更加复杂。以宁波PX项目事件为例，事件前期以南洪村等项目周边村民要求将村庄拆迁、反映情况为主；后期则以城区居民反对PX项目建设为主。开始村民并非因反对PX项目而聚集，而是由于村庄未能纳入整体搬迁计划。在区里同意拆迁后，他们"已经不闹了"。事件转折点出现在镇海区政府发布炼化一体化项目说明后，"PX"这个敏感词刺激了居民的情绪。[2]另外，环保部文件显示，四川什邡宏达钼铜项目是灾后重建项目，环保部要求排污总量不能增加，大企业进驻后，当地原有的几十家小化工企业就需要关闭，而在启东，排海工程也影响了房地产商的销售，这几十家小企业和房地产商的利益诉求也在群体性事件中起到了重要作用。

目前一个重要的趋势就是环境群体性事件往往裹挟着各种利益诉求，环境群体性事件经常会成为"最近的宣泄口"，遭到反对的建设项目实质上牵扯到征地拆迁、渔业受损等诸多复杂利益，而环保最终充当了各种利益诉求的集中爆发点。[3]

---

[1] 王伟光：《利益论》，人民出版社2001年版，第127页。
[2] 《利益or环保：宁波镇海反PX事件始末》，凤凰周刊：http://www.ifengweekly.com/，2012—11—09。
[3] 冯洁、汪韬：《"开窗"求解环境群体性事件》，载《南方周末》，2012—11—29（6）。

4 环境群体性事件中公众的信息需求

信息需求是指人们从事各种实践活动中为解决问题而产生的对信息的不足感和求足感。在环境群体性事件的发生和发展过程中，充满着不确定性，这种不确定性又极易引发公众的恐慌心理，使得与事件相关的各种信息成为公众的渴求目标。这种信息渴求表现为两大特征：一是对于获知重大环境危机信息的迫不及待性（及时性），渴望知道有关重大环境危机事件的信息越早越好，渴望及早知道重大环境危机事件是何时发生的，何地发生的，如何发生的，危害有多大，会如何发展，个人和家庭应该如何采取紧急应对和防范措施等等，以便及早做到心中有数、有所防范，尽量减少自身生命财产的威胁和损失、开展自防自救。二是对于获知重大环境危机事件信息的如饥似渴性（充分性），渴望知道有关环境危机事件的信息越多越好、越充分越好、越全面越好，渴望知道政府采取了哪些应对措施，这些措施是否到位、得力、及时等等。[①]

5 环境群体性事件中公众的正当性需求

正当性概念起源于政治社会学，包含两个层面，其一是理性层面，即正当性表现为符合某种规范或客观标准；其二是经验层面，即正当性表现为得到社会的普遍认同和尊重。正当性的这两个层面有时会有矛盾，理性层面赋予正当性以"真理"的地位，但它可能沦为统治者的主观臆断；经验层面则通过诉诸"多数同意"来解释正当性，但多数不代表必然正确（尽管通常来说，它有接近正确的最大可能性），但真理可能掌握在少数人手里。[②] 在维权泄愤

---

① 杨魁、刘晓程：《政府·媒体·公众：突发事件信息传播应急机制研究》，中国社会科学出版社 2010 年版，第 51—52 页。

② 刘杨：《正当性与合法性概念辨析》，载《法制与社会发展》，2008，3：12—15。

型环境群体性事件中,直接利益相关者的正当性需求最初体现在理性层面,即要求维护其环境权益,但随着谣言的盛行和怨恨的增加,以及情绪的群体感染与行为的群体模仿,最后极易脱离正当性需求而演化为骚乱事件。在邻避冲突型环境群体性事件中,正当性需求显得更为复杂,邻避冲突一般是因公众反对邻避设施(污染设施或公众认为有污染威胁的设施)的选址与建设而发起的有计划、有组织的活动,它最大的特点便是对峙性,对峙双方为了顺利实施行动或者阻止行动的实施,都会利用各种路径、策略建构自己目标的正当性。但由于双方考虑问题的视角不同,而经验层面的正当性又不像理性层面的正当性那样具有确定性、稳定性、可操作性,而是具有高度的复杂性、可论辩性和不确定性,这就使得对峙双方的正当性建构更为复杂。[①]

6 结论

环境群体性事件中公众的心理需求是复杂的,针对环境群体性事件中公众的不同心理需求,政府必须调试自身的认识,建立新型的环境安全观,提升治理能力,建立利益共享的补偿机制,推进信息公开的服务型政府建设,最终构建新型环境治理模式。

---

① 曾庆香、李蔚:《群体性事件:信息传播与政府应对》,中国书籍出版社2010年版,第123—127页。

让教室环境更美好：复愈性教室环境研究

张帆[①] 吴建平[②]

1 引言

学生在课堂上需要高度集中注意力，这很容易造成身心疲劳的状态。好在一些特定环境可以减少心理疲劳，使人重新获得在适应外界环境过程中被损耗的生理、心理和社会功能，这种环境被称为"复愈性环境"或"恢复性环境"（restorative environments）。[③] 因此创设有复愈性的教室环境对于改善学生疲劳状态有十分重要的意义。本研究的目的就是探究什么样的教室环境有良好的复愈性，为改善学校环境提供参考建议。

1.1 环境复愈性的特征和测量

Kaplan 夫妇提出了"注意力恢复理论"（attention recovery theory, ART），界定了复愈性环境所具有的四个特征：远离（being away, BA）、吸引（fascination, FA）、丰富性（extent, EX）、兼容性（capability, CA）。[④] 远离是强调复愈环境与日常环境的区别，它并不一定是物理距离的拉长，但是能够让个体产生

[①] 张帆，北京师范大学发展心理研究所硕士研究生。
[②] 吴建平，北京林业大学人文社会科学学院心理学系副教授，研究方向：社会心理、环境心理。
[③] 苏谦、辛自强：《恢复性环境研究：理论、方法与进展》，载《心理科学进展》，2010 年第 18 卷第 1 期，第 177—184 页。
[④] Kaplan, R. and Kaplan, S., *The Experience of Nature: A Psychological Perspective*, New York: Cambridge University Press, 1989, pp. 180–199.

远离日常环境和纷扰的感觉；吸引指环境对人的吸引力，在复愈性环境中人们对事物的注意是自发产生的；丰富性指环境中各元素的关联一致，给人提供了更大的想象空间；兼容性则指人的需求与环境特点的匹配，彼此间相互适应。在复愈性环境中，个体将有效恢复衰退的能力，体验到深层的修复，清除思虑中的"噪音"，恢复注意力，增进对重要事物的反思能力。[1]

许多研究试图根据 Kaplan 的 ART 理论编制复愈性环境量表，目前被使用最为广泛的是 Korapela 和 Haritig 编制的复愈性感受量表（Perceived restorative scale, PRS）。[2]此外 Laumann 等人编制了五个维度的复愈性环境量表（其中远离分为两个维度）；[3]Hozog 等还编制了每个维度涉及单一题目的量表。[4]中国学者也编制了中文版的复愈性环境量表，[5]量表共包括 22 道题目，采用七点计分的方法，研究显示其具有良好的信度和区分效度，但是探索性因素分析显示，这份量表分为三个维度，吸引和兼容性被合并为一个维度，且丰富性的划分可能是由于这一维度的题目全部为负面表述。探索性因素分析属于数据驱动的分析方法，通过统计反映量表的结构；而现有的环境复愈性量表都是从 ART 理论出发编制的，更应该采用理论驱动的方法分析其结构效度。因此本研究采用验证性因素（confirmatory factor analysis, CFA）分析方法，重新检验中文版复愈性环境量表的结构效度，从而为量表的结构效度提供更好的证据。同时本研究试图用这一量表探究什么样的教室环境复愈性最好，适

---

[1] 赵欢、吴建平：《复愈性环境的理论与评估研究》，载《中国健康心理学杂志》，2009 年第 18 卷第 1 期，第 117—121 页。

[2] Korpela, K. and Haritig, T., "Restorative of Qualities Offavoriteplaces", *Journal of Environmental Psychology*, Vol.16, No.3, September 1996, pp. 221–233.

[3] Laumann, K., Garling, T., Stormark, K. M., "Rating Scale Measures of Restorative Components of Environments", *Journal of Environmental Psychology*, Vol.21, No.1, March 2001, pp. 31–44.

[4] Herzog, T. R., Colleen, P. M., Nebel, M. B., "Assessing the Restorative Components of Environments", *Journal of Environmental Psychology*, Vol.23, No.2, June 2003, pp. 159–170.

[5] 叶柳红、张帆、吴建平：《复愈性环境量表的编制》，载《中国健康心理学杂志》，2010 年第 18 卷第 12 期，第 1515—1518 页。

合学生的学习。

1.2 自然环境的复愈性

已经有大量的研究证明,接触或者仅仅是观看自然景观可以提供注意资源的恢复。如 Crimprich 和 Ronis 对经历乳腺癌手术的女性进行了研究,结果显示相比对照组,那些每周与自然环境相接触 2 小时的被试有更好的直接注意能力。[1]Tennessen 和 Crimprich 的研究发现住在有更多自然景观的宿舍中的大学生会有更好的注意能力。[2]还有研究显示仅仅通过观看自然环境的图片就可以带来注意力的改善。[3]

许多研究也试图运用复愈性环境量表的测量结果证明自然环境比其他环境有更好的复愈性。如 Korapela 和 Haritig 利用 PRS 测量发现大学生对自然环境的复愈性评分高于城市和室内环境;[4]还有研究者测量了大学生对想象或视频中的自然环境、城市环境的复愈性评价,结果前者得分更高。[5]Felsten 在互联网上向被试呈现无自然景观的房间图片、从窗户可以看到自然景观的房间图片、有大幅自然景观以及水景图片房间的图片,并让被试评价哪个房间复愈性更好,结果复愈性得分最高的是有水景图片的房间,最低的是没有任何自然景观的房间。[6]本研究设计同 Felsten 的研究相似,但不同的是现场向

---

[1] Cimprich, B. and Ronis, D. L., "An Environmental Intervention to Restore Attention in Women with Newly Diagnosed Breast Cancer", *Cancer Nursing*, Vol.26, No.4, August 2003, pp. 284–292.

[2] Tennessen, C. M. and Cimprich, B.,"Views to Nature: Effects on Attention", *Journal of Environmental Psychology*, Vol.26, No.1, March 1995, pp. 77–85.

[3] Berto, R., "Exposure to Restorative Environment Helps Restoreattentional Capacity", *Journal of Environmental Psychology*,Vol.25, No.3, September 2005, pp. 249–259.

[4] Korpela, K. and Haritig, T., "Restorative of Qualities Offavorite Places", *Journal of Environmental Psychology*,Vol.16, No.3, September 1996, pp. 221–233.

[5] Herzog, T. R., Colleen, P. M., Nebel, M. B., "Assessing the Restorative Components of Environments", *Journal of Environmental Psychology*, Vol.23, No.2, June 2003, pp. 159–170.

[6] Felsten, G.,"Where to Take a Study Break on the College Campus: Attention Restoration Theory Perspective", *Journal of Environmental Psychology*, Vol.29, No.1, March 2009, pp. 160–167.

被试呈现含自然元素与人工景观的图片让被试对其复愈性进行评价。

1.3 室内植物提高人为环境的复愈性

关于室内植物能够为人类提供的心理福祉，目前的研究涉及了不同的研究和测量方法、不同的理论解释角度，还没有比较一致的结果。[1]其中一些研究涉及 ART 理论，如 Shibata 和 Suzuki 的研究显示在休息期间，室内植物可以减缓注意疲劳；[2]另一项研究安排实验组被试在一间有植物的办公室中完成认知测试，而对照组则在相同的、没有植物的房间中完成同样的测试。测试分三次进行：被试刚刚进入实验环境中、完成 15 分钟的校对任务后、五分钟的休息后。结果表明只有在室内植物中完成测试的被试在后两次测试中认知成绩有了显著提升。[3]目前还没有研究直接测量有室内植物的环境与没有植物的室内环境的复愈性差异，因此本研究将有室内植物的环境引入，对比其复愈性得分与其他环境的差异。

2 方法

2.1 被试和材料

被试为北京一所高校的 78 名大学生。评价对象是四张不同的教室环境图片，图片均以 PowerPoint 幻灯片的形式呈现，均清晰、分辨力良好。第一张

---

[1] Bringslimark, T., Hartig, T., Patil, G. G., "The Psychological Benefits of Indoor Plants: A Critical Reviews of the Experimental Literature", *Journal of Environmental Psychology*, Vol.29, No.1, December 2009, pp. 422–433.

[2] Shibata, S. and Suzuki, N., "Effects of Indoor Foliage Plants on Subjects' Recovery from Mental Fatigue", *North American Journal of Psychology*, Vol.3, No.3, December 2001, pp. 385–396.

[3] Raanaas, R. K., Evensen K. H., Rich D., et al., "Benefits of Indoor Plants on Attention Capacity in an Office Setting", *Journal of Environmental Psychology*, Vol.31, No.1, March 2011, pp. 99–105.

图片为普通教室；第二张为同一教室，但在教室的一面墙上有一张森林风景的挂图（以下简称森林）；第三张为同一教室，但在教室的窗台上有植物（以下简称植物）；第四张为同一教室，但在教室的一面墙上有一张有水景的挂图（以下简称水景）。本实验所使用的所有教室图片均在被试上课的教室中拍摄，带有自然景观的照片是在原照片基础上通过电脑合成完成的。

被试看图后对图片环境的复愈性进行评价。本研究所用量表为中文版环境复愈性量表。由于很多研究者认为环境复愈性与环境偏好相关，[1]因此本研究在复愈性量表的最后，加上了一道询问被试偏好的题目："我喜欢这里"，并让被试进行七点评分，增加这道题的目的是验证复愈性与环境偏好的关系。

本研究量表分两次发放，第一次被试评价第一、二张图片所示环境的复愈性，第二次被试评价后两张图片中环境的复愈性。共发放量表290份，回收246份，有效率为84.83%。

2.2 过程

被试上完上午第三节课后，注意力已经有比较大的消耗，对环境的复愈性有更大的需求，因此当被试第三节下课后立即向其发放量表，同时投影上展示不同教室的图片，要求他们对其进行评价。考虑到被试疲劳可能会影响其对于分数的评定，因此四个环境分两次进行评价，相隔时间为一周。主试指导被试想象置身于图片所示的环境当中，然后再进行评价。

2.3 统计方法

采用 LISREL 8.7 和 SPSS 16.0 统计软件进行数据分析。

---

[1] Korpela, K. and Haritig, T., "Restorative of Qualities of Favorite Places", *Journal of Environmental Psychology*, Vol.16, No.3, September 1996, pp. 221–233.

3 结果

3.1 量表的信效度分析

采用 CFA 的方法分析数据。首先根据前人文献采用探索性因素分析得到的结果，按照三个维度对数据进行分析。发现第 20 题在 EX 维度上的载荷并不显著，且第 20 题的题总相关不显著。因此删除第 20 题后重新进行分析，并根据输出的修正指出添加符合理论假设的残差间相关，结果发现添加了 10 组残差相关后模型的 CFI、NFI、IFI 等拟合指数都大于 0.9，达到可以接受的水平，但 RMSEA 指数为 0.092，还是高于 0.08 的临界水平，且此时模型已经比较复杂，不适合再增加参数。因此需要进一步改变模型结构进行分析，按照 ART 理论和量表理论设计，量表的 22 道题目应分为 4 个维度。其中 1—5 题属于远离维度（简称 BA），6—11 题属吸引维度（简称 FA），12—17 题属于兼容维度（简称 CA），18—22 题属于丰富维度（简称 EX）。按照这样的维度划分对数据进行拟合，结果删除第 20 题后（原因同上），四维度模型的各拟合指数都达到了可以接受的水平（见表 1），模型的结构图如图 1 所示，各题目在对应维度上的载荷均显著，四个维度之间彼此相关。笔者认为四维度的量表结构与 ART 理论更加契合，量表的结构效度更好。因此此后的分析均不含第 20 题，并按照四个维度的结构划分进行。量表的总体信度（Cronbach's α）为 0.94。

表 1 量表结构总体拟合指标

拟合指标	x^2	df	x^2/df	p	RMSEA	CFI	NFI	IFI
数值	392.91	178	2.21	0.00	0.072	0.98	0.96	0.98

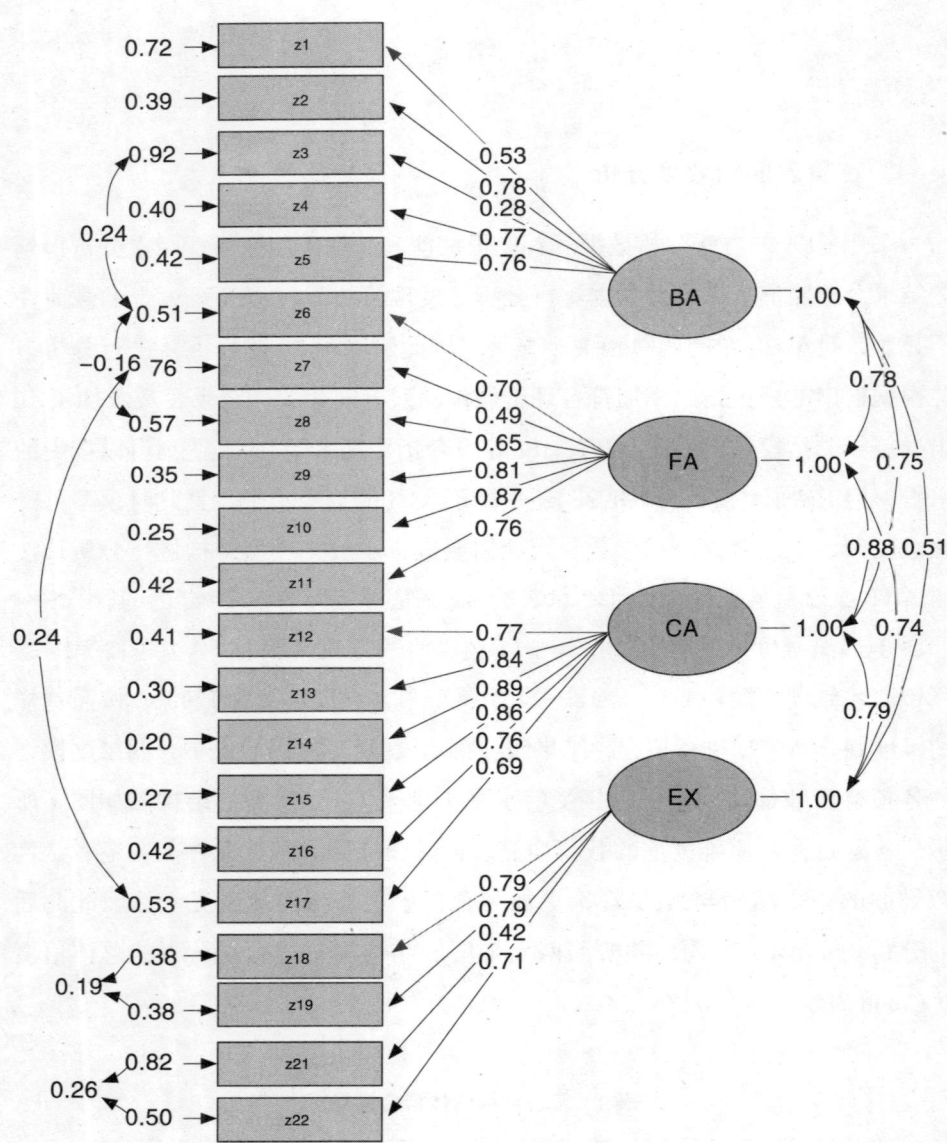

图 1　表的结构图

注：BA——远离，FA——吸引，CA——兼容，EX——丰富

3.2 不同环境的复愈性得分比较

从量表总分上来看,有森林图片的教室得分最高,其次是有水景图片、有植物的和普通的教室。重复测量方差分析显示被试对不同的图片的复愈性评分存在显著差异,$F(3,252)=27.35$,$p<0.01$,其中总分最高的为有森林图片的教室;而普通的、无任何景观的教室的复愈性最低。进一步进行编码比较各场景下得分的差异,发现森林景观与水景的复愈性得分差异不显著,其他两组合差异均显著,尤其值得注意的是有植物的教室复愈性得分显著高于普通教室($p<0.05$)。

从各维度的得分来看,有森林图片教室在各维度得分上均最高,而普通教室得分均为最低,重复测量方差分析表明,不同环境的四个维度得分间的差异性都显著($p<0.01$)。通过编码进行进一步分析发现普通教室和植物的差异在吸引和丰富两个维度达到显著水平($p<0.05$),而森林与水景的差异只在兼容维度达到显著水平($p<0.05$)。

表 2　不同教室环境复愈性得分平均数和标准差(按总分高低顺序排列)

维度	远离 M	SD	吸引 M	SD	兼容 M	SD	丰富 M	SD	总分	SD
森林	21.19	5.24	28.81	6.54	27.69	8.46	21.86	4.23	99.91	21.00
水景	20.88	5.92	26.79	8.21	24.31	9.46	20.32	5.04	93.46	24.57
植物	15.91	4.64	23.21	6.39	21.69	6.69	18.58	4.63	79.33	19.08
普通教室	15.40	4.85	20.06	5.18	19.42	7.22	16.38	4.59	71.20	16.14

3.3 偏好与复愈性的关系

相关分析显示环境偏好与复愈性总分之间存在显著的高相关($r=0.83$,$p<0.01$),且偏好的结果与复愈性相同,仍然是有森林图片的教室偏好的平均分最高,普通教室得分最低(结果见表3)。重复测量方差分析显示不同教室环境之间的差异显著,进一步的编码分析显示森林与水景的差异不显著,但普通教室和有植物的教室偏好得分差异显著($p<0.01$)。

表3 不同教室环境偏好得分平均数和标准差

	M	SD
森林	4.96	1.77
水景	4.72	1.86
植物	4.22	1.30
普通教室	3.32	1.48

4 讨论

4.1 利用验证性因素分析证明了量表结构效度良好

本研究证明了中文版环境复愈性量表信效度良好，尤其是通过验证性因素分析的方法验证了量表可分为四个维度，与 ART 理论的四个维度相对应。相比于原来三个维度的研究结果，四个维度的量表结构与 ART 理论更相符，从而进一步验证了量表的结构效度。本研究结果之所以与前人结果不同，是因为引入了 CFA 方法，而非前人所用的探索性因素分析。CFA 最大的优势在于理论驱动，研究者首先根据先前的理论和已有的知识，经过推论和假设，形成关于一组变量之间关系的模型，然后进行数据拟合。研究目的在于从理论假设出发，检验理论与数据是否相符，从而检验和发展理论，[①] 弥补了 EFA 纯数据驱动的不足。

另外在本研究中，第20题被删除，第20题的表述为"这个景观包含的事物过多"，而其他题目的表述多包涵"我"作为主语，与第20题的表述有很大区别。研究发现第20题的题总相关没有达到显著水平，此外，第20题

[①] 胡中锋、莫雷：《论因素分析方法的整合》，载《心理科学》，2002年第25卷第4期，第474—475页。

在丰富维度上的载荷不显著，与其他维度载荷的修正指数也不显著。因此，本研究删除第20题，也建议以后的研究中将第20题删除，保持总21题，吸引、兼容维度各6题，远离维度5题，丰富维度4题，这种比较平衡的问卷结构。

4.2 自然元素提高教室环境的复愈性

本研究通过让被试对四种不同的环境图片进行评分，再次证明自然元素可以提高环境的复愈性。其中有自然元素（森林、水景、植物）存在的教室比普通教室有更好的复愈效果。Felsten 的研究发现有水存在的环境相比其他环境更有复愈性，[1] 而本研究则发现被试对于有水景的教室的复愈性评分略低于有森林图片的教室，但差异并不显著。本研究与前人结果不一的来源可能是采用图片不同。Felsten 选择的是海边和瀑布的水景图，而本研究中所使用的图片则来自峡谷湖泊，这些图片给人的放松和恢复的感受是不同的，可能是本实验与前人研究差异的来源；此外前人的研究都没有对得分的差异进行显著性检验，不能肯定水景的复愈性显著优于其他环境。本研究还发现森林与水景的差异只在兼容维度达到显著水平，这可能是因为对注意力疲劳的学生来说，森林环境更能满足他们的需要，这进一步解释了森林环境高于水景环境的原因。

对于室内植物的复愈性作用，本研究发现普通教室和有植物的教室的复愈性得分差异集中于吸引和丰富两个维度。结合 ART 理论对这两个维度的解释，这个结果说明植物能够使人产生自发注意，激起学生更多的联想，这从环境复愈性的角度解释了前人关于室内植物能够提高认知测试成绩的研究结果[2]。不过有研究者指出，植物的存在可以促进创造性任务的完成，但是对一

---

[1] Felsten, G., "Where to Take a Study Break on the College Campus: Attention Restoration Theory Perspective", *Journal of Environmental Psychology*, Vol.29, No.1, March 2009, pp. 160–167.

[2] Raanaas, R. K., Evensen, K. H., Rich, D., et al., "Benefits of Indoor Plants on Attention Capacity in an Office Setting", *Journal of Environmental Psychology*, Vol.31, No.1, March 2011, pp. 99–105.

些更加要求注意力耗费的任务，植物的存在却使人分心。[①]因此对于教室环境中植物的引入还需要小心，注意植物数量和丰富性不能过高，否则植物的存在反而成为学生们分心的来源。

4.3 复愈性与环境偏好有强相关

本研究结果：被试对不同环境偏好与复愈性的得分排序完全一致，且偏好与复愈性之间的相关系数达到 0.80 以上的强相关，再次说明了二者的密切关系。前人关于二者关系的研究并没有涉及室内植物的情景，而本研究中有室内植物的教室其复愈性得分与偏好得分间的相关达到 0.82（$p<0.01$），说明在这种环境中被试的偏好和复愈性之间仍然存在着较强的关系。Purcell 等人的研究发现偏好与复愈性得分情况是一致的，他们认为这种一致性的原因是被试将景观的复愈性作为偏好评价的参考框架；[②]还有研究者认为复愈性可以作为不同环境的不同偏好程度的中介因素。[③]未来可进一步用结构方程模型等方法对二者关系进行更好的探讨。

总之，在本研究中被试所评价的教室环境即是被试每天上课的教室，因而具有很高的生态效度和实践价值。研究结果显示，将自然元素引入教室将有助于提高教室的复愈性，学校不妨采取张贴自然环境的图片、适度摆放盆栽等手段让教室环境更美好。

[①] Shibata, S. and Suzuki, N., "Effects of the Foliage Plant on Task Performance and Mood", *Journal of Environmental Psychology*, Vol.22, No.3, September 2002, pp. 265–272.

[②] Purcell, T., Peron, E., Berto, R., "Why do Preferences Differ Between Scene Types?" *Environment and Behavior*, Vol.33, No.1, January 2001, pp. 93–106.

[③] Hartig, T. and Staats, H., "The Need for Psfcological Restoration as a Determinnant of Environment Preference", *Journal of Environmental Psychology*, Vol.26, No.3, September 2006, pp. 215–226.

5 结论

（1）中文环境复愈性量表信效度良好，可分为与ART四个维度对应的四个维度。

（2）自然元素能提高教室环境的复愈性，其中复愈性最高的是有森林图片的环境，其次是水景、室内植物环境，最差的是普通教室。

（3）环境复愈性和环境偏好有强相关。

大学生教室座位偏好的环境心理研究

张丽敏[①]

1 前言

　　学习环境对大多数人来说并不陌生，美国学者曾统计过，一个人从幼儿园到完成 12 年教育，平均需要在学校度过大约 14000 个小时，更何况还要加上现在的大学教育，由此可见，青少年大部分时间是在学校度过的，对学习环境的研究显得尤为重要。提到学习环境，最密不可分的应该就是教室环境，教室环境的物理特征主要表现在光线、色彩、地面的软硬度等方面，不同的物理特征下对学生的影响是不同的。

　　自 17 世纪初实行班级授课制开始，把座位排成平行的"秧田式"的座位编排方式便沿袭下来，成为教室布局的一个特点。许多年来，教育者和教育心理学家一直对座位与学生学习成绩之间的关系感兴趣。1921 年，C. R. Griffith 对学生的分数与座位间的关系进行了探讨，结果发现在教室居中位置的学生倾向得高分，随着座位离中心的偏远，学生的分数逐渐下降，形成一明显的倾斜曲线。[②] 1970 年亚当斯（Adans）等人又提出传统秧田式座位模式中存在"行动区"，处于行动区内的学生成绩更优，在团体中的地位更高。[③] 1973 年贝克尔在加利福尼亚大学研究发现，学生的位置与他的学业成绩有极

[①] 张丽敏，北京林业大学心理系硕士研究生，研究方向：生态与文化心理。
[②] 俞国良：《环境心理学》，人民教育出版社 2000 年版。
[③] 朱平平：《视线接触和教育公平》，载《我国中小学教育》，1987 年第 5 期。

大的相关,坐在前排和中间的学生学业成绩更好,学习的积极性和主动性也都更高。[1]我国宋秋前等对中小学生的研究证实了我国学生在秧田式座位模式下优生更多集中在教室中部而非前部。[2]黄培森的研究还发现大学生在人际关系、受欢迎程度和活动参与性格等方面自我评价高的学生趋向于选择教室的前部和中部。[3]汪洋(2010)通过实证研究发现,学生对座位选择的行为模式能准确反映出学生对教学方式的满意程度,学生的座位位置相对较为固定,当对教学满意度产生显著变化后,学生会调整座位位置反映出内心感受。[4]

座位作为一种环境在影响着学生的心理行为,纵观对学生座位的研究,偏向于对结果的相关研究,较少涉及在当前大学生可以自由选择座位的情况下作出选择的心理因素。环境心理学主要研究环境和心理的相互关系,即应用心理学方法联系并分析人类的经验、活动与其社会、环境各方面的相互作用和影响,揭示各种环境条件下人的心理活动特点与发展规律。针对这些,本研究将从环境与生态心理学的角度来探讨大学生座位选择偏好渗透着的心理因素。痕迹测量法是指研究者不是直接观察被观察者的行为,而是通过一定的途径来了解他们的痕迹和行为。周末对于大学生而言是可以自由支配的时间,但由于各自面对的选择不同,因此对时间的支配方式也迥然不同,准备考研、出国的大学生等将把周末的时间都贡献在学习上,为了解周末教室自习时的座位偏好,我们选择了通过观察教室内垃圾的分布及数量来推测大学生周末教室自习状况的座位偏好及楼层偏好,并通过访谈法来验证。

---

[1] 邓金·培格曼:《最新国际教师百科全书》,学苑出版社1989年版。
[2] 宋秋前:《座位和课堂学习的初步调查研究》,载《教育科学》,1999年第4期。
[3] 黄培森:《大学生座位选择与学习的初步研究》,载《成都中医药大学学报》(教育科学版),2007年第12期,第32—33页。
[4] 汪洋:《高校课堂座位选择行为的教学评价功能》,载《安庆师范学院学报》,2010年第9期,第84—86页。

2 研究方法

2.1 痕迹测量法

2.1.1 研究对象
北京林业大学周末第一教学楼教室（22个）垃圾痕迹

2.1.2 研究材料
自编观察教室垃圾分布及数量的记录表。每个教室以学生面朝黑板方向为参照分为9个方位，即左前、左中、左后、中前、正中、中后、右前、右中、右后，一般均为左靠窗，右靠门，观察每个座位上是否有垃圾，只要有垃圾便记1分。

2.1.3 研究设计
双因素混合设计，自变量1为教室楼层，自变量2为座位方位，因变量为垃圾量。

2.2 访谈法

2.2.1 研究对象
对北京林业大学4名本科生进行较深度的半结构访谈。

2.2.2 访谈程序
告知被访谈人员此项研究的目的、保密性原则，获得研究支持。每次访谈时间为半小时左右。征求同意后现场录音，并对访谈进行简要记录。

2.2.3 资料整理与分析

资料的整理：访谈结束后，及时将录音转化成文字稿，包括受访者的言语内容和非言语内容。再结合笔记线索进行检查，以防遗漏信息。

资料的分析：通过对文稿的反复阅读，利用扎根理论中的编码程序进行逐级编码。通过对资料不断归纳与浓缩，最终形成一个理论的框架。

3 结果

3.1 痕迹测量结果

表1 不同楼层及座位方位垃圾痕迹的描述性统计

楼层	N	左前	左中	左后	中前	正中	中后	右前	右中	右后
1	5	1.00	2.00	2.80	1.00	1.00	1.20	1.60	2.00	2.60
2	2	1.00	1.00	1.00	0.50	1.00	0.50	1.00	2.50	2.50
3	8	0.38	0.00	0.38	0.13	0.00	0.25	1.63	0.75	1.25
4	7	0.29	0.14	0.29	0.14	0.14	0.57	0.57	0.71	1.43

从上表描述性统计表中可以发现，楼层越低，垃圾痕迹越多；左后和右后方位的垃圾痕迹多于其他方位。

表2 不同楼层及座位方位垃圾痕迹的差异性检验

源	III型平方和	df	均方	F
方位	38.101	8	4.763	5.667***
楼层	50.414	3	16.805	19.996***

从表中可以看出,不同楼层不同座位方位上的"垃圾量"的检验统计量F的观察值小于0.05,可以认为在不同楼层和座位方位下的垃圾量存在显著差异,即不同楼层的座位和座位方位都对学生选择座位有影响。

表3 不同座位方位垃圾量的事后检验

方位	N	子集		
		1	2	3
中前	22	0.36		
正中	22	0.36		
左前	22	0.55	0.55	
中后	22	0.59	0.59	
左中	22	0.59	0.59	
左后	22	0.95	0.95	
右中	22	1.18	1.18	1.18
右前	22		1.23	1.23
右后	22			1.73
Sig.		0.053	0.140	0.122

从表中可以看出，垃圾量右后＞右前＞右中＞左后＞左中＞中后＞左前＞正中＞中前。前后方位相比，后面的选择多，左右方位相比，右面多于左边多于中间。

表 4 不同楼层教室垃圾量的事后检验

楼层	N	子集		
		1	2	3
4	63	0.48		
3	72	0.53		
2	18		1.22	
1	45			1.69
Sig.		0.809	1.000	1.000

从表 4 可以看出，楼层越低，垃圾量越多。

3.2 访谈结果分析

3.2.1 环境认知与教室选择

环境认知是指人对环境刺激的储存、加工、理解以及重新组合，从而识别和理解环境的过程。[1]环境认知影响着大学生对教室及教室方位的选择，托儿曼提到过认知地图这一概念，其实大学生也会对教室形成一个认知地图，不仅包括事件的简单顺序，而且包括方向、距离，甚至时间关系的信息。有访谈者谈到，其实经常就是直接就去了某个教室某个座位，谈不上有什么偏好，好像是已经习惯了这样。研究者认为这是环境知觉在起作用，是否去过那个

---

[1] 俞国良：《环境心理学》，人民教育出版社 2000 年版。

环境,对环境的熟悉程度,决定于刺激是否醒目,因为在这些情景中搜寻环境的意义格外重要。访谈者提到的习惯坐在某个座位,或者看到男生或女生集中于坐在什么方位,自己也会根据这些来选择。另外自习时比较喜欢靠窗的位置,特别是窗外有树等绿色环境时,很吸引人;但上课时,考虑到看清老师讲课的课件有时也会选择靠近幻灯片的前面位置。

个体对教室潜在环境的认知也起着作用,而所谓的潜在环境即指环境中的声音、温度、气味和照明等非视觉部分所构成的环境。访谈者中有女生提到喜欢低楼层的教室,因为不用爬楼,很方便,特别是上课时尤其讨厌高楼层,心里很着急,但楼梯上人又拥挤,想快都不行。还有访谈对象谈到低楼层的自习同学多,有人吵闹的话会引起其他同学不满,因此会自觉地也投入进去。不过,有访谈对象也谈到喜欢去高层人少的教室自习,我想这个可能是由于人格差异而每个人对环境的认知不同。和痕迹测量结果相似的结果是大家也都偏好于靠窗的位置,因为光线好,而事实上研究也表明较明亮的光线会使个体处于较高的激发状态。

3.2.2 大学生对个人空间的需求

仔细观察人的空间行为,会发现人与人之间总保持着一定距离,人好似被包围在一个气泡之中。这个神秘的气泡随身体的移动而移动,当这个气泡受到侵犯或者干扰时,人们会显得焦虑和不安,这个气泡就是心理上个人所需要的最小空间范围,萨姆(R. Sommer)把这个气泡称为"个人空间圈"。

在个人空间需求的公共性上面,主要体现在上课时,访谈对象谈到上课时喜欢和同学聚集在一起,这样可以和他们进行沟通和交流,不明白的知识也可以及时通过交流而得以解决,这样不但进行了信息、思想和情感沟通,而且满足了个人的心理需要。另外上课时,喜欢坐在靠前的位置,这样可以和老师有一定的交流和接触。

在个人空间需求的私密性方面,更多体现在大学生去自习时,有同学谈到,喜欢去人少的教室自习,选择前后左右三排内都没人的座位坐下,这样才会觉得具有安全感,可以随便干自己想干的事情而不被干扰,可以完全按照自己的意愿来支配自己的环境；另外有访谈对象也谈到情绪不好时会选择一个较不被注意的座位，这样可以孤独地进行自我表现，独自充分地表达情感，放松自己的情绪。

在个人空间需求的领域性方面，访谈对象谈到一般自己都有一个比较习惯的位置，如果别人占了这个座位，自己心里就会很不快，下次会早点过来控制这个"领域"。

3.2.3 拥挤

当一个人觉察到在给定的空间中有过多人时，拥挤感就出现了，研究发现影响拥挤的因素包括个体的性格、所涉及的人际关系，以及诸如温度、噪声、气味等因素，还有执行任务的环境，许多学者认为密度可能是决定人们是否感到拥挤最具有影响的因素。

一直以来拥挤被认为是一种消极的、不愉快的状态，但是对于教室环境，访谈对象却有不同的理解，在自习时，还是希望不要太拥挤的环境，这样压力很大，尤其期末时，看着每个教室自习的人都满满的，内心的一种沉重就会油然而生，所以会选一个人少的教室，不要前后左右都有人；但是对于课堂环境，访谈对象谈到还是希望有一定的拥挤感的，不然那么大的教室都没几个人去上课，自己也就没有听课的兴趣，所以需要一定的拥挤感来激发起自己的情绪和意志。

4 讨论

对于大学生的教室座位选择偏好这一现象，从环境与生态心理学的角度出发来加以分析，更多的是从心理层面及原始动机出发考虑作出这一选择的原因，是对以往研究只关注座位与学习结果的关系的结果的一种补充。

本研究采用痕迹测量法和访谈法相结合，既有定量的数据分析，同时又可以通过访谈来探讨背后的深层次原因，从研究方法上来说，是比较全面的，而定量的一些结果也从定性的分析中得以验证和解释。比如说低楼层的偏好，是由于物质方面或心理气氛的影响；喜欢靠右的位置，是由于环境知觉，因为靠近门，进出都可以比较方便。但是一些数据分析不能得出的结果也能通过个案访谈得以了解，比如说也有人偏好靠左靠窗的座位，可能是由于私密性或是物理光线和背景效应的原因等。痕迹测量主要是测自习时的教室座位选择，而访谈时则还包括上课这一情景下的选择，这样就可以使研究得以全面和深入。同时，本研究依然还存在一些不足之处，对于痕迹测量，我们选择了第一教学楼，由于时间和条件限制，也并非对所有自习的教室进行了测量，没有对楼层高教室多的第二教学楼进行测量与分析，另外访谈对象的选择及代表性可能也有限制，这样就会使结果的信效度可能存在一定的差异，这也是以后需要进一步完善之处。

对于研究结果的分析，研究者认为还应考虑研究结果的实践启示，以及环境心理学理念在教室环境的应用，对于一些特定的环境，比如说教室朝向、座位安排等我们无法改变，但是对于上课时学生的座位选择情况，教师可以适当加以分析，利用这其中的学生心理来引导学生更好地进行学习。

生态视域下的大学课堂环境创设策略研究

杨洪瑞[①]

1 前言

在教育生态学研究中，"课堂生态"是重要的研究主题。"课堂环境"是课堂生态的一部分，课堂环境对学生在学习过程中的认知、情感和行为具有重要的影响，与学生的学业效能感、学业自我概念、学习态度、学习动机满意感都有显著的关系。[②]生态视域下的课堂环境是一个由多种要素构成的复杂的整体系统，是一种动态的、生长性的、可持续发展的生态教学环境。从生态心理学的角度探讨课堂环境的创设，有助于提高教育、教学质量，培养综合素质高的人才。

目前，国内外研究多集中于学前教育和中小学阶段生态课堂的构建和监控，对于大学的生态教学研究甚少。近几年，大学校园内恶性事件时有发生，同学关系淡漠，师生关系功利化，学习自主性缺乏以及毕业生存在的求职、就业矛盾等问题都是大学教育的失败。理想的大学教育应该解放人的个性，培养人的独立精神，同时使人更乐意与他人合作，更易于与环境交互融合。大学校园内外许多问题的出现，说明大学教学更加需要生态理论观的指导。

[①] 杨洪瑞，中国人民武装警察部队学院副教授。
[②] 范春林、董奇：《课堂环境研究的现状、意义及趋势》，载《比较教育研究》，2005年第8期，第62—64页。

2 大学教学特点

2.1 教学目标专业化

专业性是大学有别于中小学教育的最根本的特征。中小学的培养目标是提高青少年的一般文化素养，教学的主要任务是传授普通科学文化知识和技能，发展青少年的智能。大学教育是一种专门教育，培养学生在某一方面的学术才能或专长，大学生则通过学习专业知识和技能成为某一领域的专门人才。

2.2 教学内容具有探索性

相对于中小学教学内容的基础与成熟性，大学教学内容更具有探索性。大学不仅把教学与科学研究相结合、相互补充，而且把科研引入到教学过程中。教师通过科研工作促进教学内容的更新与应用；学生在科研活动中学习了所需要的理论知识，并且把已知理论同研究工作紧密结合，进行积极的探索。学生通过参加科研活动，不仅知识面得到扩展，而且各方面的能力得到锻炼和加强。

2.3 教学关系相对独立

比起中学生来，随着生理上的成熟性，大学生心理发展也进入一个新阶段。大学生自我意识日渐增强，逻辑思维高度发展，辩证思维逐渐成熟，独立性、自主性、自信心等趋向稳定。相比中、小学教学，大学教学由简单的传授科学文化知识转化为对学习研究的指导与启发。大学教学内容宽泛，信息量大，教学进度快，课后作业主要以自主研究内容为主。课堂讲授时数大幅度下降，课堂讨论、实验、实践环节显著增加，师承关系弱化。教学相长，教和学共同制约着教学过程，只有当两者和谐一致、相互促进，才能获得最佳的教学效果。

2.4 教学形式实践性强

以往的大学教育是"精英的教育",培养理论型、研究型的人才。随着整个社会结构转型,当今大学已经成为大众普遍接受的教育。社会发展与知识更新加速,书本知识以外的各种社会实践技能越来越被重视,强调人才的理论应用能力和实际操作能力。本科层次教育侧重培养具有较强适应性的基层实用型人才,专业结构、课程体系设置多样化,大量应用性强的新专业、新学科出现在专业设置和课程中。纯理论性的教学内容缩减,应用性、实践性内容增多,教学形式除了传统的课堂讲授外,案例分析、分组研讨、模拟实验、社会调研以及社会实践等成为经常采用的教学方法。

3 生态视域下大学课堂环境创设策略

课堂环境是指学生或教师对所处班级或课堂的知觉或感受,是存在于课堂教学中的各种物理的、社会的及心理的因素的总和。[1]课堂环境影响教学活动的开展、教学质量和教学效果,是决定学生发展水平的潜在因素。生态视域下的课堂环境是指在平等、和谐的气氛中,师生之间彼此互助合作、交流沟通,学生的个性和情感需求得到重视,教师教学自主和学生学习自主共存,师生共同参与教学活动,双方的需求都能得到满足,双方都能得到发展的课堂环境。课堂环境包括物理环境、信息环境和心理环境三方面。[2]生态视域下的大学课堂环境应根据大学教学特点进行创设。

---

[1] 范春林、董奇:《课堂环境研究的现状、意义及趋势》,载《比较教育研究》,2005年第8期,第62—64页。

[2] 王宏霞:《有效教学的生态学思考》,载《基础教育参考》,2005年第9期。

3.1 物理环境创设

3.1.1 物理环境的构成

课堂教学的物理环境是指教学赖以进行的一切物质条件所构成的整体。物理环境是教学活动的基础,如教学场所、教具、学具、教学仪器设备、挂图、标本、模型、图书资料,以及教室的色彩、光线、温度、座位编排等。[①]

3.1.2 物理环境创设策略

教室环境设计。教室是学生学习和生活的主要场所,因此应本着协调、人性、具有教育意义和专业特色的原则进行教室环境的设计、布置,发挥潜移默化的育人功能。教室内可以张贴具有教育意义的名人字画、名言警句或者本专业领域代表人物、重大事项的宣传海报等,创办墙报、壁报,建立图书角,设立书橱报架等。

教学器材配备。大学课程尤其专业课程需要相应的仪器、设备、资料等辅助进行教学。根据专业需要,一些课程特别是一些实践实训类课程应在专属场所进行授课。教学场所内必需的设备器材应配备齐全,摆放有序,方便取用,提高教学场所的专业性和科学性。

适当的座位编排。根据课程性质灵活编排座位可以使学生充分讨论、交流与合作,促进学生积极主动地参与课堂教学活动的每一个环节,从而促进教学活动的开展。

教学氛围营造。适宜的光线和温度,合理的设备布局,教室内的墙壁、窗帘等物品的色彩协调搭配,可以让师生保持愉悦的心情、清醒的头脑,充分调动师生的多种感官参与教学活动。[②]

[①] 郭成:《论课堂教学环境及其设计的策略》,载《现代教育科学》,2003 年第 3 期。
[②] 李邦琼、冯维:《课堂生态观的研究进展》,载《基础教育》,2007 年第 3 期,第 3—5 页。

3.2 信息环境创设

3.2.1 信息环境的构成

课堂教学信息环境是关于教学活动中的知识信息、教学活动信息的来源、传递和加工状况与条件的总和。[①]在课堂教学过程中,信息的交流不断发生在师生之间、生生之间以及师生与环境之间。学生的学习并不是简单机械的被动接收过程,而是一个积极探索、主动获取知识信息的过程。教师和学生通过这种及时的信息传递和信息反馈,不断调整教学行为与学习行为,共同完成教学任务。

3.2.2 信息环境创设策略

使用现代化的教育技术和教学手段。现代教学手段特别是多媒体和网络技术的应用,可以使教学内容以多种形式呈现出来,使教学具有多样性、直观性、情境性和灵活性,激发学生学习的兴趣。

建立和谐的师生关系。和谐融洽的师生关系是生态课堂的基本特征。在良好的生态系统中,个体与环境之间关系和谐,信息流通顺畅。在生态课堂里,教师和学生之间的关系是平等和谐的,师生之间的信息相互交换,形成良性循环。

创建自主学习的情境。大学生自我意识成熟,教师应培养学生在学习中的主体意识。在设计教学任务过程中,教师要充分考虑到如何能够尽量开启学生思维引导学生实现自我构建。学生在教师引导下发现了知识的个人意义时或遭遇到理智的挑战时可以激发强烈的学习动机,努力去探究钻研未知。尤其当意识到学习任务可以凭借自身的努力去完成时,学生会不断提高学习目标,对自己有更高的期待。这种期待将产生"皮革马利翁"效应,使他们最终达成目标。在自主学习的氛围中,学生参与探索和创新,体会到学以致

---

① 李邦琼、冯维:《课堂生态观的研究进展》,载《基础教育》,2007年第3期,第3—5页。

用的自我效能感，把自己视为有能力的自律者，能够对学习的不同阶段进行计划、组织、自我指导、自我监控和自我评价。[①]

创设情境化的教学内容。知识的获得是学习者介入信息情境，根据已有的知识和经验对情境进行解构和重构，对新的信息进行同化或顺应，相互交融后才可以达到平衡，将新信息内化进入个体图式。大学实践性教学环节和教学内容较多，情境化的教学内容更符合认知规律，易于被学生接受，有助于培养实践应用型人才，符合本科教学培养目标。

3.3 心理环境创设

3.3.1 心理环境的构成

课堂心理环境指在教学活动中，能为学生觉察和感悟到的并影响学生认知、情感和学习行为的课堂教学气氛。课堂心理环境由教师、学生和课堂物理环境共同营造。

3.3.2 心理环境创设策略

3.3.2.1 塑造教师形象，树立教师威信。

首先，教师要注意提高品德修养，树立良好的教师形象。

热爱教师职业，对待工作认真负责，严谨治学，遵守职业道德，克服功利主义思想，从人格上赢得学生的尊重。

其次，教师应具有较高的专业技术水平。

当今社会，科学技术发达，知识更新迅速，大学生获取知识信息的渠道非常多，教师在知识方面的优势不再明显，甚至在某些方面还不如大学生。所以，教师必须认清形势，不断汲取新知识，更新自身知识体系，努力做到学识渊博、业务精良，在专业工作方面赢得学生的敬佩。

[①] 黄卫明、桑青松：《基于生态心理观的积极课堂环境及其创设》，载《江苏广播电视大学学报》，2007年第2期，第17—19页。

最后，教师应积极开展教学改革，激发学生的学习兴趣与动力。

根据专业培养目标研究教学方法，积极采用现代化教学技术和有利于调动学生积极性、主动性的教学方法，激发学习动机，培养学习兴趣。尊重学生学习的独立性，承认个体差异，鼓励学生大胆探索，支持、指导学生的学习活动，成为学生欢迎和爱戴的教师。

3.3.2.2 建立良好的师生关系。

教学过程是认知信息和情感信息的交流过程，是师生之间情感的交融、共鸣。以理解、信任和尊重为基础的师生关系能形成团结奋进、积极向上的课堂气氛，产生积极有效的教学效果。当学生感到被教师鼓舞和信任时，自信心增强，会激发强烈的学习热情。通过良好师生关系的感染和熏陶，有助于学生形成积极的人生态度，提升思想道德和情操水平。

3.3.2.3 教师保持积极的心态和良好的情绪状态。

课堂上，教师的言行举止在某种程度上会直接影响学生的情绪。教师情绪良好，精神振奋，热情洋溢，学生就显得轻松愉快，积极地参与课堂教学过程，课堂气氛活跃。相反，学生就会产生无所适从的压抑感、危机感和不满情绪，不能积极配合教学，使教学效果受到严重影响。教师的每一节课不可能是完全预设的或按部就班进行的，教学中的许多不确定因素决定了每一节课都应当成为教师教学技能、情绪状态与智慧的合成，成为师生的即兴创造过程。教师以饱满的热情投入教学可以刺激学生产生积极的心态和丰富的情感体验，创造出的课堂心理环境必然是愉悦和高效的。

3.3.2.4 形成良好的学习风气。

学生是学习的主体，他们的学习风气、个体心理特征及其在课堂上的行为表现无疑也影响着课堂心理环境的性质与类型。学生的行为对教师的教学行为有明显的影响。学生积极思考、主动配合，可以促进教师更好地组织教学内容和调整教学方法，从而提高教学效果。

3.3.2.5 保持舒适的课堂物理环境。

课堂物理环境是影响学生和教师情感体验的外部刺激源。良好的课堂物理环境能给师生以舒适感、安全感和愉悦感，能激发出积极的情感体验，形成乐学、乐教的心理状态。宽敞明亮的教室、优美的教室布局等，会激发学生学习的兴趣、动机，学习行为会积极主动，而单调、空洞的教室布局和不适宜的温度、光线容易诱发学生的厌烦情绪和纪律问题的出现，也可能降低学生的学习动机。

4 小结

当前，我国高等教育已经进入以提高质量为核心的内涵式发展阶段，课程教学面临诸多问题，教学方法和教学模式改革从教师灌输式教学向学生构建式学习方式转变。教育生态学强调学习者与环境的和谐、动态、生长性的关系，创设良好的教育生态环境是促进学习者可持续发展的保证。生态视域下的课堂环境创设立足于个体生命本质的自由发展、对内在精神的向往与关怀，可以促进学生的全面、和谐发展。

在京少数民族大学生城市认同与社会适应水平研究

尹佳骏[①] 吴建平[②]

1 引言

北京是我国文化、政治中心，集中了许多优质的教育资源，全国各地的考生都希望考到北京来接受高等教育，这其中当然也包括少数民族学生。再加上国家对其的高考照顾政策，使得每年都有越来越多的少数民族学生进入北京的高校学习。少数民族往往生活在经济比较落后的地区，来到北京之前，他们受本民族本地区文化强烈的熏陶，具有自己独特的思维方式和行为习惯，而来到北京后，以前的一切都将与在大学校园居于主流地位的汉族文化形成强烈的对比，这种对比必然会使少数民族学生产生种种不适。本研究希望能比较全面、系统、深层次地揭示少数民族大学生的城市认同和社会适应状况，分析其影响因素和相互关系，以此，探索出相关的教育对策，以有助于学生更好更快地适应异地文化，促进其更好地成长。

1.1 社会适应及相关研究

《心理学大辞典》对适应的界定是："指个体在生活环境中，在随环境的限制或变化而改变、调节自身的同时，又反作用于环境的一种交互互动的动态过程。个体通过这一过程达到与环境之间和谐平衡的状态。"适应可分

[①] 尹佳俊，北京林业大学心理系硕士研究生，研究方向：生态与文化心理。
[②] 吴建平，北京林业大学人文社会科学学院心理学系副教授，研究方向：社会心理，环境心理。

为几个层次：（1）感观上的适应。指视觉、味觉、嗅觉等感官接受刺激的时间延长，敏感度降低而使绝对阈限升高的现象。（2）认知结构上的适应。根据皮亚杰认知发展理论，指个体因环境限制而不断改变认知结构以求内在认知与外在环境经常保持平衡的历程。可概括为同化和顺应两种相辅相成的作用，并认为适应是儿童智慧发展的实质和原因。（3）社会的适应。指个体为排除障碍、克服困难，满足自己的需要，与环境保持和谐而改变自己的一切内在观念（如态度）和外在行为的历程。如在学习或工作初期，个体的旧习惯与新要求之间逐渐调整的历程。[①]

早期的文化适应研究是由人类学家以及社会学家进行的，讨论的通常是一个较为原始的文化群体，由于与发达文化群体接触而改变其习俗、传统和价值观等文化特征的过程。[②]

现在的研究中，提及文化适应，一般都会援引 Redfield，Linton 和 Herskovits 在 1936 年给出的定义"由个体所组成，且具有不同文化的两个群体之间，发生持续的、直接的文化接触，导致一方或双方原有文化模式发生变化的现象"。

加拿大跨文化心理学家 John W. Berry 认为，文化适应是两个或两个以上的具有不同文化的群体及其成员在相互直接的、持续的接触中所产生的文化和心理双方面的变化过程，发生改变的可能是某一群体及其成员，也可能是接触双方。同时，Berry 认为文化适应包括群体层面和个体层面两个层面。群体层面的文化适应包括社会结构、经济基础、政治组织以及文化习俗的改变，而个体层面上的文化适应包括认同、价值观、态度和行为能力的改变，即个体所经历的心理变化以及对新环境的最终适应。[③]

1.2 城市认同及相关研究

"某些地方与人之间似乎存在着一种特殊的依赖关系"是一个广泛存在

---

① 林崇德、杨治良、黄希庭主编：《心理学大词典》，上海教育出版社 2003 年版。
② 张世富：《民族心理学》，山东教育出版社 1996 年版。
③ 转引自张劲梅：《西南少数民族大学生的文化适应研究》，西南大学博士学位论文，2008 年，第 11 页。

的客观现象，①这种现象就是场所依赖的反映。场所依赖还可以定义为在人和特定场景间建立的一种积极的联系，这种联系让他们感觉舒服和安全。②

最近十多年来，人与地方相互作用产生的情感联结关系——地方依恋，一直是国外游憩地理学和环境心理学的研究热点。威廉斯等提出"地方依恋"的概念。随后，威廉斯等提出了地方依恋的理论框架，指出地方依恋由地方认同（place identity）与地方依赖（place dependence）两个维度构成，地方依赖是人与地方之间的一种功能性依恋，而地方认同是一种情感性依恋，并设计了地方依恋量表用于测量个人与户外游憩地的情感联结关系。③

对于大多数人来说家在日常生活中扮演了一个重要的角色，这个角色承载了太多的心理意义，这些意义在塑造人的认同感时具有重要的作用。这些心理意义是与家的具有象征性的特征相连的，这些特征可以唤起内心深处的安全感和舒适感。④

1.3 城市认同与社会适应的相关研究

认同是一个对社会的适应（accommodation）、融合（assimilation）和评价（evaluation）的过程，Breakwell提出了4个引导行为的认同原则：独特性（distinctiveness）、连续性（continuity）、自我尊敬（self-esteem）、自我效能（self-efficacy），构建了认同过程模型（identity process model）⑤

学生的学校认同感是指学生对所在学校的价值观、学校精神及文化传统

---

① 黄向、保继刚、Wall Geoffrey：《场所依赖：一种游憩行为的现象的研究框架》，载《旅游学刊》，2006, 21（9）: 19–24.

② Bernardo Hernandez, M. Carmen Hidalgo, M. Esther Salazar-Laplace, Stephany Hess, "Place Attachment and Place Identity in Natives and Non-natives", *Journal of Environmental Psychology*, 27(2007) 310–319.

③ D. R. Williams, M. E. Patterson, J. W. Roggenbuck, "Beyond the Commodity Metaphor: Examining Emotional and Symbolic Attachment to Place", *Leisure Science*, 1992, (14):29–46.

④ Kenny Chow, Mick Healey, "Place Attachment and Place Identity: First-year under Graduates Making the Transition from Home Touniversity", *Journal of Environmental Psychology*, 28(2008)362–372.

⑤ G. M. Breakwell, *Processes of Self-evaluation*, New York: efficacy and estrangement 1992:254.

的承认和接受并产生的归属感。认同感的养成有助于增加对学校环境的适应，积极地影响学生的自信、自尊、自我控制及责任感。[①]

学生在进入新的校园环境之后，要经历对环境的适应过程。如果学生对学校有较强的认同感，则有助于增加其对环境的适应，积极的影响其在校的生活。学校认同程度较高的学生，对学校各方面的评价更为积极，在学业上更为专注和努力，在社会活动上也更加热情和积极。[②]此外，在一些对大学生适应性的研究中，环境认同被认为是适应性的一个维度。

2 方法

2.1 被试

本研究以在北京高校就读的少数民族学生为实验组，抽取的院校有中央民族大学、北京交通大学、中国人民大学、北京林业大学。其中以中央民族大学为主，对照组为北京林业大学汉族学生。样本横跨大一到研究生阶段的学生，前期以随机调查为主，中期考核后整理数据，再对比例不平衡的被试做数据补测。少数民族被试选取中央民族大学、北京交通大学、中国人民大学、首都医科大学、北京林业大学在校学生，汉族被试选取北京林业大学学生。共发放问卷 300 份，回收 290 份，回收率 96.7%，其中有效问卷 276，有效率 85.2%。

2.2 统计运用

运用 spss18.0 软件，利用内部一致性系数考察问卷信度，利用测验内方法考察问卷结构效度，利用描述统计、回归分析、方差分析等考察社会适应与城市认同的发展状况以及其相互关系。

---

① 沈鹏:《校友示范：大学生学校认同的新路径》，载《重庆科技学院学报》，2008，2（2）：174—175。

② 丁立:《大学生学校认同及影响因素研究》，华中科技大学硕士论文，2008 年。

2.3 研究工具

社会适应选用的是华中师范大学心理系编制的青少年社会适应问卷[①]，问卷共包含五个维度，27 个项目。五个维度分别是生活适应，学习适应，人际交往适应，社会文化适应和心理适应。按照五点计分，从低到高依次是没有困难，有点困难，程度适中，比较困难，非常困难。得分越高适应越困难。

城市认同选用庄春萍、张建新所修订的 LALI 的 urban identity questionnaire[②] 居民城市认同问卷[③]，包含五个维度，20 个项目。五个维度分别是外部评价、与过去的连续性、一般依恋、知觉到的熟悉性和承诺感。

3 结果

3.1 量表的信效度分析

根据此次回收问卷的数据对两份问卷进行信效度检验。

对城市认同问卷，在信度检验中，采用内部一致性信度。其中五个维度的克朗巴赫 α 系数分别为 0.639、0.771、0.798、0.885、0.872，问卷总体系数为 0.936，除外部评价维度低于 0.7 之外，其他维度及问卷总分克朗巴赫 α 系数均在 0.7 以上。说明城市认同问卷整体信度较好。

在效度检验中，采用结构效度检验。将城市认同总分按高分组、低分组分别取 27% 排列，之后进行独立样本 t 检验，从结果中可以看出 20 个项目中有个别项目显著性不高，但是五个维度和总分的显著性都达到 0.05 水平，结果显著，问卷效度较好。

[①] 严义娟：《在内地学习的维吾尔族青少年的民族认同与社会适应》，华中师范大学硕士论文，2008 年。

[②] Lalli, *Urban-relatedidentity: Theory, Measurement and Empirical Findings*, New York: Journal of Environmental Psychology, 1992, 12:285–303.

[③] 庄春萍、张建新：《城市认同：生活幸福感和公共服务满意度的预测作用》，2010 年中国社会心理学会论文。

对社会适应问卷，在信度检验中，采用内部一致性信度。社会适应问卷的五个维度的克朗巴赫 α 系数分别为 0.741、0.699、0.715、0.844、0.756，问卷总体系数为 0.907，除学习适应维度低于 0.7 之外，其他维度及问卷总分克朗巴赫 α 系数均在 0.7 以上。说明社会适应问卷整体信度较好。

在效度检验中，采用结构效度检验。将社会适应总分按高分组、低分组分别取 27% 排列，之后进行独立样本 t 检验，从结果中可以看出 20 个项目中有个别项目显著性不高，但是五个维度和总分的显著性都达到 0.05 水平，结果显著，问卷效度较好。

3.2 少数民族大学生和汉族大学生社会适应对比研究

表 1 社会适应各维度 t 检验

		N	M	SD	t	p
生活适应	汉族大学生	130	1.4173	0.49649	13.663**	0.000
	少数民族大学生	146	2.0036	0.70628		
学习适应	汉族大学生	130	1.5212	0.43025	140202**	0.000*
	少数民族大学生	146	1.9870	0.61290		
人际适应	汉族大学生	130	1.2846	0.38407	26.564**	0.000
	少数民族大学生	146	1.8442	0.66086		
文化适应	汉族大学生	130	1.5904	0.65666	4.682	0.31
	少数民族大学生	146	1.7955	0.92904		
心理适应	汉族大学生	130	1.6292	0.62759	0.051	0.822
	少数民族大学生	146	1.8460	0.48917		
适应总分	汉族大学生	130	1.4885	0.38260	9.2**	0.003
	少数民族大学生	146	1.8460	0.48917		

注：*$p<0.05$，**$p<0.01$。

以民族为分组变量进行独立样本 t 检验，结果如表 1 所示，可以看出在五个维度中除了文化适应以及心理适应差异不显著之外，少数民族大学生和汉族大学生在其他生活适应、学习适应、人际适应维度上的得分差异都达到显著水平。

进一步将汉族大学生与少数民族大学生进行比较，结果如表 1 所示，可以发现，两者在社会适应上的差异显著。

3.3 少数民族大学生和汉族大学生城市认同状况对比研究

表 2 城市认同 t 检验

		N	M	SD	t	p
外部评价	汉族大学生	130	1.8385	0.69247	0.054	0.816
	少数民族大学生	146	2.0032	0.69310		
连续性	汉族大学生	130	2.9692	0.97846	0.0895**	0.049
	少数民族大学生	146	2.4302	0.83014		
熟悉性	汉族大学生	130	2.7308	0.92480	50115**	0.024
	少数民族大学生	146	2.3896	0.75027		
承诺	汉族大学生	130	2.5115	1.02529	2.909	0.089
	少数民族大学生	146	2.6315	0.89214		
一般依恋	汉族大学生	130	2.8692	1.05389	2.602	0.108
	少数民族大学生	146	2.2841	0.90346		
城市认同总分	汉族大学生	130	2.5838	0.77645	1.199	0.274
	少数民族大学生	146	2.3925	0.69752		

注：* $p<0.05$；** $p<0.01$。

以民族为分组变量进行独立样本 t 检验，结果如表 2 所示，可以看出在五个维度中除了与过去的连续性以及熟悉性差异显著之外，少数民族大学生和汉族大学生在其他外部评价、承诺、一般依恋上的得分差异均未达到显著水平。

进一步将汉族大学生与少数民族大学生进行比较，结果如表2所示，可以发现，两者在城市认同上的差异并不显著。

3.4 少数民族大学生城市认同和社会适应相关研究状况

表3 社会适应与城市认同各维度相关

	生活适应	学习适应	人际适应	文化适应	心理适应	适应总分
外部评价	0.245**	0.210**	0.251**	0.101	0.182**	0.268**
连续性	0.031	0.085	−.017	0.121*	0.175**	0.112
熟悉性	0.069	0.088	0.016	0.191**	0.235**	0.172**
承诺	0.168**	0.149*	0.099	0.137*	0.210**	0.211**
一般依恋	−.025	−.043	−.116	0.074	0.214**	0.033
认同总分	0.107	0.109	0.041	0.151*	0.248**	0.184**

如表3所示。将少数民族大学生社会适应与城市认同问卷得分进行相关分析，结果表明少数民族青少年社会适应与城市认同有显著相关。社会适应与城市认同总分相关系数 $r=0.184**$，表明在0.01水平上相关显著。这说明社会适应得分增高时城市认同得分也相应增高，两者的积极状态是同时出现的。进一步观察各维度相关水平可以发现两量表在各个维度上的相关水平。其中，外部评价与生活适应、学习适应、人际适应、心理适应呈显著性相关，连续性与文化适应、心理适应呈显著性相关，熟悉性与文化适应、心理适应呈显著性相关，承诺与生活适应、学习适应、文化适应、心理适应呈显著性相关，一般依恋与心理适应的相关也达到显著水平。

表 4 城市认同高低分组 t 检验

		N	M	SD	t	p
生活适应	高分组	44	1.789	0.638	0.339	0.562
	低分组	46	1.681	0.680		
学习适应	高分组	44	1.842	0.599	1.974	0.164
	低分组	46	1.676	0.486		
人际适应	高分组	44	1.517	0.653	0.869	0.354
	低分组	46	1.450	0.446		
文化适应	高分组	44	1.744	0.694	3.872**	0.048
	低分组	46	1.261	0.522		
心理适应	高分组	44	1.743	0.687	12.219**	0.001
	低分组	46	1.304	0.419		

注：* $p<0.05$；** $p<0.01$。

将少数民族城市认同按得分高低排序，将得分前后 30% 划分为认同高低分组。对高低分组社会适应程度进行独立样本 t 检验。结果如表 4 所示。从中可以看出，城市认同高低分组在文化适应、心理适应得分上差异显著。

4 讨论

4.1 少数民族大学生社会适应年级差异的讨论

对于少数民族大学生社会适应总体状况来说，社会适应总分以及各维度发展随年级上升呈现得分越来越低，也就是适应情况越来越好的形态。这说明少数民族大学生刚进入校园时，对新的环境还不适应，随着时间的推移，逐渐适应了学校以及当地的各种差异。

4.2 少数民族大学生与汉族大学生社会适应差异的讨论

学习适应上，少数民族大学生和汉族大学生差异显著。这与少数民族大学生大多来自民族地区有很大关系。少数民族地区的教育水平有限，而且有些还存在语言上的差异，汉族学生从高中到大学之后学习也会出现不适的情况，少数民族学生出现这一情况就不足为奇了。人际适应方面，少数民族大学生和汉族大学生差异也比较显著。这可能是由于他们面对来自周围更多的压力所致。大部分人看待少数民族或多或少会有一种偏见，而少数民族大学生由于缺少本民族朋友的支持，所以在人际交往上的发展不如汉族大学生。

4.3 少数民族大学生城市认同年级差异的讨论

对于少数民族大学生城市认同总体状况来说，城市认同总分以及各维度发展随年级上升呈现得分越来越低，也就是认同情况越来越好的形态。少数民族大学生刚进入校园时，对北京这座城市认同感还不高，但随着时间的推移，对北京的了解越来越多，逐渐就对北京产生了认同。

4.4 少数民族大学生与汉族大学生城市认同年级差异的讨论

以民族为分组变量进行独立样本 t 检验，在五个维度中除了与过去的连续性以及熟悉性差异显著之外，少数民族大学生和汉族大学生在其他外部评价、承诺、一般依恋及总分上的得分差异均未达到显著水平。

连续性，是指个体对于环境主观感受到的连续性，反映了个人经历和城市之间的联系，是个人经历的象征。此维度差异显著说明汉族大学生与少数民族大学生生活环境差异较大，并且少数民族大学生对这种差异的认识不够深刻。熟悉性，受人们在城市中日常经历的影响。熟悉性被认为是在城市环境中活动的结果。在这个意义上，是个体成功地对城市认知的表现。此维度差异显著说明少数民族大学生和汉族大学生的生活方式不一样，汉族大学生往往适应比较快，能很快地融入到北京这座城市中来，而少数民族大学生由于交际圈的影响导致他们对北京熟悉较慢，所以差异会显著。

4.5 少数民族大学生社会适应与城市认同的相关分析

将少数民族大学生社会适应与城市认同问卷得分进行相关分析，结果表明少数民族青少年社会适应与城市认同有显著相关。社会适应与城市认同相关系数为 0.184**，$p=0.002$（$p<0.01$）。这说明社会适应得分增高时城市认同得分也相应增高，两者的积极状态是同时出现的。

具体到各个维度上看，外部评价同生活、学习、人际、心理适应显著相关。连续性同文化、心理适应显著相关。熟悉性同文化、心理适应显著相关。承诺同生活、学习、人际、心理适应显著相关。一般依恋同心理适应显著相关。

5 结论

（1）少数民族大学生社会适应五个维度随着年级的上升而得分降低，也就是随着年级的增长社会适应性越来越好，并且在生活适应、学习适应、人际适应维度上差异显著。

（2）少数民族大学生城市认同的五个维度随着年级的上升而得分降低，也就是随着年级的增长城市认同感越来越好，并且在连续性、熟悉性维度上差异显著。

（3）少数民族大学生城市认同感同社会适应显著正相关，外部评价同生活、学习、人际、心理适应显著相关。连续性同文化、心理适应显著相关。熟悉性同文化、心理适应显著相关。承诺同生活、学习、人际、心理适应显著相关。一般依恋同心理适应显著相关。

（4）少数民族大学生城市认同高分组的社会适应显著高于低分组的适应，高分组的社会适应程度好于低分组。

（5）少数民族大学生城市认同与社会适应显著相关，但是回归系数不显著，城市认同无法对社会适应作出预测。

复愈性环境的理论与实证性研究综述

许志敏[①]　吴建平[②]

1 复愈性环境的概念

近十年来,"复愈性环境"越来越成为环境心理学的研究热点,早在19世纪中期,美国城市景观设计大师欧姆斯特德(OImsted)就发现自然环境对人类的心理有着积极的影响,并提出了"复愈"(Restoration)这一概念,并逐渐受到环境心理学家的关注。[③]复愈性环境的术语最早是由美国密歇根大学的 Kaplan 和 Talbot 提出的,他们研究了野外生活对于人的心理活动的影响,发现野外生活对多数人都具有恢复性功能,于是他们将这种能对人的心理提供恢复力的环境定义为"复愈性环境",并将其定义为能使人们更好地从心理疲劳以及和压力相伴随的消极情绪中恢复过来的环境。[④]Hartig 进一步阐释了"恢复"的定义,"恢复"是重新获得在适应外界环境过程中被损耗的生理、心理和社会能力。[⑤]在国内,赵欢和吴建平也对复愈性环境的概念进行了阐释,她们认为复愈性环境(restorative environment)是指对人类不断消耗的身心资

[①] 许志敏,北京林业大学心理系硕士研究生,研究方向:生态与文化心理。
[②] 吴建平,北京林业大学人文社会科学学院心理学系副教授,研究方向:社会心理,环境心理。
[③] Ulrich, R. S. Visual, "Landscapes and Psychological Well-being", *Landscape Research*, Vol.4. No, 1, 1979, pp. 17–23.
[④] Kaplan, S. & Talbot, J. F., "Psychological Benefits of a Wilderness Experience", *Behavior and the Natural Environment*, No.6, 1983, pp. 163–203.
[⑤] Hartig, T., "Guest Editor's Introduction", *Environment and Behavior*, Vol.33, No.4, 2001, pp. 475–479.

源和能力有恢复与更新效果的环境设置。[1]

2 复愈性环境的相关理论基础

关于复愈性环境的理论有很多，文化取向的观点、唤醒理论（arousal theory）、超载观点（overload perspective）及进化观点等。[2]其中主要的是注意恢复理论（attention restorative theory, ART）[3]和心理进化理论（psycho-evolutionary theory）或称压力减少理论（stress reduction theory）。[4]

2.1 注意恢复理论

S. Kaplan 认为在日常生活中，人们的注意分为定向注意和非定向注意，当完成需要消耗心理能量的任务时，人们运用的定向注意，比如，看书学习，文字校对；而不需要付出意志努力的注意就是非定向注意。当人们强烈而持续地运用定向注意时，定向注意机制因需要忽略所有潜在的分心物，将导致有限的心理资源被大量消耗，从而引起注意疲劳，导致工作效率下降，认知活动频繁出现失误，烦躁并易被激怒。当人们处于复愈性的环境中时，人们的非定向注意将被激活，从而使得定向注意得到恢复，进而使得人们的认知活动能力得到恢复。

对复愈性环境的特点的描述有很多，"自然复原能力"、"帮助重建的能力"、"自然的文化象征的意义"及"提供愉悦的能力"；[5]"自然能安定身心"及

---

[1] 赵欢、吴建平：《复愈性环境的理论与评估研究》，载《中国健康心理学杂志》，2010年第18卷第1期，第11—121页。

[2] 陈聪：《不同环境的复愈性比较及其与场所依恋关系》，北京林业大学硕士学位论文，2012年6月。

[3] Kaplan, R. & Kaplan, S., *The Experience of Nature: A Psychological Perspective*, New York: Cambridge University Press, 1989.

[4] R. S. Ulrich, "Aesthetic and Affective Response to Natural Environment", *Behavior and Natural Environments*, No.1, 1983, pp. 85–125.

[5] Knoph, R. C., "Human Behavior, Cognition, and Affect in the Natural Environment", *Handbook of Environmental Psychology*, 1987, pp. 783–825.

"自然助益假说（nature benefit assumption）"。[1]直到20世纪末，Kaplan夫妇才提出了复愈性环境的4个要素，[2]作为衡量环境是否有复愈能力的重要维度：距离感（Being Away）、丰富性（Extent）、吸引力（Fascination）及兼容性（Compatibility）。

距离感（Being Away）：复愈性环境内容物的第一个特征就是距离感，复愈性环境要远离是个人消耗心理资源的环境或事物，有三个远离的方式[3]：离开不想要的分心（distraction）环境或是令人不悦的刺激物；其次为远离日常环境、活动、忧愁和与之相关的事物；最后则为暂时地停止一直在追求的目标。[4][5][6]S. Kaplan强调，距离感也可仅通过心理的调整得以实现，如改变思维的内容、使用意象或静坐冥想等，让疲惫的定向注意得到休息。

丰富性（Extent）：也作延伸感，延伸感是一种在时间或空间上扩展成为一个更大且不同世界的环境，[7][8][9]即复愈性环境要包括足够的结构和空间来使人们全身心地投入其中，为定向注意的恢复提供足够的时间，丰富性并不

---

[1] Ulrich, R. S. Visual, "Landscapes and Psychological Well-being", *Landscape Research*, Vol.4, No. 1, 1979, pp. 17–23.

[2] Kaplan, R. & Kaplan, S., *The Experience of Nature: A Psychological Perspective*, New York: Cambridge University Press, 1989.

[3] Kaplan, R. & Kaplan, S., *The Experience of Nature: A Psychological Perspective*, New York: Cambridge University Press, 1989.

[4] Hartig, T. & Evans, G. W., "Psychological Foundations of Nature Experience", *Behavior and Environment: Psychological and Geographical Approaches*, No. 6, 1993, pp. 427–457.

[5] Hartig, T., Kaiser, F. G. & Bowler, P. A., "Further Development of a Measure of Perceived Environmental Restorativeness", *Institute for Housing Research*, Vol. 5, No.1, 1997, pp. 1–23.

[6] Laumann, K., Garling, T. & Stormark, K. M., "Rating Scale Measures of Restorative Components of Environment", *Journal of Environment Psychology*, No. 21, 2001, pp. 31–44.

[7] Hartig, T. A., Mang, M. & Evans, G. W., "Restorative Effects of Natural Environment Experiences", *Environment and Behavior*, No.23, 1991, pp. 3–26.

[8] Kaplan, S., Bardwell, L. V. & Slakter, D. B., "The Museum as a Restorative Environment", *Environment and Behavior*, No.26, 1993, pp. 725–742.

[9] Kaplan, S., "The Restorative Benefits of Nature: Toward an Integrative Framework", *Journal of Environmental Psychology*, No.15, 1995, pp. 169–182.

一定需要很大的物理规模，如日本的园艺场所，只要内容和结构充足即可。①有研究表明森林可以提高青少年的生活质量和幸福感，但是规模小而且稀疏的森林更能增加青少年的幸福感，而不是那种深邃浓密的森林。②

吸引力（Fascination）：吸引力是指某些特定事物、内容、事件或过程的本质能轻易地吸引人的注意与兴趣。③④自然环境不是纯然的物性，其中也包容了人类精神的一些要素，⑤吸引力或者非定向注意力，同样可在探索与感觉环境中来获得。⑥吸引力可以从程度上划为"软吸引"（Soft fascination）和"硬吸引"（Hard fascination）。⑦硬吸引是指很强烈的吸引，它能锁定人的注意力，给主体留下很少的思考空间的环境，比如像游乐场、演唱会、酒吧、游戏厅以及聚会场所等都属于硬吸引环境；软吸引是指吸引强度是适中的，并不影响集中和保持注意力的环境，唤起适度吸引力的环境在审美上让人愉悦，这能帮助消除反思中可能伴随的心理疼痛，比如校园里的林荫小道，美丽的落日余晖。

兼容性（Compatibility）：兼容性是指个人的意图与环境需求与环境中所

---

① 赵欢、吴建平：《复愈性环境的理论与评估研究》，载《中国健康心理学杂志》，2010年第18卷第1期，第117—121页。

② Christine Milligan & Amanda Bingley, "Restorative Places or Scary Spaces? The Impact of Woodland on the Mental Well-being of Young Adults", *Health & Place*, No. 13, 2007, pp. 799–811.

③ Hartig, T., Kaiser, F. G. & Bowler, P. A., "Further Development of a Measure of Perceived Environmental Restorativeness", *Institute for Housing Research*, Vol. 5, No.1, 1997, pp. 1–23.

④ Kaplan, R. & Kaplan, S., *The Experience of Nature: A Psychological Perspective*, New York: Cambridge University Press, 1989.

⑤ 张佐邦：《自然环境与人类审美心理的发生》，载《学术探索》，2008年第1期，第3—5页。

⑥ Hartig, T., Kaiser, F. G. & Bowler, P. A., "Further Development of a Measure of Perceived Environmental Restorativeness", *Institute for Housing Research*, Vol. 5, No.1, 1997, pp. 1–23.

⑦ Kaplan, S., "The Restorative Benefits of Nature: toward an Integrative Framework", *Journal of Environmental Psychology*, No. 15, 1995, pp. 169–182.

提供的活动是否匹配，[1]简单来说，就是个人行为的目的与环境提供的需要有无符合。[2]个体的爱好与目标复杂多样，而每一种环境所能提供的信息有限，因此复愈性环境有各自的适应人群。[3]比如很多儿童会利用他们喜欢的环境来恢复他们的认知功能或情绪调节，而且很多父母并不知道他们的孩子的"秘密花园"；[4]对于经常参观博物馆的游客，博物馆就是一种复愈性环境；[5]而寺庙对于朝拜者或大学生都是复愈性环境。[6][7]苏谦以285名初中生为被试的实验结果显示，在四种微环境中，家对中学生的恢复性功能最高，其次是自然环境和学校，文化环境的恢复性功能最低。[8]

复愈性环境的恢复作用是循序渐进的，人们将体验到四阶段渐进式的恢复历程——清新头脑，逐渐补充集中注意力，内心的杂念减少和思绪恢复平静，反思自己的一生。不同的环境和时间会影响到个体在恢复历程中所处的阶段。[9][10]

---

[1] Kaplan, S. & Talbot, J. F., "Psychological Benefits of a Wilderness Experience", *Behavior and the Natural Environment*, No.6, 1983, pp. 163–203.

[2] Kaplan, R. & Kaplan, S., *The Experience of Nature: A Psychological Perspective*, New York: Cambridge University Press, 1989.

[3] 赵欢、吴建平：《复愈性环境的理论与评估研究》，载《中国健康心理学杂志》，2010年第18卷第1期，第117—121页。

[4] Kalev Korpela, Marketta Kytt & Terry Hartig, "Restoration Experience, Self-Regulation, And Children's Place Preferences", *Journal of Environmental Psychology*, No.22, 2002, pp. 387–398.

[5] Kaplan, S., Bardwell, L. V. & Slakter, D. B., "The Museum as a Restorative Environment", *Environment and Behavior*, No.26, 1993, pp. 725–742.

[6] Ouellette P., Kaplan R. & Kaplan S., "The Monastery as a Restorative Environment", *Journal of Environmental Psychology*, No.25, 2005, pp. 175–188.

[7] Herzog, T. R., Ouellette, P., Rolens, J. R., & Koenigs, A. M., Houses of Worship as Restorative Environments, *Environment and Behavior*, First published on January 15, 2009, doi:10.1177/0013916508328610.

[8] 苏谦、池丽萍：《环境的恢复性功能：测量及应用》，载《社会心理科学》，2012年第2期。

[9] 苏谦、辛自强：《恢复性环境研究：理论、方法与进展》，载《心理科学进展》，2010年第18卷第1期，第177—184页。

[10] 叶柳红、张帆、吴建平：《复愈性环境量表的编制》，载《中国健康心理志》，2010年第18卷第12期，第1515—1518页。

2.2 心理进化理论

Ulrich 提出的心理进化理论又被称为压力减少理论,该理论认为恢复的前提是个体处于压力或是应激状态下,[①]Baum 等从环境心理学的角度出发,将压力或应激定义为"当个体在遇到挑战或危及健康的情况时,在心理、生理及行为3个层面自动表现出的一系列应对过程"[②]。当人们面临某个事件或情境时,首先会以自己的健康是否受到影响进行判断,如果判断或感受其对自己不利、有威胁或有所挑战,则会产生压力。这种压力将导致消极情绪、生理系统(如心血管、神经内分泌)的短期变化以及行为反应,如出现逃避或行为失常。

在减压理论中,复愈仅指与上述压力产生相反的过程,是个体应对压力、维持生存的重要机制,复愈反应包括减少压力,减少攻击性,以及恢复健康和能量。Henk 等人的研究表明与独自一个人相比,在有陪伴的作用下,自然环境的复愈作用变得更加明显,主要的解释为,陪伴可以通过增加安全感而增强自然环境的恢复能力。[③]按照 Ulrich 的说法,当自然环境中包含危险成分时,注意力也许就和压力结合在一起了,所以没有显现出恢复效果,但是面对平静安全的自然环境时,自然环境也许就能产生镇静的、恢复机能的效果。按照功能进化观,人类对恢复性的自然环境有一种生物的接受性,而对城市环境就没有这样的反应,因为人类进入城市只有不多的几代人的时间。[④]让被试先经历了中等程度的不同类型的压力,然后观看人们在自然景观中旅行的

[①] Ulrich, R. S., "Aesthetic and Affective Response to Natural Environment", *Behavior and Natural Environments*, No.1, 1983, pp. 85–125.

[②] Baum A., Fleming R., Singer J. E., "Understanding Environmental Stress: Strategies for Conceptual and Methodological Integration", *Methods and Environmental Psychology*, No.5, 1985, pp. 185–205.

[③] Henk Staats & Terry Hartig, "Alone or with a Friend: A Social Context for Psychological Restoration and Environmental Preferences", *Journal of Environmental Psychology*, No.24, 2004, pp. 199–211.

[④] [美]保罗·贝尔、托马斯·格林:《环境心理学》,朱建军、吴建平等译,中国人民大学出版社2009年版。

一段录像,他们的生理压力的水平出现了下降。[1]

Ulrich 等在实证研究的基础上提出复愈性环境应满足以下条件:有适当的深度与复杂性,一定的总体结构和特定聚焦点;包含足够的植物、水体等自然元素;没有危险物存在。只有这样的环境设置才有可能具备良好的复愈能力。[2] 有研究表明,看到自然环境能减少患者对外科手术的紧张和焦虑。自然环境的视觉知觉可缓和受测者的焦虑、压力及恐惧,提高心理的正向影响及注意力。[3]

2.3 两种理论的比较

两种理论的主要相同点。第一,两种理论都是从心理学的角度来解释环境对人的积极作用;第二,两种理论都假设人能感受到环境的变化,并与自然环境有强烈的一致趋向;第三,虽然复愈性环境也能从听觉角度对人产生影响,但这两种理论都认为恢复来自和环境的视觉接触,而且在恢复以前,个体的身体机能都处于正常水平以下。

但这两种理论又各有侧重点。第一,减压理论偏重于急性应激或压力状态下,更强调生理的即时反应和情绪的快速变化,因此对复愈的评估多为定量监测,结果多数是以较为客观、敏感的生理变化为指标。而注意恢复理论偏重于复愈性环境带来的心理上影响,尤其是心理资源消耗与更新的过程,对环境的评估多从认知层面入手。第二,Ulrich 强调情绪对环境的快速、首要的反应,并且这种反应没有认知的参与,而认知是一个相对缓慢、意识、推理的过程。而 Kaplan 则认为对环境的情绪反应包含认知加工过程,而且这种反应可以是无意识、快速的。

---

[1] Parson, R., Tassinary, L.G., Ulrich, R.S., Hebl, M. R. & Grosseman-Alexander, M., The View from the Road: Implications for Stress Recovery and Immunization", *Journal of Environmental Psychology*, No.18, 1998, pp. 113–140.

[2] Ulrich R. S., Simons R. E., Losito B. D., et al, "Stress Recovery During Exposure to Natural and Urban Environments", *Journal of Environmental Psychology*, Vol.11, No. 3, 1991, pp. 201–230.

[3] Ulrich, R. S. Visual, "Landscapes and Psychological Well-being", *Landscape Research*, Vol.4. No. 1, 1979, pp. 17–23.

3 复愈性环境的实证研究进展

3.1 生理

在复愈性环境的研究中所使用的生理指标主要有 α（Alpha）波振幅、血压、皮肤电反应、唾液皮质醇等。

观看植被自然景观幻灯片的受测者，大脑中属于正向情绪的 α（Alpha）波振幅变得较明显，[1]一项研究显示，相比较在城市环境中行走的被试，在森林里行走的被试的唾液皮质醇的平均浓度、压力荷尔蒙都有显著性的降低。[2]在森林中行走的被试的血压水平较在城市环境行走的被试有所降低。[3]牙科诊所墙上挂有自然图画的时候病人的心跳频率较慢。[4]观看自然环境影带者的血压、肌肉张力、肌肤导电性都较小，同时观看自然环境影带还可以降低恐惧、焦虑及增加正向情感，只须费时 4—6 分钟。[5]根据 ART 理论做实验，受测者经"远离"性环境刺激后，对于生理反应中的 α 波有明显增强的效果，而"吸引力"性环境则可以达到放松的效果，也会降低末梢血流量值。[6]

---

[1] Ulrich, R. S. Visual, "Landscapes and Psychological Well-being", *Landscape Research*, Vol.4. No. 1, 1979, pp. 17–23.

[2] Park, B., Tsunetsugu, Y., Kasetani, T., Hirano, H., Kagawa, T., Sato, M. & Miyazaki, Y., "Physiological Effects of Shinrin-yoku (taking in the atmosphere of the forest)-using Salivary Cortisol and Cerebral Activity as Indicators", *Journal of Physiological Anthropology*, Vol.26. No.2, 2007, p. 123.

[3] Terry Hartig, Gary W. Evans, Larry D. Jamner, Deborah S. Davis & Tommy Garling, "Tracking Restoration in Natural and Urban Field Settings", *Journal of Environmental Psychology*, No.23, 2003, pp. 109–123.

[4] Heerwagen, J. H., "The Psychological Aspects of Windows and Window Design", *The Environmental Design Research Association*, 1990, pp. 269–280.

[5] Ulrich, R. S. & Simons, R. F., "Recovery from Stress during Expose to Everyday", *Outdoor Environments*, In J. Wineman, R. Barnes & C. Zimring(eds.), 1986, pp. 115–112.

[6] 陈炳锟、张俊彦：《以脑电波，肌电值与末梢血流量值来探讨恢复力之环境对生心理影响之研究》，休闲、游憩、观光研究成果研讨会，2001 年。

3.2 情绪情感

环境在 10—15 分钟之内能影响情绪状态,[1]因此环境对情绪情感的影响要慢于生理反应。关于自然环境提高积极情绪、城市环境增加消极情绪的观点,研究者也进行了验证。被试被随机分配到两个组,在荒野或者是城市森林中行走 30 分钟。用多维度量表来测量幸福感。结果显示在城市森林条件下"积极影响"和"消极影响"有很大的变化。幸福感的"激活"和"唤醒"因素也发生了变化,在城市森林中行走的被试的幸福感显著提高了。[2]从情绪自我报告结果中看出,在森林中行走积极情绪增加,愤怒程度降低了,在城市环境中行走却得到了相反的结果。[3]

当然对情绪情感有着显著性影响的复愈性环境不仅仅指真实的自然环境,由多媒体或是图片形式展示出来的具有复愈性的环境同样具有这样的效果,有研究显示沉浸在媒体环境中对恢复也有重要影响,沉浸在用多媒体呈现出来的自然环境中也有很明显的恢复作用。[4]另一项在儿童医院所作的研究也证明,即使是以自然环境为内容的壁画也会对患儿的家长产生积极的影响,数据显示壁画的介入有助于医院营造一种更令人愉悦的环境,减少父母由于子女入院治疗而带来的负性情绪。[5]

---

[1] Ulrich, R. S. Visual, "Landscapes and Psychological Well-being", *Landscape Research*, Vol.4, No. 1, 1979, pp. 17–23.

[2] Dörte Martens, Heinz Gutscher & Nicole Bauer, Walking in "Wild" and "Tended" Urban Forests: The Impact on Psychological Well-being, *Journal of Environmental Psychology*, No.31, 2011, pp. 36–44.

[3] Terry Hartig, Gary W. Evans, Larry D. Jamner, Deborah S. Davis & Tommy G. arling, "Tracking Restoration in Natural and Urban Field Settings", *Journal of Environmental Psychology*, No.23, 2003, pp. 109–123.

[4] Y. A. W. de Kort, A. L. Meijnders, A. A. G. Sponselee & W. A. I. Jsselsteijn, "What's Wrong with Virtual Trees? Restoring from Stress in a Mediated Environment", *Journal of Environmental Psychology*, No.26, 2006, pp. 309–320.

[5] Fiorella Monti, Francesca Agostini, Sara Dellabartola, Erica Neri, Laura Bozicevic & Mauro Pocecco, "Pictorial Intervention in a Pediatric Hospital Environment: Effects on Parental Affective Perception of the Unit", *Journal of Environmental Psychology*, No.32, 2012, pp. 216–224.

3.3 认知活动

根据 Kaplan 的 ART 理论，复愈性环境主要是引起非定向注意从而使得定向注意得到恢复，所以，很多的研究都是以注意力为因变量。[1][2][3][4]一项关于乳癌手术的女性直接注意力的研究显示，手术后进行自然体验的恢复者的直接注意力显著优于对照组。[5]相比城市环境，在森林中行走时，注意任务的表现成绩显著优于在城市环境中行走的被试。[6]室内植物对具有创造力的任务有积极的影响，[7]在办公室环境中，室内植物对员工的文字校对、注意力保持等需要认知参与的活动有积极的影响，并且能使员工体验到更充沛的精力。[8]

---

[1] Ulrich, R. S. Visual, "Landscapes and Psychological Well-being", *Landscape Research*, Vol.4. No. 1, 1979, pp. 17–23.

[2] Gary Felsten, "Where to Take a Study Break on the College Campus: An Attention Restoration Theory Perspective", *Journal of Environmental Psychology*, No.29, 2009, pp. 160–167.

[3] Ruth K. Raanaas, Katinka Horgen Evensen, Debra Rich, Gunn Sjøstrøm & Grete Patil, "Benefits of Indoor Plants on Attention Capacity in an Office Setting", *Journal of Environmental Psychology*, No.31, 2011, pp. 99–105.

[4] Shibata, S. & Suzuki, N., "Effects of Indoor Foliage Plants on Subjects' Recovery from Mental Fatigue", *North American Journal of Psychology*, No.3, 2001, pp. 385–396.

[5] Cimprich, B., "Development of An Intervention to Restore Attention in Cancer Patients", *Cancer Nursing*, No.16, 1993, pp. 83–92.

[6] Terry Hartig, Gary W. Evans, Larry D. Jamner, Deborah S. Davis & Tommy Garling, "Tracking Restoration in Natural and Urban Field Settings", *Journal of Environmental Psychology*, No.23, 2003, pp. 109–123.

[7] Shibata, S. & Suzuki, N., "Effects of an Indoor Plant on Creative Task Performance and Mood", *Scandinavian Journal of Psychology*, No.45, 2004, pp. 373–381.

[8] Ruth K. Raanaas, Katinka Horgen Evensen, Debra Rich, Gunn Sjøstrøm & Grete Patil, "Benefits of Indoor Plants on Attention Capacity in an Office Setting", *Journal of Environmental Psychology*, No.31, 2011, pp. 99–105.

压力水平与社会网络构建关系的研究

赵爽[①]

1 引言

1.1 压力与社会网络构建对大学生的心理健康产生重要影响

大学生的心理健康问题是当今国内外广泛关注的问题，尤其在心理学界引起研究的热潮。[②]心理健康素质影响或决定着个体心理生理和社会功能，而人是一种"社会关系的总和"，人要想在社会上获得生存与发展，达到健康心理的标准，首先要做到的就是合理构建社会网络，恰当处理人际关系，[③]这一点对正处在青年前期的大学生来讲尤为重要。大学阶段是一个人心理矛盾和心理冲突的多发期，面对竞争激烈的社会，大学生的压力感也在不断攀升，研究表明高压力组的大学生有较低的幸福感，心理健康状况比较差。[④]

虽然大学生的心理健康问题获得的社会关注日益增多，前人对其主要的两个影响因素——社会网络与压力水平各自的研究也较为丰富，但目前对这两者之间关系的研究十分缺乏，有很大的研究空间，对指导大学生的健康生

[①] 赵爽，北京林业大学人文社会科学学院心理学系学生。
[②] 江光荣、柳珺珺、黎少游、段文婷：《国内外心理健康素质研究综述》，载《心理与行为研究》，2004, 2(4): 586—591。
[③] 梁秀芳：《大学生压力应对方式压力源与心理健康的研究》，载《社会心理科学》，2010, 25(11—12): 145—149。
[④] Li Hong, Lin Chongde, "College Stress and Psychological Well-being of Chinese College Students", *Acta Psychologica Sinica*, 2003, 35 (2): 222–238.

活有深刻的影响。因此我们大胆创新，提出假设：压力水平与社会网络的构建有很强的相互作用，且压力水平相近者更容易建立强关系，而强关系的建立会影响双方压力水平趋同。

1.2 压力研究水平综述

压力（也称应激）最早是在20世纪30年代由H. Seyle,等人提出并进行研究，随后在强烈社会需求的推动下，压力从医学领域扩展到社会学、心理学等学科研究领域，受到学术界越来越多的关注，成为健康心理学领域中极为重要的研究课题之一。[1] 大学阶段是一个人人格发展、世界观形成的关键时期，大学生作为未来建设的中坚力量受到全社会的关注，因此对大学生群体进行压力研究不仅能更好地指导他们以后的发展，还能提高整个社会的健康指数。研究表明，大学生体验到的大部分压力属于轻度压力而非重度压力，在大学生群体中心理压力感的主要来源依次有学业压力、学校环境压力、情绪压力、择业压力和人际压力，大都是社会环境方面的原因。[2] 大学生在面对压力时采用的应对方式主要有积极心理调节、寻求社会支持、消极自我防御方式和听之任之等。[3] 社会支持虽然对个体压力具有显著的缓解作用，[4] 但是目前关于压力与构建社会网络之间的交互作用的研究非常少，有很大的研究空间。

1.3 社会网络研究水平综述

社会网络分析不仅是心理学领域的重要研究课题之一，同时也是研究的

---

[1] 樊富珉：《大学生心理健康与发展》，清华大学出版社1997年版，第95—96页。
[2] 车文博、张林、黄冬梅、张旭东：《大学生心理压力感基本特点的调查研究》，载《应用心理学》，2003, 9(3): 3—9。
[3] 张林、车文博、黎兵：《大学生心理压力应对方式特点的研究》，载《心理科学》，2005, 28(1): 36—41。
[4] 刘玉新、张建卫、金盛华：《社会支持与人格对大学生压力的影响》，载《心理学报》，2005, 37(1): 92—99。

一种工具，[1]其有机结合了心理科学与社会现实，已成为应用心理学一个重要的组成部分。对于个体而言，社会是由多个点（社会行动者）和各点之间的连线（行动者之间的关系）组成的。这里的行动者可以是个人、组织或家庭等，行动者之间的关系常代表一些具体的内容或者实质性的现实发生的关系，[2]一般用网络图和邻接矩阵来描述和刻画个体间复杂的关系结构，可以揭示整体网络的各种结构特征。[3]社会网络分析作为研究工具时，以社会网络为主要研究对象，不仅能定量地揭示整个团体及其成员的人际关系的状况，[4]还能有效避免信息丧失，对得分一样的被试的关系作出区分，揭示事实的真实面目。[5]

社会网络分析是一种跨学科的研究范式，常用于评价人际关系和团体机构，还可以用于解决某些具体的问题，是某些测量的很好效标。[6]大学生正处于心理成熟的过渡阶段，他们自身社会网络的构建对以后的发展显得尤为重要。而我们的研究便是在社会网络分析的基础上，深入探索大学生的社会网络构建与压力水平的关系，具有创新性和突破性，对促进大学生的心理健康、促使形成良好的人际关系以及进行积极的人际交往具有重要的意义。

1.4 本研究的创新性与重要性

综合以上研究可以看出，不同学者对大学生的社会网络构建以及大学生的压力的研究有不同的侧重点，提出很多值得深思的观点，但仍然还有很多

---

[1] 阳志平、时勘：《社会网络分析在社会心理学中的应用》，载《社会心理研究》，2002，2（3）：57—59。

[2] 刘军：《社会网络分析导论》，社会科学文献出版社2004年版，第34—35页。

[3] 马绍奇、焦璨、张敏强：《社会网络分析在心理研究中的应用》，载《心理科学进展》，2011，19（5）：755—764。

[4] Lin, Chia Hsun, "Exploring Facets of a social Network to Explicate the Status of Social Support and Its Effects on Stress", *Social Behavior and Personality*, 2009, 37(5): 701—710.

[5] Simons, Ronald L., Lorenz, et al, "Social Network and Marital Support as Mediators and Moderators of the Impact of Stress and Depression on Parental Behavior", *Developmental Psychology*, 1993, 29(2): 368—381.

[6] 牛蕾：《心理学中的社会网络分析》，载《科协论坛》，2010，1（12）：23—24。

领域等待我们深入挖掘。本研究参考国内外学者的理论体系,针对大学生这个被广泛关注的群体,从一个新角度入手,跨学科、跨专业地深入分析大学生的压力水平与其社会网络构建之间的关系,重点研究好朋友之间的压力模式,对目前大学生的心理健康状况提出自己的见解。此研究不仅可以弥补前人研究的空缺,丰富理论知识;而且对改善大学生的心理健康状况具有重要的实践指导意义,能借鉴推广到多种人际关系的选择,具有实践性和实用性。

2 研究对象与研究方法

2.1 实验对象

选取存在相互作用的非正式团体,共计 71 名学生作为被试。其中男生 27 名,女生 44 名。年龄范围为 17—21 岁,平均年龄 19.4 岁。被试均为大学本科一年级学生,来自全国各省、自治区、直辖市。

2.2 测查工具

2.2.1 中文版知觉心理压力量表(CPSS)[1]

该量表由 14 个条目构成,各个条目主要是关于失控感和紧张感的测量。得分越高,说明心理压力越大。其英文版本(Chinese Perceived Stress Scale, CPSS)在国际上被普遍接受和广泛应用。

2.2.2 Ucinet 软件

Ucinet 网络分析、集成软件包括一维与二维数据分析的 NetDraw,还有正在发展应用的三维展示分析软件 Mage 等,同时集成了 Pajek 用于大型网络分

---

[1] 黄文倩、张蓉、柳迎新、朱婉儿:《团体辅导提高研究生心理健康水平的效果研究——基于积极心理学的理论》,载《中国临床心理学》,2012(4)。

析的 Free 应用软件程序。该软件包有很强的矩阵分析功能,如矩阵代数和多元统计分析。它是目前最流行的,也是最容易上手、最适合新手的社会网络分析软件。

2.2.3 生物反馈仪[①]

该反馈仪由北京中西远大科技有限公司于 2009 年 2 月 17 日出品,型号为 m279151。该反馈仪为八导生物反馈仪,1 导脑电,1 导肌电,1 导眼电,1 导心电,1 导心率,1 导皮电,1 导皮温,1 导呼吸。可用于测量压力条件下被试的各种生理参数。

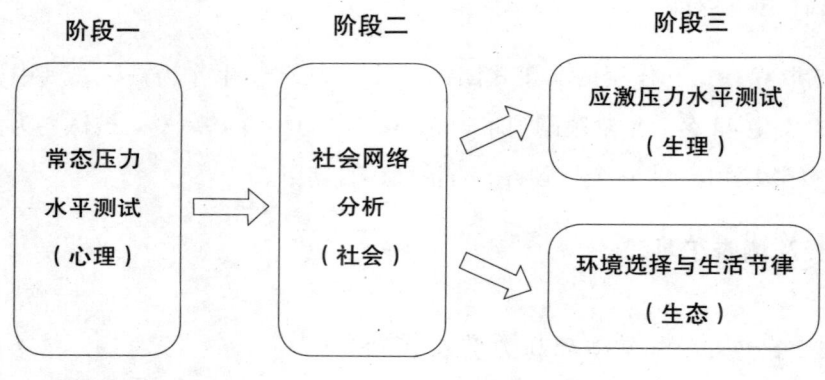

2.3 测查程序

2.3.1 阶段一:由压力知觉量表测试常态压力水平(心理部分)

采用中文版压力知觉量表(CPSS)测试被试常态压力知觉,评估被试的常态压力水平,并将被试分为高压段和低压段(以该群体常模 20 分为分界)。

2.3.2 阶段二:对群体进行社会网络分析,研究社会网络构建倾向及类型(社会部分)

[①] 张燕:《生物反馈治疗系列仪器与心理、生理能力、神经行为功能测试仪器介绍》,载《中国心理卫生杂志》,2005,1(05):12—13。

采用自评与他评相结合的方式，选用社会网络分析5点量表收集被试交友信息，得到被试的个人受欢迎程度、人际关系类型及关系效率类型等，综合分析社会网络构建与个人常态压力水平的关系，得到常态压力水平对社会网络构建的影响。

本量表以最好的朋友、好朋友、普通朋友、比较陌生和不喜欢5个维度，收集被试的交友信息。采用社会网络分析法，运用SPSS软件将数据处理成社会矩阵，并分析数据。

社会网络构建总评：

（1）受欢迎程度，即个人的得分平均值，体现了个人社会网络构建客观情况。

（2）对自身的人际关系乐观度，即评价给他人分数的平均值，体现了个人社会网络构建的主观认知。

（3）同性缘，个人得到同性评分的平均值。

（4）异性缘，个人得到异性评分的平均值。

个体的社会网络关系构建倾向：

（1）朋友关系，为普通朋友、好朋友、最好的朋友关系，即两人为对方的评分均为3分、4分或5分。

将朋友关系分为强关系和弱关系：

①强关系，为好朋友及以上的朋友关系，即两人为对方的评分均为4分或5分。

②弱关系，为普通朋友关系，即两人为对方的评分均为3分。

③关系效率，为强关系数与弱关系数的比值。由个体的关系效率类型即可评定出其朋友强弱关系类型（强≥0.5、弱<0.5）。

（2）无朋友关系，为比较陌生和不喜欢的关系，即两人为对方的评分均为1分或2分。

个体的社会网络关系构建的类型：

按照受欢迎程度将被试分为核心型（前27%）、普通型和边缘型（后27%）；按照对自身社会网络构建的主观认知和客观情况的矛盾与否（两者差异是否显著）可分为：矛盾型和非矛盾型。

2.3.3 阶段三（一）：生物反馈仪测量简单压力测试中的生理指标变化并分析（生理部分）

由于用生理指标作为当前压力水平的衡量标准更为可靠，本研究使用生物反馈仪等精密设备，创设压力情景，对所有被试进行简单压力测试，采集被试的皮电、皮温、心率和呼吸4项指标。

简单压力测试分为4个阶段：

（1）测量基线水平。

（2）在STROOP字词测验的压力情景下，测量被试的生理指标。

（3）放松恢复时测量被试的生理指标。

（4）播放关于高考和目前学业压力的视频，同时测量被试的生理指标。

采集所有人的生理数据后，采用2×2实验设计，两个因素分别为亲密程度（亲密度强与弱）与常态压力水平（相近与相异）。分组方式为：亲密程度强，即为两人互评4、5分；亲密程度弱，即为两人互评1、2分；压力水平相近，即两被试的常态压力水平处于相同压力段且压力值相近；压力水平相异，即两被试的常态压力水平处于不同压力段。选择符合该分组方式的被试对（两人），将每对被试在每阶段的相同生理指标作差，取绝对值后，进行统计分析（见表1）。

表1 分组方式

	压力水平相近	压力水平相异
亲密程度强	56对	18对
亲密程度弱	23对	87对

2.3.4 阶段三（二）：自我报告法研究好朋友压力水平、生活状态的关系（环境、生态部分）

应用Ucinet软件将此社会网络的构建方式以社会图示的形式加以直观展

示，有效评价群体内部的人际关系、社会网络建构情况和学业成绩及工作业绩是否有显著相关。以及通过得到的关系紧密的子群中被试的报告的主观压力感受、日常生活节律及工作学习环境的选择以及成就水平（学习成绩、工作业绩等）是否存在较强相似度。

3 结果

3.1 良好的社会网络构建与压力水平的关系

根据社会网络分析5点量表收集的结果分析，压力水平与其在朋友中的受欢迎程度，及对自身人际关系乐观度呈负相关（r_1=-0.38，r_2=-0.34，$p<0.05$）。说明良好的社会网络构建有益于压力的缓解。

压力水平与比较陌生（2分）的人数呈正相关（$r=0.29$，$p<0.05$），与好朋友个数（4分和5分的个数）呈负相关（$r=-0.37$，$p<0.05$），与强关系数呈负相关（$r=-0.44$，$p<0.05$）。说明朋友关系，尤其是较强的朋友关系，即良好的社会支持，对人压力水平的降低有重要作用。

3.1.1 社会网络关系构建的倾向与压力水平的关系

由表2可知，善于建立强关系的人相较于弱关系较多者，受欢迎程度、周围人际关系认可度较高，不同人的评价差异（个人得分方差）更大并不影响其得到认可与对外界的认同。并且，男生更倾向于建立强关系，女生更倾向于建立弱关系。但在压力水平上倾向于建立强关系者相较于建立弱关系者的差异并不显著。

表 2 强弱关系倾向差异比较

	M	SD	df	t	Sig.
受欢迎程度	0.17	0.20	69	2.81	0.01
个人得分方差	0.15	0.14	69	4.15	0.00
人际乐观度	0.14	0.19	69	2.86	0.01
个人评分方差	0.15	0.15	69	4.12	0.00
弱关系	0.31	0.24	69	−2.07	0.04
强关系	0.11	0.33	69	6.27	0.00
关系效率	0.65	0.14	69	9.50	0.00
压力值	0.12	0.68	69	−0.54	0.59
性别	0.38	0.51	69	−1.96	0.05

3.1.2 社会网络关系构建的类型与压力水平的关系

3.1.2.1 受欢迎程度不同的个体的压力水平差异

由表 3 可知，在受欢迎程度、人际关系认可度、关系的建立等方面，结果均表现为：核心型＞普通型＞边缘型。而压力水平则表现为：核心型＜普通型＜边缘型。进一步证明良好的社会网络建构会降低个体的压力水平，且社会网络关系越丰富，对人际关系方面的压力源就越少，缓解压力的途径也越多。

表 3　三种类型差异比较表

	F	Sig.	LSD
受欢迎程度	109.06***	0.00	ab***,ac***,bc***
人际乐观度	103.10***	0.00	ab***,ac***,bc***
朋友关系	88.11***	0.00	ab***,ac***,bc***
弱关系	23.20***	0.00	ab***,ac***,bc***
强关系	30.26***	0.00	ab***,ac***,bc***
关系效率	4.78**	0.01	ac**
矛盾否	11.94***	0.00	ab***,ac***,bc***
压力值	4.03*	0.02	ac*

注：a、b、c 分别代表核心型、普通型和边缘型。

3.1.2.2 对自身社会网络构建的主观认知与客观情况矛盾和不矛盾个体的压力水平差异比较

由表 4 可知，受欢迎程度和自我人际关系乐观度的相关显著（$r=0.63$，$df=69$，$p<0.01$），说明被试总体上对该社会网络的认识较为客观。针对每个人的受欢迎程度和自我人际关系乐观度进行相关分析，发现相关性不显著者皆为矛盾型，且属高压类型。

表 4 矛盾型和非矛盾型差异比较表

	M	SD	df	T	Sig.
受欢迎程度	0.52	0.18	69	−3.79	0.00
人际乐观度	0.49	0.18	69	−3.84	0.00
朋友关系	0.67	0.96	69	−3.09	0.00
弱关系	0.87	1.20	69	−1.77	0.08
强关系	0.80	0.97	69	−3.22	0.00
关系效率	0.33	0.18	69	−2.05	0.04
核心与边缘	0.30	0.60	69	4.18	0.00
压力值	0.16	0.82	69	0.16	0.88
核心非矛盾	0.97	0.18	69	2.06	0.04
矛盾且边缘	0.63	0.09	69	−4.80	0.00
倾向	0.80	0.41	69	−0.31	0.00

由上表数据分析出，矛盾型者的受欢迎程度及人际关系乐观度都显著低于他人，对周围人较为陌生，很难与他人建立关系，尤其是强关系，故关系效率较低。矛盾型的人在核心型人中出现很少，多出现于非核心，尤其是边缘型人当中。不过矛盾型与非矛盾型人的压力水平差异并不显著。尽管矛盾型人的压力水平与他人无显著差异，但矛盾且边缘型人的压力水平显著高于他人（$t=1.96$, $df=69$, $p<0.05$）。

3.2 常态压力水平对社会网络构建的影响

将所有互为强关系、弱关系及无朋友关系的 3 组被试对（两人为一组）的压力水平作差取绝对值，分别得到 3 组数据。通过方差分析，发现 3 组数据具有显著性差异（$F=7.85$, $p<0.05$），且互为强关系的被试的压力水平差异

显著小于互为弱关系及无朋友关系的被试的压力水平差异。说明常态压力水平相似的人更容易成为要好的朋友，而普通朋友并没有显现出如此相似性。

3.3 生物反馈分析阶段

表 5 生物反馈数据

生理指标差异			压力相异		df	T
			M	SD		
STROOP 测试	皮电	亲密度高	1.56	2.03	28	−1.03
		亲密度低	1.76	1.88	28	−3.55*
	皮温	亲密度高	1.19	1.76	28	−1.33
		亲密度低	2.93	2.44	28	−3.67*
	心率	亲密度高	9.22	4.32	28	−3.57*
		亲密度低	13.42	3.67	28	−4.12*
	呼吸	亲密度高	10.15	3.25	28	−1.23
		亲密度低	15.64	4.11	28	−3.78*
恢复阶段	皮电	亲密度高	0.85	1.57	28	−1.46
		亲密度低	1.42	1.68	28	−3.44*
	皮温	亲密度高	1.85	1.49	28	−4.15*
		亲密度低	1.73	2.11	28	−3.99*

(续表)

恢复阶段	心率	亲密度高	5.48	3.55	28	-3.53*
		亲密度低	6.04	4.65	28	-3.76*
	呼吸	亲密度高	15.24	3.42	28	-8.86**
		亲密度低	14.33	3.73	28	-9.90**
压力视频阶段	皮电	亲密度高	1.59	2.11	28	-1.14
		亲密度低	1.67	1.9	28	-2.23
	皮温	亲密度高	1.32	1.76	28	-1.03
		亲密度低	3.03	2.55	28	-3.75*
	心率	亲密度高	9.24	4.27	28	-6.02**
		亲密度低	12.48	4.11	28	-6.57**
	呼吸	亲密度高	10.19	3.25	28	-2.34
		亲密度低	15.88	4.13	28	-6.38**

3.3.1 基线水平

由压力水平相似度和朋友关系亲密度两个维度分成的4组被试，各项生理指标基线水平之间均无显著差异（$F=2.85$，$p<0.05$）。

3.3.2 压力场景

压力水平相似度和朋友关系亲密度在两个压力场景（STROOP测试和压力视频阶段）对被试的各项生理指标前后变化值的交互作用显著（$p<0.05$），亲密度高的被试不会因常态压力水平不同而在多项生理指标变化上有显著差异。说明常态压力水平有差异的被试间会因强关系的建立而使两人压力水平趋同。亲密度低的被试则更倾向于因为常态压力水平的差异而出现差异显著的生理指标变化。

3.3.3 放松场景

压力水平相似度和亲密度在恢复阶段对被试的各项生理指标变化交互作用不显著，亲密度不会对生理指标变化有显著影响，生理指标变化的显著差异主要来源于被试常态压力水平的不同。

3.4 外界环境分析阶段

用 Ucinet 软件进行相关和聚类分析，得到该社会网络的散点图，分析被试间差异性和相似性的关系。根据网络的可视化技术，运用 Netdraw 软件进行展现。结果见图1。

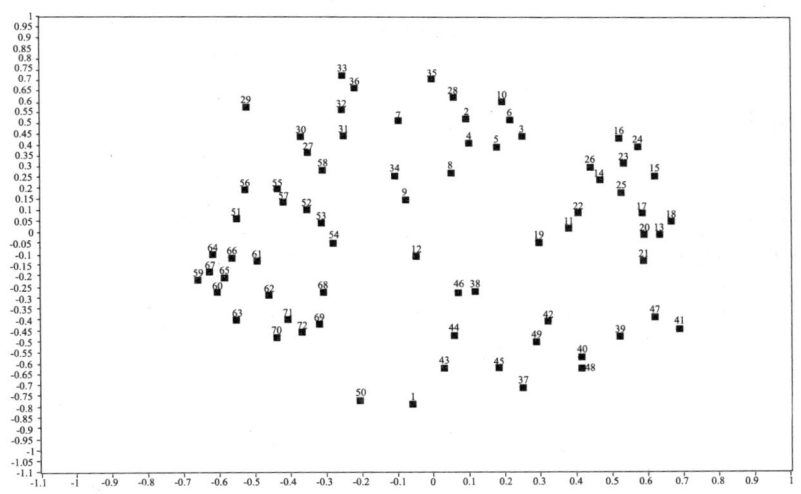

图 1 社会网络散点图

通过不断调整相关系数值，当关系强度为 0.7 时，再利用 Subgroup 子群分析，选择 6 个子群，得到如下结果，见图 2。

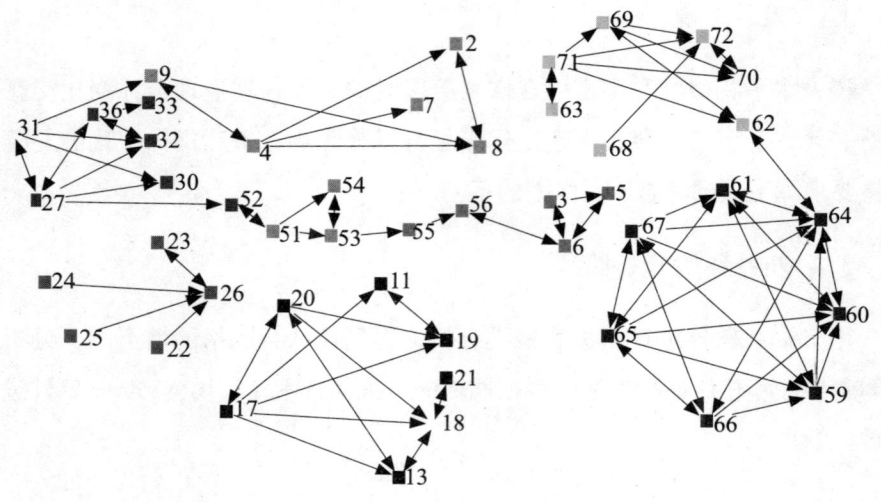

图 2　Subgroup 子群分析（关系强度为 0.7）

图中每个子群内部的被试之间生活节律有很强的相似度，且所处环境类似（女生主要是同省市、同宿舍人，男生是同班级、同宿舍人）。通过被试的自我报告也发现，建立强关系的好朋友之间，主观压力感受普遍相似、日常生活节律（起床、睡眠与用餐时间等）及工作学习环境的选择以及成就水平［学习成绩（$r=0.36$，$p<0.05$）、工作业绩等］确实存在较强的相似度。

4　分析与讨论

4.1 对于社会网络建构性别差异的分析

4.1.1 男女生的社会网络构建倾向存在差异

在关系倾向中，男生更易建立强关系，女生更易建立弱关系。核心型人中的所有女生都倾向于建立弱关系，而绝大部分男生是强关系倾向者。可见女生若注重向外拓展自身的影响力时，势必会忽视强关系的建立，而男生相比之下则可以做到两不误。由数据分析也可知，好哥们关系比好姐妹关系更为紧密、要好。这也验证了生活中的常见现象，男生的关系较为稳定牢固且为外部化。而女生因性格倾向于更加敏感，所以关系复杂多变、难以察觉，且较为内部化。不过正因为女性的这种"内敛"，使得人际关系中的矛盾并不轻易表露。但因为男女生的强关系建立对象多为同性，而男生间强关系相较于女生间更为稳定，需要的额外维护的精力较少，故反而使男生在保证较好强关系的同时有更多精力扩大影响力，与更多人建立朋友关系。

4.1.2 男女生的异性缘存在差异

异性缘方面，发现总体上男生的异性缘显著比同性缘差（$t=-4.45$，$df=69$，$p<0.001$），相反，女生的异性缘显著比同性缘好（$t=4.38$，$df=69$，$p<0.001$）。而在关系效率上，男女生的同性关系效率都显著比异性关系效率高（$t_1=2.81$，$t_2=2.88$，$p<0.05$）。即不论男女，都更倾向于与同性建立强关系（注：t_1 为男性 t 值，t_2 为女性 t 值）。尽管在总的受欢迎程度上，男女生并没有显著差异，但在与异性交往中，女生异性关系数和异性好朋友数都显著比男生多（$t_1=3.71$，$t_2=2.98$，$p<0.05$）（注：t_1 为男性 t 值，t_2 为女性 t 值）。说明在异性交往方面，女生显著比男生强。

但是对于异性缘而言，男生的较差表现也显示出男生习惯于不过分经营强关系的方式在女生面前并不适用，所以建议男生进一步提高人际交往能力，增加人际交往敏感度，在朋友尤其是异性朋友方面多加投入，不可随意对待，这也是降低其压力水平的重要部分。对女生而言，对人际关系敏感固然好，但适当时候还应坦诚相待，不要过分掩饰，尤其是与异性交往时，可以适当放松心态，防止对人际的过分紧张而牵扯过多精力，从而更加广而深地构建自己的社会网络。以上结果说明，因男女生个性特征与交往方式不同，男生间更易建立强关系，但其本身不必过分经营；女生间较难建立强关系，故其会在这方面花费更多精力；异性交往能力女生胜于男生，都更倾向于与同性建立强关系。

4.2 对用生理指标测量状态压力水平的分析

面对压力情景时，朋友关系亲密度高者的压力水平不会因常态压力水平的不同而有所差异，亲密度低则不然。而在恢复阶段，生理指标变化的显著差异主要来源于被试常态压力水平的不同，亲密度不会对生理指标变化有显著影响。

此结果很类似于先天、后天之争。常态压力水平类似于被试先天的内部因素，较为稳定、不易改变。亲密朋友关系的建立作为一种后天的作用，也会在一定程度上影响其状态压力水平的变化。

4.3 对社会网络分析中小团体内部的分析

社会网络分析中的相关法尽管从原理上不如距离测量法精确，但更加适用于本研究的数据分析，因为问卷中被试之间的评分范围非两点关系（如0分或1分），而是采取职位生成法，即用分数从小到大（1分到5分）表示关系从弱到强。在直观呈现的社会网络图像中可以看出，随着相关系数的上调，边缘型人物逐渐被舍弃，留下的部分进行子群分析后，核心型的人物往往充当割点（即两个或多个团体的链接枢纽）。这一点与前面的差异检验结果相互呼应。社会网络分析方法得出的小团体中，核心型人的作用得以凸显，团体中环境选择与生活节律的相似性可以解释为由于好朋友关系的相互作用，而其中核心型人物的影响更为显著。

本研究的结论不仅可运用于日常交友过程中，同样可以广泛地运用于各种人际关系的选择领域。在求职面试的选拔过程中，应重视选出与部门领导、老员工的压力水平，以及该部门工作任务强度相匹配的员工。一方面提高人才选拔的有效性，另一方面对维护办公室人际关系的和谐亦存在重要作用。在择偶方面，恋人双方的压力水平的匹配度是否会影响爱情的质量及长久性，亦有待进一步研究证明。

5 结论

（1）良好的社会网络构建利于缓解压力。

（2）压力水平相近者更容易建立强关系。

（3）强关系的建立会使双方压力水平以及生活节律等方面趋同。

生态
心理咨询

医易心理治疗方法论和方法模型

张桂赫[①]

21世纪的我们,处于文化激进与文化守成的漩涡之中。东西方文化的整合、观念的剧变、情绪的激荡,使学术呈现出"求同存异"的特征。周易与中医乃至西方的生态学、心理学的对话,也进入到了一个新的阶段。这些不同的学术体系呈现出既矛盾又互补的关系,这启发笔者从自身的心理学背景出发,从心理咨询与治疗、生态学、中医和周易的交融之中去探索一个新的领域——医易心理治疗。

医易心理治疗与西方的生态自我观在根本上是融合的。生态趋向的心理学在反思生态危机的心理根源的同时,最终确立起解决生态危机的根本途径——建立"生态自我"。"生态自我"是人类与自然融为一体的"自我",是一种彼此共存的生命统一体。而在西方传统中的"自我"(self)是分离的自我,将"自我"看成是单个的人,是小写的"自我"。而在深层生态学中的"自我"则是跟周围环境紧密联系的"自我",是大写的"自我"。他们认为,随着人自身独特精神和生物人性的成熟,"自我"便会逐渐扩展,超越整个人类而达及包括非人类世界的整体认同。人并非与自然分离的个体,而是自然整体中的一部分,人跟其他存在不同,是由与他人的关系决定的。[②] 在建立"生态自我"过程中,"如果要使人们认识到人类只是生态系统中的一部分,

---

[①] 张桂赫,中国人民武装警察部队学院,博士,讲师。主要研究方向:医易心理治疗。
[②] E. O. Moore (1981), "A Prison Environment's Effect on Health Care Service Demands", *Journal of Environmental Systems*, 11: 17–34.

不是与自然对立的个体，从而缩小人与自然的疏离感；这个过程也是人对生态系统的认同过程，人与生态系统共处于同一个共同体。"① 为此，生态趋向的心理学家特别注重荒野的心理价值。认为荒野可以建立自信、消除压力、并产生敬畏心理，最终形成心智健全、精神健康的"生态自我"，确立起人是自然的一部分的观念，以求得人的心理与自然的同构，重新确立人在地球上居住的"位置"。毫无疑问，在这个意义上，生态趋向的心理学倡导的"生态自我"与生态时代的精神内涵获得统一。这时，就放弃了科技主导的"人类中心主义"，能够反思人类对于自然的破坏，接近了传统的医易文化所主张的天人关系。

1 医易心理治疗的理论基础

《易经》是中国哲学的起源与代表者，《黄帝内经》是中国医学的源头和代表者。《黄帝内经》奠定了中医的基石，其思想体系受《周易》的影响很大。可见研究《周易》是明了《黄帝内经》哲学基础的关键，研究《黄帝内经》则有助于明了《周易》对中医理论的影响。张介宾（1563—1640）在《医易义》中通过中医与《周易》关系的论述，提出了医易同源的命题，建构了中国医学哲学体系。他首次提出"医易"的说法，与现代"医学哲学"的意义相当。

《周易》着重在天道，《黄帝内经》着重在人道，天道涵盖人道，人道体现天道。《医易义》明确提出的医易同源和相通的命题，可见医易同源是从客观变化角度讲，相通是从理论角度上看的。从《医易义》中还可以看到，同源是从太极本原层面说的，相通是从阴阳（包括两仪四象五行八卦）道理层面说的。②《周易》与《黄帝内经》的共同之处就是对阴阳法则的精妙阐发。

---

① C. Fabrigoule, L. Letenneur, J. Dartigues et al, (1995), "Social and Leisure Activities and Risk of Dementia: A Prospective Longitudinal Study", *Journal of American Geriatrics Society*, 43: 485–490.

② 张其成：《张介宾医易思想探析》，载《中华医史杂志》，2007, 37（4）。

张介宾把医易关系看成是内外、体用关系。言天地之理为外易，言身心之理为内易。外易是医易心理治疗的生态观，内易是医易心理治疗的心理观。

具体地看，《周易》的一个根本观点是"阴阳交而生物"，一方面主张"一阴一阳之谓道"，阴阳的进退转化是世界的根本规律；另一方面强调"刚柔相摩，八卦相荡"，认为一切事物的变化发展、疾病的转归、情绪的变化等，都是由阴阳的交互作用决定的。①《周易》探究世界的目的，不是要研究物质客体的绝对本质和成分，它种种复杂的卦象变化中，阴阳两爻的本身就是本质，是不变化的，变化的是关系，关系重于本质，一切复杂的变化来源于关系的变化，由此而衍生出《周易》"时"、"位"、"中"的理念，认为事物的变化发展是跟特定的时间、地点和限度联系在一切的，心理疾病的变化也是如此，在具体的治则上，要通过四诊合参，准确地定位疾病的发病时间规律和发病部位，把握疾病发病的阴阳寒热性质和虚实程度。人与天地相应，脏腑经络气血与四季气候主时，乃至十二时辰的节律相应都有周期性的变化，已经被广泛应用到情志心理疾病的治疗中。

《黄帝内经》吸取易经的阴阳五行学说和象数之术。如《黄帝内经·阴阳应象大论》说："故积阳为天，积阴为地。阴静阳燥，阳生阴长，阳杀阴藏。阳化气，阴成形"②。这段话阐明了阴阳是"道"，是万事万物变化——易的根本；见于医学，阴阳则是人体变化之本，是人生死存亡之本，也是治疗之本。《周易》用卦象和爻象来说明事物。脏象有两种意思：一为象人体之脏；二为取类比象。《黄帝内经》吸收《周易》的脏象思想，立天象、物象来表达这一意思。如《素问·阴阳应象大论》中云："东方生风，风生木，木生酸，酸生肝，肝生筋，筋生心，肝主木。其在天为玄，在人为道，在地为化，化生五味。道生智，玄生神，神在天为风，在地为木，在体为筋，在脏为肝，在色为苍，在音为角，在声为呼，在变动为握，在窍为目，在味为酸，在志为怒。

---

① 祝世讷：《〈周易〉的思想孕育了中医的特色》，载《山东医科大学学报》（社会科学版），1990年第3期，第1页。

② 王冰注：《黄帝内经·素问》，人民卫生出版社1956年版，第31页。

怒伤肝，悲胜怒；风伤筋，燥胜风；酸伤筋，辛胜酸"①。这根据五行学说发挥，用方位、气候、颜色、音乐、味道、情志等方面去多角度地说明肝的作用机制。

以现代的学术观点来看，《黄帝内经》反复阐述的"天地万物与人都是阴阳二气交合之后产生精神"，这种精神很难界定为物质的或者说是精神意识的，以西方的二分哲学思维方式来理解中国医易心理治疗在这里显得捉襟见肘。在心理学的理论和临床实践前沿，西方心理学家也越来越感觉到遗传与环境的关系难以有个清晰的划分，生物、心理、社会因素都可能影响人身心状态的变化，尤其是在当代西方的生态趋向的心理学中也认识到，居住环境的变化对人的影响也不可忽视。当前的生态趋向的心理学把人置身于一个多层次的系统中进行理解，《黄帝内经》中也指出人在不同的时空变化中都会有相应的变化。可见以周易为哲学基础的中医心理学是本于"天（时间）、地（空间）和人（身心）"模式的生态治疗。《黄帝内经》的思维是在生命科学中自然地对自然知识和社会知识进行概括，创立的是符合哲学思维的医学模式，并非只是哲学的概念，而且在此基础上进行了生态心理治疗的临床实践。把《周易》和《黄帝内经》对世界的认知模式应用到心理学领域，注定了与生存环境融为一体的医易心理治疗能够发挥本身优势，形成自己独具特色的方法论和方法模型。

2 医易心理治疗的方法论

在方法论的问题上，科学的心理学通常的方法是通过询问"这是什么？"开始，将世界客体化，确立"理性为自然立法"的地位。"是什么"相当于现象学的"存在者"，与其相对应的是"存在"，亦即"是"。科学自以为懂得了什么是"是"，展现出来的却是"是什么"。现象学引导我们要回到"是"，亦即存在上去，而非停滞于"是什么"，否则思考会囿于对存在者的追问而

---

① 王冰注：《黄帝内经·素问》，人民卫生出版社1956年版，第37页。

失去存在。"是"是"是什么"的根据，不理解"是"，就不可能理解"是什么"。科学正引导医学走向对于结构、功能、蛋白乃至基因等等的研究，孤注一掷地奔向存在者，而又以存在自居，本质先于存在。种种研究方法、信度、效度、检验和统计数据等描述的只是静态的质性，没有内部、深度和意识，难以应对变化的世界。相应的科学采用"代庖"的姿态获取自己作决定的权利，越入他者的位置，使自由的他者按照科学的意愿成为受控的他者。如果医易心理治疗为科学所控制，那么它不再是一种自主性的过程和目的本身，只关心数据、操作，好多人迷于工具理性，认为医易心理治疗没有自己的科学研究方法和可靠的哲学基础。以中医为例，当前西方医学的实验方法既能证实中医概念的科学性，又能证实它的非科学性，中医科学研究陷入了二律背反，走自己的路是必然选择，医易心理治疗也是一样。离开西医的科学视野，下面对医易心理治疗的方法论、经验的可靠性等问题作详细的介绍。

（1）医易心理治疗与研究现场融为一体。

唯有放下理性假设的科学框架，医易心理治疗才能摆脱"他者"的阴影。研究者以自身作为研究工具，在参与者的视角上研究存在的问题，既不假设问题的存在，也不从众于专业人员所认为的重要问题。与现场保持紧密的联系，着眼于过程的分析。研究者亲临现场与研究对象融为一体，参与到整体世界的内部。作为一个治疗者，必须让自己完全进入治疗现场中的各种关系，不必分析和计划，靠自己的机体对临床情境作出反应，治疗过程的核心是使自己成为一个经验的统一体。研究者知道自己在探求，但是不知道要找的具体是什么，这不同于物我分离的实证主义立场。由于研究是在一个富于各种线索和情境中进行的，自然会形成大量的意象，丰富的意象和信息会使研究者变得敏锐起来，提出许多新颖的问题，并在以后的进程中对问题进行新的观照，初步的尝试模型呼之欲出。如果要作所谓的客观观察，看似避免有主观的要素参与其中，实际上是主观主义在运用自己的狭隘经验来解释整个过程，而不是与实际的过程相贴近，这是他们不可避免的歧路。可见现象学视角下的经验更可靠。

研究者的目的不是通过假设得出某种相关模型或因果关系的理论。与经典理论相贴近的倾向也不是关注点，目标在于发现新的理论并超越目前成型的理论。与现场互动中研究者渐渐知道曾经发生了什么，正发生着什么并探索将来可能的路。科学实证的分析是一个线性的过程，一旦研究者借助假设建立了自己的研究框架，就知道问什么样的问题，关于谁的问题，或者说在何时采用何种手段干预。实际临床情境的问题不断变化，研究者并不是那么容易地知道找什么，问题也不是确定性的陈述，面对流动的过程仅仅进行定量的描述绝非最完美的选择。

同时研究者要明了自己保持了怎样的视角，也要知道传统的文化资源是怎样界定自己的问题并寻求解决的。在这个角度上，周围的一切都是资料，都为我所用而又不受其制约，显然这是一种包容量的研究的定性研究方法，在更广阔的视角上有更大的可能避免片面的量的描述或模型建构带来的问题，甚至历史资料、小说、戏剧、街头巷尾的议论都可能成为有价值的研究资料。[1]

（2）循环实证，产生理论。

医易心理治疗研究过程中的关键是问题自然显现出来，而不是通过假设认为提取出来的。样本的选择在起初是不可预料的，在丰富的资料和敏锐的观照之下，通过不断比较的方法将资料概念化，进而聚集到一个个更为含容的类别中，通过自现的假设来整合一切。普遍的模式、关系以及在此之下种种条件的变化就是理论的全部。它是一项周而复始的循环运动，最终的结果趋向于产生自成体系的理论，它能解释一个觉察到的问题是怎样被解决的。理论的自身展示了情境的发展过程、策略、类型等，反过来又能描述、解释、预测。[2] 当然，除了深深地沉入到生活现场中，作为研究者还要有一定的独立性，有反思的能力，让自己的研究视角不预先假定，自觉地随时改变，自觉地不去界定问题，尝试一种开放性。碰到障碍时可以反思到底是哪里出了问题，

---

[1] Glaser, B., and Strauss, A. (1967), *The Discovery of Grounded Theory: Strategies for Qualitative Research,* Chicago: Aldine de Gruyter.

[2] Dahlback, N., Jonsson, A. & Ahrenberg, L. (1993), Wizard of OZ Studies–why and How, In Proceedings Intelligent User Interfaces' 93 (pp. 193–200).

可能不是临床上有那么多的问题,而是对问题的界定出了问题。所以在研究过程中,要剔除预先的假设,避免权威的影响,避免专家般地先入为主的论断。①

(3)实践的检验与反馈。

最后的发言权要交给事实本身和对实事的研究,不能在立场的解释中丧失自身。②既要避免过早产生不成熟的理论,还要时时通过反馈修正理论,毕竟目标不在于理论,而是临床的实践效果,保证理论和生活现场的切合性,避免科学实验条件的封闭性。它是真实的现场本身,不但经得起临床的检验,而且它和真正的科学精神也并行不悖,实证的数量指标也能显示出理论的有效性。经得起实践的检验是任何理论的第一要义,不能因为是定性的研究就回避有效性。此种定性研究能够填补微观上的空白,而非面对个案顾此失彼的总体样本平均数。

这种取自于植根理论的研究方法不遵守实证研究的戒律,但是也不放弃实证研究的广泛假设。既结合现象学的要素,同时也具备实用的特征。不同的研究阶段有不同的哲学基础:初期发现的阶段依据现象学的原则,面对现场本身,从参与者的视角上看问题,融入变化的过程中,依靠不断比较的方法和经验的整合作用;理论成形的阶段,反观自己视角的同时,依据实证式的理解,产生自成体系的理论;评估的阶段,根据实用的标准并不断修正。这些阶段并非断开,而是处于一个过程中。最终的理论是通过与现场的适合性,是否起作用,自我修正的能力,严密性,整合性等标准来判断的。③还要提一

---

① M. B. Miles and A. M. Huberman (1994), Qualitative Data Analysis–An Expanded Sourcebook, Second Edition, Sage:CA.

② W. J. Orlikowski and J. J. Baroudi (1991), "Studying Information Technology in Organizations: Research Approaches and Assumptions", *Information Systems Research*, Volume 2, Number 1, pp. 1–28.

③ H. K. Klein and M. D. Myers (1999), "A Set of Principles for Conducting and Evaluating, Interpretive Field Studies in Information Systems", *MIS Quarterly, Special Issue on Intensive Research*, Volume 23, Number 1.

下这种研究方式的局限性，亦即以人为研究工具的不确定性，需要时间和历练，需要理论和实践上的敏感性，既要有通化材料的能力，又要有保持距离形成诊断的能力。另外不是每一个人都具有相同的可重复的操作能力，这不是产生理论的能力，而是自身的理论能否切合情境[①]。

当前的研究者失去了驾驭直接的生活资料的能力，囿于量的研究和质的研究分界线而无所适从。量化的实验研究首先是提出假设，直接进入第二阶段的研究，省略了第一阶段的研究者的无思无为，把治疗的丰富过程还原为数字的表达；大多数质的研究难以应对实践的检验与反馈，失去了理论与现实之间互动调节的能力。《周易》指出"易无思也，无为也，寂然不动，感而遂通天下之故。非天下之致神，其孰能与於此"[②]。这正是先民"先于思考的、先于理论的、先于概念的实践现象学"姿态。毫无疑问"古者包羲氏之王天下也，仰则观象於天，俯则观法於地，观鸟兽之文，与地之宜，近取诸身，远取诸物，於是始作八卦，以通神明之德，以类万物之情"[③]。这是将周围的一切看做自己的资料，进而形成自己的理论模型——八卦来模拟世界；又讲"是以君主子将以有为也，将以有行也，问焉而以言，其受命也如响，无有远近幽深，遂知来物。非天下之至精，其孰能与於此"。这堪称实践及其运用的极佳效果。更警示"夫易，圣人之所以极深而研几也。惟深也，故能通天下之志；惟几也，故能成天下之务"，后世如果不能"极深而研几"，就会丢掉深深的理解之根，肤浅在所难免。可见在研究的方法论问题上，东方和西方的对话是可能的，二者"和而不同"。

[①] A. Madill, A. Jordan, and C. Shirley (2000), "Objectivity and Reliability in Qualitative Analysis: Realist, Contextualist and Radical Constructionist Epistemologies", *British Journal of Psychology*, Vol 91, pp. 1–20.

[②] 朱熹：《周易本义》，天津古籍出版社1988年版，第14页。

[③] 同上，第15页。

3 医易心理治疗的方法模型

古人的对于世界的研究方法,首先提出"天圆地方"的理念。认为天道圆转无穷、变化莫测,如果要把握的话,就要"以方求圆",也就是依靠稳定的"方式和方法"模型来更好地把握研究现场的变化。这种种不同的模型之中,首先依靠的是阴阳模型。《易经》虽没直接提出阴阳的定义,但阴阳的内涵却寓于阴爻(– –)、阳爻(—)的符号之中。《易传》中明确提出阴阳的概念,从哲学高度进行了概括,指出"一阴一阳之谓道",把阴阳的存在及其相互间的运动规律视作自然界的基本规律,这样就使《易经》阴、阳爻摆脱了占卜的用途,而升华为哲学的范畴,从而使《周易》质变为哲学著作。《庄子·天下篇》说:"《易》以道阴阳"[1],即言阴阳是《周易》思想的核心学说。《黄帝内经》继承了《周易》的阴阳学说。《素问·阴阳应象大论》说:"阴阳者,天地之道也,万物之纲纪,变化之父母,生杀之本始,神明之府也。"[2]指出阴阳变化是支配天地万物的根本规律。《黄帝内经》对《周易》阴阳哲学的发展,主要在于把阴阳哲学和医学结合,用阴阳理论来阐释人体生理功能、病理变化,指导对疾病的诊断辨证、药物性能的分析。阴阳的互根互用、消长平衡、相互转化被用来阐释人体生命现象的基本矛盾和客观规律,以及人体与自然相应的整体联系。

其次是五行模型。虽然通行本《周易》未见"五行"一词,但帛书本《周易》则多次提到"五行"。黎子耀先生在《马王堆汉墓帛书易经卦序释义》中提到:帛书《易经》的发现表明《周易》的八卦包含了阴阳五行思想。这打破了认为八卦只讲阴阳,不讲五行的看法。司马迁《太史公自序》说:"《易》著天地、阴阳、四时、五行,故长于变。"[3]也明确指出《易》蕴含五行之理。

---

[1] 王先谦:《庄子集解》,上海书店1987年版,第101页。
[2] 山东中医学院、河北中医学院校释:《黄帝内经素问校释》(上册),人民卫生出版社1982年版,第62页。
[3] [汉]司马迁:《史记·太史公自序》,中州古籍出版社1994年版。

五行和阴阳在思维方式上是一致的，都是对宇宙万物进行类推，根本上说，五行是两对阴阳加上起协调作用的中"土"，因而五行说是阴阳说的完善。《黄帝内经》以五行结构为模型建立脏象体系，运用五行的属性及生克乘侮胜复的规律，说明脏腑、形体、环境相互的关系，分析病理，指导诊断、辨证、处方用药及预防，也能够用以推演预测疾病的转归预后。

再次，是河洛卦象数理模型。《周易》的河洛卦象数理模型是指由人所作的模拟天地万物存在和变化方式的各种象征性图形、符号，以及其中的数目和次序关系，包括九宫图数、河洛图数、先后天六十四卦方位及次序图、太极图、纳音、纳甲、五行生成数、干支甲子等。《黄帝内经》借助河洛卦象数理模型来建构人体生理、病理观。《灵枢·九宫八风》篇借用了九宫图说，直接将八卦与脏腑配合，以九宫八卦占盘作为观察天、地与人的工具，将八卦八方虚风与病变部位有机对应。

象数思维方式贯穿了以上的过程，分为取象和运数两步进行研究。首先是取象，不仅对外部的结构比类，更重要的是从属性等出发，凡特征同一，属性相同或相似都可归属为同类。"整部《易经》从某种意义上说就是从卦象到物象、从物象到意象的双向推导，双向比拟的过程，《易经》思维实际上就是'象思维'"[1]。中医学运用取象思维，将人体脏腑、身形、情志等与自然界声音、颜色、味道、方位等，按运动功能之象上的一致，分别纳入阴阳五行的象数模型中，确立出以五脏为核心的"四时五脏阴阳"的藏象模式。[2]第二步是运数。在思维过程中，以数为媒介，认识、预测事物及发展变化的思维方法称为运数法。阳九阴六数、天地生成数、河图数、洛书数、大衍之数等，统称"易数"。《黄帝内经》借助易数对人体进行认识。例如以"七"、"八"表示人体阶段发育的时间。《素问·上古天真论》以"女子七岁"、"丈夫八岁"为时间段论人体发育的过程。为何男子以八为周期、女子以七为周期时间段呢？唐宗海《医易通说》按易数解释说："'河图'之数配后天八卦，验之

---

[1] 张其成：《东方生命花园——易学与中医》，中国书店1999年版，第103页。
[2] 张其成：《中医哲学基础》，中国中医药出版社2004年版，第293页。

于人，有确切不移者，无过于女子七岁更齿，二七而天癸至；男子八岁更齿，二八而天癸至。盖少女属兑卦得七数，少男属艮卦八数，故以七、八起算。"①以易数预测预后也是象数思维方式的一个特点，如《灵枢·阴阳二十五人》言："凡人之大忌，常加九岁，七岁、十六岁、二十五岁、三十四岁、四十三岁、五十二岁、六十一岁，皆人之大忌，不可不自安也。"②张景岳的注认为："此言年忌始于七岁，皆递加九年者，盖以七为阳之少，九为阳之老，阳数极于九而极必变，故自七岁以后，凡遇九年，皆为年忌。"③这是以易数阴阳老少、消长进退理论解释年忌计数原则。

古人把天干和地支搭配，把形成的60甲子作为研究工具，正是一种量与质研究的完美结合体，再辅以易经的象数思维，就能够触类旁通，把握天地阴阳。天干和地支在易学中占有很重要的地位，天干是指甲、乙、丙、丁、戊、己、庚、辛、壬、癸十天干；地支是指子、丑、寅、卯、辰、巳、午、未、申、酉、戌、亥十二地支。每一个干支，既是一个序数，又可以表示事物发展变化某个阶段的性质，是质与数的合一。按照《律书》所言，十天干和十二地支是古人用来描述天地阴阳五行之气在不同时令的变化状况的。例如地支中的卯，方位是东方，其风为明庶风，意为万物都开始出来了。在时间上是二月。在《律书》上对应着"夹钟"，阴阳相互夹杂在一起的意思。又如天干甲，时间上是春季，此阶段的性质是万物在春季破甲壳出来，空间方位上是东方。总之，古人用干支来表示天地阴阳五行之气，描述在周期性的天地时空变化中万物各自形态变化的特征，不但能够追溯以往的变化，还能预测未来可能的变化，使过去、现在和未来成为一体。

在中医学界，古人把干支理论与河图和洛书模型相结合，发展了五运六气学说，实现了量与质的研究方法的结合，同时也把象和数结合起来了，用

---

① 唐宗海：《医易通说》，顾植山校，中医古籍出版社1989年版，第22页。
② 《黄帝内经》，中医古籍出版社2003年版，第275页。
③ [明]张景岳：《张景岳医学全书·类经·脏象类》，中国中医药出版社1999年版，第74页。

以标记人的健康状况与时空变化的关系。医易心理治疗的身体观决定了身心二者不但是不可分离的，而且是在动态开放的时空变化中互通的，因此我们完全可以以五运六气对于身体的影响，运用到对于心理状况的考察和理解上，这样医易心理治疗也就有了非常可靠的研究模型作为工具来调治身心。五运六气与人体的因应，简而言之，就是人体既与逐时、逐日、逐月、逐年的四时五行相参相应，又与同时并存于天地之中的四时五行相参相应。五运六气学说中周期性的时空交变，表现在时间和空间上，天干的周期性导致人体先天素质的变化。而六年周期性的自然变化，容易引起各自相应的病理部位的内脏发病[1]。下面辅以案例来说明：《中医时间治疗学应用全书》[2]给出了一患者月圆时烦躁，月初时抑郁的案例：郑某，女，48岁，1988年1月19日初诊。症状：每当月亮初出的时候，情绪低落，悲伤欲哭，满面愁容，精神不振，反应呆滞，动作时有短暂木僵状，健忘，体形消瘦。月圆时，烦躁不安，稍不称心，则暴跳如雷，面色红润，头晕目眩，入睡困难，甚则通宵不眠，言语滔滔，毫无目的地到处奔走，感觉体力过人。月缺时病情相对稳定。经半年观察，患者疾病发作均有此规律，月初患者表现以感情抑郁为基本的症状，月圆患者表现以情绪高涨为基本症状，月缺时病情相对平稳状。在治疗上医者在月初的抑郁期治以疏肝解郁，行气醒神，以柴胡疏肝散加减；在月圆狂躁期，治以平肝潜阳，清热除烦，镇心安神，方用丹栀逍遥散加减；在月缺病情稳定期，则调养心、肝、脾三脏，方用甘麦大枣汤加减。经过两个月的周期性治疗后，病人症状消失，随访一年未见复发。[3]此书同时提到了酉时昏睡服小柴胡汤案[4]：候某某，女，18岁，学生，1990年4月22日诊。患者一个月来，每晚6时至6时30分左右即感胸闷、烦躁、恶心，继之扑倒昏

---

[1] 汪德云：《六气环流引起人体病理定位内脏发病的年度规律的探讨》，载《中医药学报》，1985年第6期。
[2] 胡剑北：《中医时间治疗学应用全书》，华夏出版社1993年版，第43页。
[3] 贺海军：《抑郁、狂躁与月亮变化的关系》，载《辽宁中医杂志》，1991年第7期。
[4] 胡剑北：《中医时间治疗学应用全书》，华夏出版社1993年版，第201页。

睡1小时左右，昏睡时他人呼之不应，醒后如常人。经省级医院诊为癫痫病，服药治疗一月无效，求中医诊治，望诊面色黄而有华，目光有神，语言清晰，活动自如，心肺无殊。B超检查肝胆脾无异常。舌尖边偏红，苔薄黄，脉弦。酉时为阴阳持平之时，交替不当，当平不平而发病，医者用小柴胡汤加减五剂而愈。[①] 西方的心理学治疗，心理学家、临床专家的判断标准主要是根据DSM手册的机械命名与标准，尽管它自身也在根据临床症候不断地变化，但是DSM手册一个很重要的特点就是没有考虑到时间和空间两大要素，因此医者往往束手无策，给疾病贴一个标签或者进行命名之后，再也无能为力。这也从另一个侧面说明中医干支时空模型治疗对于西方心理学的重大意义。

综上所述，医易心理治疗的产生，取法于张介宾"医易同源"的观点，以易为体，采纳周易善于变化的思维方式，以阴阳的互动作为根本的指导思想，把握动态的变易规律，提取研究现场中变与不变的要素，归纳医易心理治疗的原则和模型；同时又以医为用，借鉴中医的情志理论研究和治疗方法，应用于临床的治疗。在总体上突破了西方传统心理治疗以"意识"或者"身体"为中心的对立，打破了心理疾病源于内在的意识"矛盾"的观念。借鉴西方心理学研究的方法论，尝试建构医易心理治疗的方法论和方法模型，使实践上的医易心理治疗不但能够涵盖西方生态学与心理学的基本思想，而且能够应用到心理咨询与治疗的实践中。医易心理治疗的方法论与方法模型的建立，对于推动以周易为哲学基础的其他学科的规范研究，也将能够起到指导性的作用，弥补《周易》和中医相关研究领域没有科学的方法论和具体方法模型的弊端。

为了进一步阐明医易心理治疗的实践意义，笔者在此略赘述几个成功的治疗案例，与读者共享，感受意义心理治疗在实践上的有效性。

案例一：某国企总经理，男，53岁。神疲乏力，纳呆，恶闻人声。眠差多梦，服用舒乐安定一年三个月。后背僵硬，颈椎时麻木甚则疼。疲劳时心

---

① 杨启瑞：《小柴胡汤治愈酉时昏睡一则》，载《中医杂志》，1991年第12期。

悸，胃部不舒，食后易胀，大便难。观其舌淡红，苔薄微黄，脉象双关滑利。诊为阴阳错杂，清阳不升，浊阴不降。拟用和法，处方：

生甘草 20g 黄芩 10g 黄连 3g 干姜 9g 姜半夏 15g 生晒参 10g 大枣 9 个

一诊七剂，水煎服，饭后服，日三次。

五日后来电，所有症状消失。为了巩固疗效，二诊处方不便，一年后随访无复发。

案例二：某局局长，女，47 岁。腰部不舒，久立则疼。失眠、易急躁，甚则心口憋闷。头晕，脸部略肿。大便干燥，小便可。食后胃胀。言多则浑身无力。舌部淡红苔薄白脉双寸弱，右关滑。诊为太阳枢机不利。拟处方：

黄芪 15g 桂枝 12g 杭白芍 12g 炙甘草 10g 枳实 12g 生白术 6g 干姜 6g 姜半夏 12g 蜂蜜 9g

一诊七剂。病去如失。

案例三：王某，男，27 岁。性欲低下，婚后两月无法行房事。多噩梦，经常梦落入大水，梦被击打。腰痛，肾脏疼如被摘除感。头部招风则疼。坐则犯困，易激动。颈部大椎穴疼麻。舌淡红苔薄白，脉象六部沉弱。诊为少阳枢机不利。处方：

柴胡 18g 姜半夏 12g 黄芩 9g 党参 10g 桂枝 12g 生白芍 12g 炙甘草 10g 仙茅 12g 仙灵脾 15g

一诊九剂。服后勃起明显，噩梦消失，腰肾部疼痛消失。

浅析生态心理学理念对心理咨询的启示

温娟[①] 訾非[②]

生态心理学是心理学研究中比较新的一种取向，虽然关于它的研究并非非常全面和深入，研究者们对于它的认识也并非非常统一，但它作为一种特殊的研究范式对心理学研究领域有着重要影响，尤其是对心理咨询领域的许多观点的重新思考更是带来许多新的启示。

1 心理系统

格式塔心理学家勒温被认为是生态心理学研究的先驱，他提出"心理生态学"的概念，把人的心理比作生态系统，环境则属于这个系统的一部分（陈璇，2012）。[③]实际上，格式塔心理学与生态心理学确实有着相通之处，格式塔心理学最基本的整体性原则就体现了生态心理学的系统性，整体性强调的是纵观全局和元素的内部联系性，这与系统性类似，但是生态系统比之某一整体显得更富活力和流动性，因而将人的心理世界看做类似生态系统是非常生动且合适的。以勒温的观点来看，人的心理是一个整体的生态系统，包括内部世界和外部环境，二者交互作用，互相影响，当考虑人的心理活动（包

[①] 温娟，北京林业大学心理系硕士研究生，研究方向：心理咨询与治疗。
[②] 訾非，北京林业大学心理系副教授，研究方向：人格心理学，审美心理学，表达性艺术治疗。
[③] 陈璇：《浅论生态心理学》，载《南昌教育学院学报》，2012年第12期，第130—131页。

括心理障碍）时应该考虑到整个动态的系统。而訾非（2012）认为应该从心灵自身的生态系统和心灵所从存在的生态系统（他人、家庭、社会、宇宙）两方面去理解。① 这二者的观点可以简单看成是把个体心理与环境在系统中的位置从并列变成从属的关系。当然，本来涉及系统之后，情况就会变得非常复杂，因为系统中总是有非常多互相联系的元素，构成庞杂的关系链和关系网，同时不同的元素之间又有许多不同的相互作用，导致系统一直处于动态变化，但是相对平衡的状态。而当涉及生态系统时则更加复杂，因为生态系统往往是依靠自身的内在动力运转的，所以它才得以长久存在，但它也因此变得非常巨大和复杂。由此可见，考虑到人的心理的复杂性，也完全可以将之比作一个"生态系统"，而心理咨询的对象，就从原先的心理元素变成了这样一个心理系统。

2 心理动力

心理咨询中经典精神分析学派的创始人弗洛伊德已经相对具有系统的观点，不论是他的冰山模型还是性心理发展理论，都具有一定的结构性。除此之外，他还提出潜意识心理动力学的观点。他认为潜意识是人的心理结构中最重要也是最多的一部分，这一结构让人们认识到自身身上有许多不可认识的、深层的、黑暗的部分，但这一部分也是最具有能量的。生物的能量是流动的、循环的，心理的能量也是如此。实际上，弗洛伊德认为心理疾病之所以发生就是心理能量固结在某一发展阶段的结果。关于深层心理的潜意识是精神分析取向的心理咨询中非常重要的部分，弗洛伊德之后的荣格进一步提出集体潜意识，这就促使生态潜意识概念的诞生。生态潜意识是人的天性，即是人的心灵与自然界除了物理—化学联系之外的一种强烈的情感联结（刘婷，陈

---

① 訾非：《感受的分析——完美主义与强迫性人格的心理咨询与治疗》，中央编译出版社2012年版，第396—399页。

红兵，2002）。① 这种先天的联系其实是有许多证据的，比如人们看望病人时一般送花束和水果，这体现了自然物的治愈作用。虽然人类已经走出原始的自然环境建立了社会，但是人类社会依然无法脱离自然而独立存在，当人们厌倦拥挤繁忙的城市生活之后总是想要回归自然来放松。訾非（2011）提出人对自然存在二元对立情感的观点，即个体与世界的关系包含了积极和消极两种互相对立的感受，而在不同感受的驱使下会产生趋近或回避等不同的行为。② 王广新（2011）进一步提出生态潜意识存在二元对立的观点，认为人与自然的情感联结一方面表现为感恩、依赖、祈求、和谐，另一方面表现为恐惧、敬畏、反抗、征服、攫取，这两种集体潜意识交互存在，交互影响着人们的集体意识。③

关于心理动力，弗洛伊德提出生本能和死本能的观点。但从生态学的观点来看，仅两种动力是远远不足以支持整个心理生态系统运转的，这就好比食物链中最底层是依靠光能来存活，而上层则是依靠其下层而不是直接的光能来存活，不仅不同级别的能量形式不同，同级别的能量大小也有区别。之后随着精神分析的发展，关于心理动力的观点发展到最新的动力系统理论，这实际上也是生态学取向的发展。动力系统理论提出七种动力系统：心理规则，依恋，群体情感，照顾，探索，喜爱或厌恶，情感和性（Lichtenberg, Lachmann & Fosshage, 2010）。④ 虽然相比之前的观点，动力系统的观点已经完善许多，但用这七种能否囊括整个心理动力系统是存在争议的。如果将心理动力系统比拟为生态系统，最重要的不是找出系统中所有元素，而是系统

---

① 刘婷、陈红兵：《生态心理学研究述评》，载《东北大学学报》（社会科学版），2002年第2期，第83—85页。
② 訾非：《人类世界感的二元对立及其对心理咨询与治疗的启示》，见吴建平、訾非、李明主编：《环境与人类心理：首届中国环境与生态心理学大会论文集》，中央编译出版社2011年版，第20—26页。
③ 王广新：《生态意识、生态潜意识与生态消费》，载《北京林业大学学报》（社会科学版），2011年第1期，第50—53页。
④ Lichtenberg, J. D., Lachmann, F. M., and Fosshage, J. L., *Psychoanalysis and Motivational Systems: A New Look*, New York: Routledge, 2010, p.13.

运作的原理，但是心理动力系统并不像生态系统中有许多等级明确的生物链和生物网，因为许多心理活动都是平行且同时发生的，一种行动可能由不同的动力激发，而且同一种动力可能激发不同的行动，所以显得更加复杂。除此之外，人的心理动力系统相比生态系统有一个纵向发展——从不成熟走向成熟，从不稳定走向相对稳定的过程。而生态系统与之相比则一直处在一个较成熟的阶段，基本只进行着系统内能量的循环往复，大的变动比较少。但是人的心理在到达成熟前有一个较大的变化过程，即从无到有，从简单到复杂，从不成熟到较成熟。而随着动力系统的愈加复杂，心理能量和动力也变得越来越多和复杂，人的行为和心理活动也越来越多和复杂。

3 心理环境

环境在生态心理学研究中受到普遍关注（Young, Depalma & Garrett, 2002）。[①] 易芳（2005）按照对环境的关注程度和差异将其分为两类：一类是只把环境看做是研究对象的考察背景，而不是直接的研究对象；另外一类是把环境和人的交互关系作为研究对象，将环境作为研究对象之一。[②] 笔者认为从生态学的观点来看，心理环境是人的个体心理赖以存在的环境，包括内部环境和外部环境。外部环境是指包括自然、社会等在内的外界环境，而内部环境是外部世界在内心的投影，这种投影并不像水中月那样简单，而是经过个体心理作用之后变化的"影像"，或者说是外部客体作用之后留下的心理痕迹。外部环境对人心理的影响是显而易见的，曹行船（2006）从环境心理学的角度论述了环境污染对人心理的影响：既能通过遗传变异导致出生缺陷，

[①] Young, M. F., Depalma, A. and Garrett, S., "Situations, Interaction, Process and Affordances: An Ecological Psychology Perspective", *Instructional Science*, Vol.30, 2002, pp. 47–63.
[②] 易芳：《生态心理学之界说》，载《心理学探新》，2005年第2期，第12—16页。

也能通过直接损害身体产生影响。[1] 除了自然环境，还有社会文化环境的影响，社会文化环境对人的塑造作用更不可小觑。行为主义的创始人华生关于环境对人的影响的那段著名的论断虽然过于极端，但也表明社会环境对人的发展的确是有很重要的影响。人的心理系统存在纵向发展的过程，但是发展必须通过自身内在和外界互相交流，能量才能流动，发展才得以维持，而与个体自身内在接触和交流最多的就是其成长的社会文化环境。总而言之，自然环境和社会环境一起对个体心理起塑造作用，这也是人的自然性和社会性这双重属性的最好表达。Bronfenbrenner（1995）作出更细致的区分，他提出与个人发展密切相关的四种环境系统，由内到外分别是：微系统、中系统、外系统和宏系统，微系统处于个体生存环境的最里层，这一系统是指个体活动和交往的直接环境；中系统是指各微系统之间的联系或相互关系；外系统是指那些个体并未直接参与，但却对他们的发展产生影响的系统；宏系统是指是存在于以上 3 个系统中的文化、亚文化和社会环境。[2]

外部环境的影响是比较容易看清楚的，而内部环境却相对界限不明。内部环境的反映就是内心世界，这是很难用语言去表达清楚的。当接近一个人时，感受到对方是一个热情、开朗、真诚或者冷漠、自私、残酷的人时，那些特征就构成他的内心世界。当然，他人能感受到的仅仅只是一部分，甚至或许他自己能意识到的也只是一部分，但是它还有其他的方式可以表现，比如梦、意象、沙盘等。张雯、张日晟和姜志玲（2011）研究了强迫症状大学生的箱庭作品特征，发现高强迫症状组大学生的箱庭作品多呈现出静态特点，以呈现内心世界为主，一部分被试使用的玩具和占据的空间都比较少，属于"贫乏世界模式"，而另一部分被试尽管使用玩具较多，但玩具大多分散、无联系、

---

[1] 曹行船：《环境污染对人的心理效应》，载《社会心理科学》，2006 年第 5 期，第 116—119 页。

[2] Bronfenbrenner, U., *Examining Lives in Context: Perspective on the Ecology of Human Development*, Washington, DC: American Psychological Association, 1995, pp. 19–60.

混乱地摆放在沙箱之中，呈现出无组织的状态。[1]这一结果表明内部心理环境状况是能反映心理健康状况的。沙盘疗法中多种多样的沙具是现实世界中各种实物或者想象的模型，它们有各自不同的象征涵义，而最终构建出的沙盘作品则代表作者的内心世界，即使不是全部，也一定是当时相当重要的部分。

外部环境和内部环境并不是各自独立的，构建内部世界的原型来源于外部，而构建出的内部世界又会对外部产生影响，二者相互作用，构成动态的心理环境系统。因为心理活动的特殊性，有时候很难把心理本身和心理环境区分开，尤其是和内部心理环境。这种情况下可以借鉴格式塔心理学的组织原则：图形与背景的关系的原则。当一种心理活动被激活后，虽然它与其他活动是有联系的，但是激活的部分就是主体，其他与之联系的部分自动变成"背景"。在心理活动中，"图形"与"背景"总是在不停变换位置的，这样心理活动的主体与心理环境就构成一个运动的心理生态系统。

4 心理健康

一个生态系统最重要的就是保持平衡，对心理生态系统来说就是保持其健康。自从生态心理学兴起之后，研究者们对于心理健康又有了新的看法，提出生态心理健康这一概念。张忠和陈家麟（2008）认为生态心理健康的标准是：整体和谐性，动态平衡性，可持续发展性。[2]肖二平和燕良轼（2002）提出生态心理健康的内容：自我的平衡，即个体心理内部的平衡；以及自我与环境的平衡。[3]訾非（2012）认为以生态的观点理解心理健康就是把心理健康看成一种动态过程，即心灵在适当的情况下表现为适当的状态，而不是某

---

[1] 张雯、张日昇、姜智玲：《强迫症状大学生的箱庭作品特征研究》，载《中国临床心理学杂志》，2011年第19期，第553—557页。

[2] 张忠、陈家麟：《生态哲学视野下的心理健康观——兼论心理健康概念的内涵》，载《扬州大学学报》（高教研究版），2008年第1期，第22—25页。

[3] 肖二平、燕良轼：《生态心理健康——心理健康研究的新视野》，载《湖南师范大学教育科学学报》，2002年第4期，第113—117页。

种"标准"状态。[①]心理健康一直以来都是心理咨询的重要目标,因而它的涵义的变化对心理咨询有重要的影响。以生态心理学的观点来看,保持心理健康就是保持心理生态系统的平衡,让其正常运转;此外,因为心理系统是不断向前发展的,所以保持健康也需要促使它动态向前发展,这种发展让心理处在最适宜当前的心理环境的状态下,也使心理系统的运转处在最佳状态。在心理未发展成熟之前,这种纵向的发展变化应该是很大很迅速的,而当心理发展到某一较成熟的阶段之后,就会像自然生态系统一样循环运动,保持动态平衡,只有微调。但是当出现大的变故之后,即超过了系统能承受的阈限值时,这种循环的系统可能会被打破,心理健康就会遭受巨大的危机,此时心理系统不再能自发运转,而需外力的帮助。

5 对心理咨询的启示

当把心理咨询的对象从心理问题看成整个心理系统,情况好像就变得复杂许多,但是,以系统性的观点对来访者进行心理评估是很有好处的,因为这样更全面,不仅能看到真正的问题出在哪里,也能看到解决的要点在哪里。有些问题很简单,可能只需直接针对解决问题;而有些问题只是表象,需要解决的其实是隐藏在深处还未暴露出的问题。评估是咨询的第一步,它直接影响之后的咨询过程进行的难易程度,甚至是方法选择的正确与否,所以评估至关重要,尽管评估心理系统比评估单纯的心理问题复杂许多。此外,因为心理系统是不断变化的,所以咨询的整个过程都需要随时评估。当咨询师与来访者相遇时,便是两个复杂的心灵系统的相遇(訾非,2012)。[②]但是当咨询师开始对来访者进行干预时,这两个心理系统就开始有了能量流动,重

[①] 訾非:《感受的分析——完美主义与强迫性人格的心理咨询与治疗》,中央编译出版社2012年版,第396—399页。

[②] 同上。

新构建成一个大的生态系统。根据心理系统不同的破坏情况，咨询师所提供的帮助也有所不同。当来访者遇到心理系统纵向发展停滞不前的问题时，咨询师需要先帮助打破旧的能量流动，然后促使其建立新的、更有效率的动力模式；当来访者的心理系统被轻微破坏时，咨询师应该较少介入，而是帮助唤起来访者自身的修复潜能，自己解决问题，因为生态系统本身就是自运转且具有一定的恢复功能的，这样即使他以后再遇到类似问题也能自己解决；而当来访者心理系统的阈限值被打破，遭受到较大的破坏时，不管是修复还是重建，咨询师都需要做很多工作。看看当前环境污染的治理情况就知道了，以生态学的观点来看，修复是优于治理的，因为原本的系统是经过很长时间发展而成，其中大部分不管是对环境还是对个体而言都是最熟悉且最适合的，而新建的系统因为经历时间较短会比较脆弱，容易再次遭到破坏，所以除非原来的系统被完全打破，否则不要轻易重建。

生态心理学对心理咨询的启示不仅在于对心理生态系统的理解，还有许多其他方面。比如利用环境的复愈作用。复愈性环境是指对人类不断消耗的身心资源和能力有恢复与更新效果的环境设置，复愈包含各种身心资源和能力的更新，整个过程建立在普遍适应性需要的基础上（赵欢，吴建平，2010）。[①]再比如荒野疗法、园艺疗法等疗法的运用（陈璇，2012）。[②]总之，因为人与自然天然的心理联系，自然可以看成人的另一个心灵家园，当个体心理遇到困难时，将其放到更大的自然生态系统中，从中汲取能量，并得到慰藉是很有效的。

[①] 赵欢、吴建平：《复愈性环境的理论与评估研究》，载《中国健康心理学杂志》，2010年第1期，第117—120页。

[②] 陈璇：《浅论生态心理学》，载《南昌教育学院学报》，2012年第12期，第130—131页。

老子"无为"思想对心理咨询及心理治疗领域的贡献

戴冕[①] 訾非[②]

1 引言

早在上世纪 80 年代，心理治疗的方法已达 400 多种（Karasu, 1986; Beitman, 1989）。[③][④] 经过二十多年的发展，这个数字在今天肯定早已被突破。乍看之下，心理治疗的方法门派种类繁多；而事实上，这些疗法几乎都可归入精神分析、人本主义、行为主义三大流派之下。三大理论流派中，精神分析创立于奥地利，人本主义和行为主义源于美国，中国人似乎没有对心理治疗理论作过什么贡献。但是，如果我们仔细研究这些理论就会发现：除去行为主义流派，精神分析和人本主义理论都或多或少地有中国传统哲学的影子。这些被吸收的"中国元素"，尤以道家思想为多。精神分析流派的大师——荣格，对道家思想推崇至极，他在苏黎世生活时一度身着道袍，身体力行着道家的生活方式（王凤香、修巧燕，2002）。[⑤] 具体到心理治疗方面，

[①] 戴冕，北京林业大学心理系硕士研究生，研究方向：生态与文化心理。

[②] 訾非，北京林业大学心理系副教授，研究方向：人格心理学，审美心理学，表达性艺术治疗。

[③] T. B. Karasu, "The Speciicity Versus Nonspeciflcity Dilemma: Toward Identifying Therapeutic Change Agents", *American Journal of Psychiatry*, No.143, 1986, pp. 687–695.

[④] B. D. Beitman, M. R. Goldfried, J. C. Norcross, "The Movement Toward Integrating the Psychotherapies: An Overview", *The American Journal of Psychiatry*, No.146, 1989, p.2.

[⑤] 王凤香、修巧燕：《老子的"无为"思想与荣格的释梦心理学》，载《山东理工大学学报》（社会科学版），2002 年第 18 期，第 37—40 页。

道家的"无为"思想构成荣格释梦理论的核心：荣格始终对心理活动的复杂性保持高度的谨慎和尊重，他认为自己始终没有固定的释梦方法（王凤香、修巧燕，2002），① 但荣格强调，治疗家"必须遵从自然的指导"（吕锡琛，2012），② 这正与道家"无为"思想之真谛相契合。再说人本主义，人本主义学派在心理治疗领域最有影响力的人物是卡尔·罗杰斯，罗杰斯创立了心理咨询的"以人为中心疗法"。早期的"以人为中心疗法"又叫做"非指导性疗法"，"非指导"一词很容易让人联想到道家的"无为而治"。事实上，两者之间在某种程度上的确有共通性，相似之处在于都强调对当事人的不指导，或者不干涉。但是，关于道家与人本主义疗法是否真的互通，学界还存在争论。在三大流派之外，日本的森田疗法也是拥有广泛影响力的心理疗法，其"顺其自然，为所当为"的治疗原则是"无为"思想在心理治疗中的直接体现。近三十年，心理咨询在国内发展很快，发展出一系列有中国特色的心理疗法，其中，杨德森等人创立的道家认知疗法，总结出道家处世养生原则8项32个字，即："利而不害，为而不争；少私寡欲，知足知耻；知和处下，以柔胜刚；返璞归真，顺其自然"（杨德森，1996），③ 是道家思想在国内心理咨询领域的集中体现。

2 "无为"思想的内涵

"无为"思想发源于老子，是《老子》当中的核心思想，《老子》中多次提到"无为"的概念，如"圣人处无为之事，行不言之教"（第二章）；"为无为，则无不治"（第三章）；"辅万物之自然，而不敢为"（第六十四章）。老子所说的"无为"，并非"不为"，而是要通过遵循自然的方式，顺任事

---

① 王凤香、修巧燕：《老子的"无为"思想与荣格的释梦心理学》，载《山东理工大学学报》（社会科学版），2002年第18期，第37—40页。
② 吕锡琛：《论道学对荣格分析心理学的影响》，载《中南大学学报》（社会科学版），2012年18期，第27—33页。
③ 杨德森：《中国人的心理与中国特色的心理治疗》，台湾桂冠图书公司1996年版。

物的自然状态，以及排除不必要的作为或反对强作妄为（杨治刚，2007）。① 一些学者认为，"无为"包含"自然"（或"道"）与"无为"两个方面（杨治刚，2007；艾永明，2000；胡萍，2009；杨树英，2005；张丽，2008），②③④⑤⑥"无为"也可以说是"自然无为"。在这个概念中，"自然"（或"道"）是世界的本原与始基，是万物的主宰，它也是一切事物的准则，正如《老子·二十五章》所说："人法地，地法天，天法道，道法自然"；"无为"则是一种行为方式，是实现"自然"的手段和方法（杨治刚，2007；张丽，2008），⑦⑧二者是一个整体。以老子的观点看，许多心理治疗技术都是"有为"的，比如，传统精神分析把神经症归结于"性本能压抑"，虽然对于某些来访者来说很适用，能治好很多人，但这种先见的理论假设本身就是一种"有为"。

3 "无为"思想在国外

3.1 "无为"与荣格的分析心理学

荣格是精神分析学派的大师，同时也是对道家思想有深入研究的西方人，他曾说道："道家形成了具有普遍性的心理学原则……最大而又不可逾越的困难，在于用什么样的方式与途径，引导人们去获得那不可缺少的心理体验，

---

① 杨治刚：《老子"无为"思想及其伦理价值》，西南大学硕士学位论文，2007年。
② 同上。
③ 艾永明：《浅析〈老子〉的"无为"思想》，载《苏州大学学报》（哲学社会科学版），2000年第3期，第15—19页。
④ 胡萍：《老子思想对心理治疗的启示》，载《南京中医药大学学报》（社会科学版），2009年第10期，第50—52页。
⑤ 杨树英：《道家的身心观及其与现代心理治疗学的比较》，广州中医药大学硕士学位论文，2005年。
⑥ 张丽：《老子"无为"思想探析》，华东师范大学硕士学位论文，2008年。
⑦ 杨治刚：《老子"无为"思想及其伦理价值》，西南大学硕士学位论文，2007年。
⑧ 张丽：《老子"无为"思想探析》，华东师范大学硕士学位论文，2008年。

能够正视与面对潜在的真理。这种真理是统一的,并且具有一致性。我只能这样说,道家是我所知道的对这一真理最完美的表达。"(Jung,1992)①

3.1.1 "无为"与荣格的释梦

荣格始终认为自己没有固定的释梦方法,他甚至无意于建立一种理论体系(王凤香、修巧燕,2002)。② 传统的精神分析将梦分为"显梦"和"隐梦","显梦"是经过审查和伪装的梦,而"隐梦"是未经修饰的潜意识的真实表达;梦的解析就是运用精神分析的理论解析"显梦"的内容,探知"隐梦",以此让来访者接触到自己的潜意识。与此不同,荣格认为梦没有伪装,没有说谎,也没有歪曲与掩饰,它们总是在尽力表达其意义(吕伟红,2010),③ 所以荣格很少使用弗洛伊德发展的释梦技术,他反对将梦中的意象看做有固定的含义,荣格的象征概念具有可变性(吕伟红,2010)。④ 例如,如果梦中出现了蛇,荣格不认为它一定就象征男性生殖器,而应根据梦者体验的不同,蛇可以代表不同的意义。每一个人对于自己、环境和他人都有意象,而且根据这些意象所感知的"真实"来指导自己行为,并不以这些意象所代表的客体作为真实(转引自武晓艳、申荷永,2009)。⑤ 在荣格看来,同一个梦的主题对不同的人有不同的意义,他注重由梦者叙述梦,咨询师就梦的细节和感受向梦者提问。相比于弗氏来说,荣格对人的精神世界更为开放和尊重,重视内心体验(彭鹏,2009),⑥ 他不用先见的理论假设去干扰梦者,而是

---

① C. G. Jung, *Jung Letters* Vol.1, New Jersey: Princeton University Press, 1992.
② 王凤香、修巧燕:《老子的"无为"思想与荣格的释梦心理学》,载《山东理工大学学报》(社会科学版),2002年第18期,第37—40页。
③ 吕伟红:《比较分析弗洛伊德和荣格的释梦》,载《学术交流》,2010年第10期,第18—21页。
④ 同上。
⑤ 武晓艳、申荷永:《荣格"积极想象"方法初探》,载《中国临床心理学杂志》,2009年第17期,第780—782页。
⑥ 彭鹏:《荣格心理学与道家思想》,载《西安欧亚学院学报》,2009年第7期,第34—38页。

让梦者说出原初的感受，"不仔细调查一场梦的前因后果，就妄加解释，那是不稳妥的。千万不要用什么理论。只需要询问病人自己对梦境的感受"（荣格，1991）。① 人的思维活动极其复杂，在我们知之甚少的前提下，如果严格按照某种理论原则来解释千变万化的梦境，很容易出现以偏概全的错误。荣格将"无为"思想运用于释梦过程，发明了用耳朵聆听的释梦方法，看似无所作为，实则通过倾听和不作先见假设获得了有关潜意识的完整信息。

3.1.2 荣格之"无为"治疗原则

"无为"思想对荣格的影响不仅体现在释梦技术方面，它还是荣格进行心理治疗工作时遵循的重要原则。荣格认为，治疗家"必须遵从自然的指导"，治疗师"不是治疗的问题，而是发展潜伏在患者自身中的创造的可能性问题"（Jung，1966）。② 在"无为"思想的指导下，荣格发展出独具特色的"积极想象"治疗方法。积极想象的最重要步骤或许可以表述为三个动词："让其发生"，"观注赋形"和"面对求索"（申荷永，2009）。③ "让其发生"就是"顺其自然，无为而为"（冯建国，2010），④ 荣格在治疗实践中是这样做到"让其发生"的："我决定暂时不把任何理论性前提加到他们头上，而是等着瞧他们会出自内心地说些什么。我的目的是要让事物听其自然。结果，病人便自发地向我报告他们所做的梦和种种幻想了……我避免一切理论的观点，而只是帮助病人自发地理解梦的意象，期间并不应用什么法则和理论。"（荣格，2009）⑤ 这是"无为"思想应用于心理治疗实践的鲜明例证。

---

① [瑞士] 荣格：《分析心理学的理论与实践》，生活·读书·新知三联书店，1991年版。
② C. G. Jung, *The Practice of Psychotherapy*, New York and London: Routledge & Kegan Paul, 1966.
③ 申荷永：《灵性：伦理与智慧》，广东教育出版社2009年版。
④ 冯建国：《积极想象方法的理论与应用研究》，东北师范大学硕士学位论文，2010年。
⑤ [瑞士] 荣格：《回忆、梦、思考》，刘国彬、杨德友译，上海三联书店2009年版。

3.2 "无为"与"以人为中心疗法"

"以人为中心疗法",是人本主义学派代表人物罗杰斯创立的心理治疗方法。人本主义学派主张人具有自我实现倾向,反对以精神分析为代表的"伤残心理学"和以行为主义为代表的"幼稚心理学"。人本主义的另一位泰斗马斯洛也十分推崇老子的思想,据一些学者统计(黎岳庭、王旻,2010),[①]在他的《动机与人格》一书的索引中,马斯洛七次引用了道家思想。马斯洛在著作中十分强调"无为"的研究,他还在其著作中用"Taoistic let be"来概括老子著作中的"无为"的内涵(Maslow,1968)。[②]而罗杰斯本人曾在1922年来到中国,此次中国之行对他影响深远。后来,罗杰斯曾经公开表明过东方哲学思想,尤其是《老子》对他个人的心理咨询工作产生的启发。他在《存在之道》(A Way of Being)一书中说:"近年来我发觉自己很喜欢佛教、禅宗的法门,尤其是老子的言论……"(Rogers,1980)[③]而且他说他的确非常欣赏《道德经》中的一句话:我无为而民自化,我好静而民自正,我无事而民自富,我无欲而民自朴(罗杰斯,1987a)。[④]由此看来,人本主义与道家思想确有渊源。

"以人为中心疗法"相信人性基本可以信赖(罗杰斯,1987b),[⑤]人有发展和增强自身天赋的需要,即"自我实现"的倾向(马斯洛,1987),[⑥]在咨询当中,咨询师不是权威或指导者,他要跟随而不是引领来访者,遵循"不指导,不判断,不主动"的原则,为来访者提供无条件的积极关注。然而,

---

① 黎岳庭、王旻:《中国古代道家人本主义思想》,载《心理学探新》,2010年第5期,第4—9页。
② A. H. Maslow, *Toward a Psychology of Being*, New York: Van Nostrand Reinhold, 1968.
③ C. R. Rogers, *A Way of Being*, Boston: Houghton Mifflin Company, 1980.
④ [美]罗杰斯:《我的人际关系哲学及其形成》,见[美]马斯洛等著(林方主编):《人的潜能和价值》,华夏出版社1987年版。
⑤ [美]罗杰斯:《充分发挥作用的人》,见[美]马斯洛等著(林方主编):《人的潜能和价值》,华夏出版社1987年版。
⑥ [美]马斯洛:《心理学的论据和人的价值》,见[美]马斯洛等著(林方主编),《人的潜能和价值》,华夏出版社1987年版。

这种"非指导"方法究竟是不是"无为"呢？学界对此存在争论。有些学者认为，"非指导性治疗"倡导的"不以专家自居"、"无条件接纳对方"、"倾听、共情"等治疗原则表现出道家"清静无为"的特点，认为这和《老子》的"我无为而民自化，我好静而民自正，我无事而民自富，我无欲而民自朴"具有共通性（张立新，1999；徐红，2000；蔺桂瑞，2002；李娟，2004；尹桂荣、甘利婷，2004；詹伟鸿，2007；柳圣爱，2008）。①②③④⑤⑥⑦另一方面，近来也有学者提出了新观点，认为"非指导"与"无为"作为一种咨询方法，其相通的地方仅在于：两者都强调对当事人的不指导，或者不干涉，只是在这种字面意义上有某种相通之处。然而实际上，"非指导"与"无为"在很多方面，比如人性假设、治疗方法、治疗程序、治疗目标等方面不仅不是相通的，甚至可能是相斥的（熊韦锐，2008；熊韦锐，2009）。⑧⑨

从上述内容可以看出，"无为思想"对"以人为中心疗法"具有一定的启发性，罗杰斯的确从道家思想中获得了灵感。但与此同时，也应承认二者之间既有相同又有不同，人本主义思想与道家思想是两种独立的思想体系，

---

① 张立新：《论罗杰斯心理治疗思想与老子哲学的关系》，载《徐州师范大学学报》（哲学社会科学版），1999年第25期，第139—143页。

② 徐红：《罗杰斯"以人为中心疗法"与中国文化的精神沟通》，载《心理科学》，2000年第23期，第121—122页。

③ 蔺桂瑞：《以人为中心疗法与中国传统文化》，载《首都师范大学学报》（社会科学版），2002年第3期，第57—60页。

④ 李娟：《老子与罗杰斯心理学思想之比较》，载《社会心理科学》，2004年第6期，第650—658页。

⑤ 尹桂荣、甘利婷：《人本主义心理学与道家人格心理之契合》，载《株洲师范高等专科学校学报》，2004年第9期，第102—105页。

⑥ 詹伟鸿：《卡尔·罗杰斯人本哲学思想及渊源探析》，江西师范大学硕士学位论文，2007年。

⑦ 柳圣爱：《罗杰斯与老子的人性观比较研究》，载《心理学探新》，2008年第4期，第14—17页。

⑧ 熊韦锐：《罗杰斯"非指导"概念与老子"无为"概念的共通性解析》，吉林大学硕士学位论文，2008年。

⑨ 熊韦锐：《罗杰斯的非指导疗法与老子的无为思想》，载《医学与哲学》（人文社会医学版），2009年第30期，第39—41页。

"以人为中心疗法"不像下文涉及的道家认知疗法那样，与道家思想有着直接的传承关系。我们不能因为人本主义经典作家对《老子》等道家经典的喜爱或引用，就断定他们移植了道家的某些要义。事实上，"非指导"与"无为"的互通性只在有限程度上存在，同或不同不能简单地一概而论。或许我们需要细化二者所指，才能探讨它们在各个层面的相同与不同。

3.3 "无为"与森田疗法

森田疗法由日本心理学家森田正马先生创立，他根据道家"自然无为"思想和自己的临床实践，总结出"顺其自然，忍受症状，为所当为"的治疗要点（陈艳芳，2007），[1] 该疗法的治疗对象为：（1）普遍神经质，（2）强迫观念症，（3）发作性焦虑（康成俊，2006）。[2] 其中包括了强迫症、恐惧症、失眠症、自闭症等在内的心理障碍，（徐仪明，2007），[3] 目前，森田疗法已成为我国心理治疗者运用最多的方法之一，仅次于行为疗法、认知疗法、支持疗法和心理分析（郑睦凡，2011）。[4]

森田疗法目前在世界范围已经有了相当大的影响。森田认为，《道德经》中的最高范畴"道"是指导其疗法的核心观念。他说："我将所谓'正常心态合于道'中的'正常心态'简单解释为日常活动中应有的原本状态，而'道'就是客观现实的真理"（森田正马，2002），[5] 由此可以看出老子学说对森田治疗理念的影响。具体探讨"无为"思想在森田疗法中的体现，有学者认为，森田的"顺其自然，为所当为"与老子的"自然无为"是同一思想的不同说法（武

---

[1] 陈艳芳：《中医心理疗法与森田疗法的比较研究》，黑龙江中医药大学硕士学位论文，2007年。
[2] 康成俊：《森田疗法治疗机制探讨》，第六届中国森田疗法学术大会论文，2006年。
[3] 徐仪明：《〈道德经〉和谐精神的普世性——以人本心理疗法和森田疗法为例》，载《郑州轻工业学院学报》（社会科学版），2007年第8期，第17—19页。
[4] 郑睦凡：《森田疗法概述》，载《社科纵横》（新理论版）第6期，第242—243页。
[5] ［日］森田正马：《神经衰弱和强迫观念的根治法》，臧修智译，人民卫生出版社2002年版。

海波、温泉润、胡进新，1998；卢旨明、汤英，1998；吴桂英，1998；吴清兰，2001；曹鸣岐，2004；杨树英，2005；黎丽、张艳，2006；徐仪明，2007；李水秋，2007；曹杭英，2010）。①②③④⑤⑥⑦⑧⑨⑩在实际操作方面，该疗法应用到治疗中，要求咨询师着重关注患者的当下体验，强调患者以开放和接受的态度直面体验，不要有意识地去回避或改变不舒服体验，而应与其友好相处，让症状充分呈现（杜胜祥，2010）。⑪在森田疗法治疗的绝对卧床期及轻量工作期，病人只能进行少量活动，禁止读书、交际，每天卧床时间保持7—8小时（郑会蓉、华冠民，2005）。⑫仔细分析，这种无论症状多么难以忍受，都让病人体验症状、不妄为的做法就是"无为"；通过不回避、不改变症状，

---

① 武海波、温泉润、胡进新：《森田疗法与中国传统文化》，载《健康心理学杂志》，1998年第6期，第451—453页。

② 卢旨明、汤英：《"老子"与森田疗法》，载《华西医学》，1998年第13期，第299—300页。

③ 吴桂英：《佛教，道家思想在森田疗法中的应用》，载《健康心理学杂志》，1998年第6期，第454—456页。

④ 吴清兰：《与老子"无为思想"相结合"森田疗法"适合高校学生心理咨询和治疗》，中国心理卫生协会大学生心理咨询专业委员会全国第七届大学生心理健康教育与心理咨询学术交流会暨专业委员会成立十周年纪念大会论文，2001年。

⑤ 曹鸣岐：《老子思想与森田疗法之比较》，载《河南财政税务高等专科学校学报》，2004年第18期，第56—58页。

⑥ 杨树英：《道家的身心观及其与现代心理治疗学的比较》，广州中医药大学硕士学位论文，2005年。

⑦ 黎丽、张艳：《中华道家养生文化与现代心理保健》，载《求实》，2006年第22期，第140—141页。

⑧ 徐仪明：《〈道德经〉和谐精神的普世性——以人本心理疗法和森田疗法为例》，载《郑州轻工业学院学报》（社会科学版），2007年第8期，第17—19页。

⑨ 李水秋：《森田疗法的文化阐释》，载《科技经济市场》，2007年第2期，第163—164页。

⑩ 曹杭英：《传统文化视野下的心理咨询与治疗之理论及实践探究》，苏州大学硕士学位论文，2010年。

⑪ 杜胜祥：《浅析操作性"顺其自然法"——道家思想与强迫症患者的对话》，载《社会心理科学》，2010年第25期，第122—128页。

⑫ 郑会蓉、华冠民：《森田疗法及其在强迫症治疗中的应用》，载《台声·新视角》，2005年第6期，第251—252页。

最终让病人学会接纳自己则是"自然无为"。由此可以看出道家思想,尤其是"自然无为"思想对森田疗法的影响。

3.4 "无为"与正念疗法

正念禅修来源于南传佛教中的毗婆舍那禅修传统,即通过对各种感受仅仅是单纯的观察与觉知(即正念训练,Mindfulness Training),发展起对一切感受毫无贪嗔完全接纳的平等心,通过日益微细与敏锐的觉知力和日益扩展的平等心,使人达至最终的觉悟与解脱(余青云、张海钟,2010)。[①] 正念疗法事实上是指一系列以"正念"方法为基础的心理疗法。目前较成熟的正念疗法包括:正念减压疗法、正念认知疗法,以及辩证行为疗法(熊韦锐、于璐,2011)。[②]

正念减压疗法(Mindfulness-based stress reduction,简称为 MBSR)由麻省理工学院的卡巴金(J. Kabat-Zinn)博士创立于 1979 年,正式发表则是在 1982 年(Kabat-Zinn, 1982)。[③] 该疗法训练患者将自己的注意力集中在一个对象上,可以是一个声音、单词或者自己的呼吸、身体感觉等;然后,让患者放松,进行腹式呼气(一分钟以内);接着,让其将注意力集中于所选的对象,如果出现分心,也不要紧,只需让患者回到原来的注意力上即可。训练 10 到 15 分钟后,休息 1—2 分钟,再进行其他活动。正念认知疗法(Mindfulness-based Cognitive Therapy,简称 MBCT),主要为抑郁症患者而设计,方法与正念减压疗法大同小异。主要是通过打坐、静修或冥想,训练患者集中注意力;察觉自己的身体与情绪状态;顺其自然;不作评判(熊韦锐、于璐,2011)。[④]

[①] 余青云、张海钟:《基于正念禅修的心理疗法评述》,载《医学与哲学》(人文社会医学版),2010 年第 31 期,第 49—50 页。

[②] 熊韦锐、于璐:《正念疗法——一种新的心理治疗方法》,载《医学与社会》,2011 年第 24 期,第 89—91 页。

[③] J. Kabat-Zinn, "An Our Patient Program in Behavioral Medicine for Chronic Pain Patients Based on the Practice of Mindfulness Meditation-Theoretical Consideration and Preliminary Results", *General Hospital Psychiatry*, Vol.4, No.1, 1982, pp.33–47.

[④] 熊韦锐、于璐:《正念疗法——一种新的心理治疗方法》,载《医学与社会》,2011 年第 24 期,第 89—91 页。

辩证行为疗法（Dialectical Behaviour Therapy，简称DBT）主要用来治疗边缘性人格障碍，所采用的具体技术同样是来源于佛教禅修的正念方法。通过正念练习，使患者学会辨别自己内心的不同状态。

纵观上述三种正念认知疗法，三者均强调关注内心状态，坦然接受自己并不作判断。这一点，与道家"无为"、"道法自然，返璞归真"的思想有着异曲同工之妙。事实上，禅宗本就是印度佛教与中国传统文化相结合的产物，"佛教传入，佛典翻译，禅法流布之时，正是老庄之学重整旗鼓、玄风飙起之日……与魏晋名士以老、庄解易的学风相呼应，六朝名僧尤援庄、老入佛，赋予禅学以道家思想的内涵，为禅宗思想的形成提供了思维的方法和理论基础。"（麻天祥，1997）[①] 禅宗的基本经典《六祖坛经》所载，慧能的偈语，"菩提本无树，明镜亦非台，佛性常清静，何处有尘埃！"这里佛性的"清净"与《道德经》所说的"见素抱朴"有着相似之处，即是不执着于形式、不妄为，方能呈现事物本真的意思。正念疗法与其他一些疗法，如内观疗法、森田疗法等都或多或少借鉴了这一思想，发展出打坐、冥想、感受体验等一系列咨询技术。由于篇幅所限，这里就不再展开。

4 "无为"在本土

在中国知网上检索"心理咨询"主题，并含"本土化"词频，共能找出230篇文献，其中218篇是在2000年以后发表；检索关键词"心理咨询"，并含"本土化"词频，共能找出83篇文献，其中80篇在2000年以后发表。这说明，心理咨询的本土化是一个新兴领域，近十年有越来越多的学者关注它。有一些本土心理疗法，其治疗原则颇受道家影响，如玄览—心斋疗法（周和岭、

---

① 麻天祥：《中国禅宗思想发展史》，湖南教育出版社1997年版。

刘建辉，2002），① 祝由疗法（温茂兴，2006；苏姗、李兆健，2011），②③ 中医身心疗法（杨树英，2005）④ 等，但由于这些疗法的影响较小，在此不作整理。本土疗法中，借鉴道家思想而且影响较大的，要数杨德森等人创立的道家认知疗法。

　　道家认知疗法的基本思想由杨德森及其科研团队于1995年提出，他们总结出道家处世养生原则8项32个字，即："利而不害，为而不争；少私寡欲，知足知耻；知和处下，以柔胜刚；返璞归真，顺其自然"（杨德森，1996）。⑤ 此疗法主要的适应症是：（1）焦虑性神经症，包括广泛性焦虑症、惊恐障碍、强迫症和恐惧症；（2）与应激有关的心身疾病，如有A型行为的冠心病（熊毅，2009）。⑥ 道家认知疗法分为5个步骤：（1）调查患者目前的精神刺激因素（Actual stress factors）；（2）了解其人生信仰和价值系统（Belief system）；（3）分析其心理冲突和应对方式（Conflict & coping styles）；（4）道家哲学思想的导入（Doctrine direction）；（5）评估与强化疗效（Effect evaluation），简称ABCDE技术（张亚林、杨德森，1998）。⑦ 其中第四步是治疗的关键和核心，包括4个基本原则：（1）利而不害，为而不争；（2）少私寡欲，知足知止；（3）知和处下，以柔胜刚；（4）清静无为，顺其自然（张亚林、杨德森，1998），⑧ 主要目的是让患者学习道家的处事方

---

① 周和岭、刘建辉：《玄览—心斋疗法略论——老庄心理治疗初探》，载《医学与哲学》，2002年第23期，第51—52页。
② 温茂兴：《论道教"祝由符咒"的实用价值及其对中医"意疗"的影响》，载《南京中医药大学学报》（社会科学版），2006年第7期，第71—73页。
③ 苏姗、李兆健：《祝由术的心理学角度剖析》，载《中华中医药学刊》，2011年第29期，第1817—1819页。
④ 杨树英：《道家的身心观及其与现代心理治疗学的比较》，广州中医药大学硕士学位论文，2005年。
⑤ 杨德森：《中国人的心理与中国特色的心理治疗》，台湾桂冠图书公司1996年版。
⑥ 熊毅：《道家认知疗法的理论与方法研究》，广州中医药大学硕士学位论文，2009年。
⑦ 张亚林、杨德森：《中国道家认知疗法——ABCDE技术简介》，载《中国心理卫生杂志》，1998年第12期，第188—192页。
⑧ 同上。

式,回归自我本来真实的面目,处世为人不做作,不装腔作势,不自作多情;不捕风捉影,不飞短流长,也不在乎别人的注意与议论;不卑不亢(杨德森、张亚林、肖水源、周亮、朱金富,2002),①"顺其自然"地生活。

在"自然无为"等道家思想的指导下,道家认知疗法发展出一套操作程序,比如松静术:每日要求求治者,放松全身肌肉和少思入静默坐15分钟的技术;柔动术:要求受试者每日配合32字处世养生口诀,作4套(每套4拍)柔动体操,配合调整呼吸,运动全身的各肢体与躯干关节,耗时15分钟;还有保健心得志:要求受试者每日自习道家处世养生原则,调整心态,应付日常生活事件,改变价值观和心理应付方法,改变生活方式,改善人际关系,提高社会适应能力(杨德森、张亚林、肖水源、周亮、朱金富,2002)。②这些方法,说到底是从行动和思想两方面践行"无为",目的都是让患者学会"不强求,不妄为"(胡凯、肖水源,1999;曹鸣岐,2004;李品品,2008),③④⑤ 以平和的心态生活。

5 总结

2500年前,老子写下《道德经》,历经千年,书中所讲的"无为"思想传播至世界各地。"无为"作为一种"不强求"、"不妄为"的生活态度,对心理咨询的治疗观及方法均产生了积极贡献,这是生活在两千多年前的老子不曾想到的。老子的"无为"思想,在某种程度上,可以代表中国传统文

---

① 杨德森、张亚林、肖水源、周亮、朱金富:《中国道家认知疗法介绍》,载《中国神经精神疾病杂志》,2002年第28期,第152—154页。

② 同上。

③ 胡凯、肖水源:《"中国道家认知疗法"对老庄哲学身心修养模式的发展》,载《湖南医科大学学报》(社会科学版),1999年第2期,第26—30页。

④ 曹鸣岐:《道家思想与心理咨询的本土化》,载《河南师范大学学报》(哲学社会科学版),2004年第31期,第176—178页。

⑤ 李品品:《〈道德经〉与心理咨询的本土化》,载《精神医学杂志》,2008年第27期,第65—67页。

化为心理咨询领域作出的贡献。纵观这些从"无为"中获得灵感的疗法，不难发现它们教导人们完全接受自己，不掩饰、不回避内心的想法，也通过冥想、打坐、呼吸训练等技术教会人们安静下来。这对于现代人节奏过快、压力过大的生活有很好的调节作用，也能很好地纠正事事有为带来的负面影响。

在科技高度发达的今天，我们找到许多方法让从前费时费力的劳动便捷化。但是，人们可能并没有感觉到时间比以前增多了，因为大家似乎把节省出来的时间分给了更多的事情，忘记了怎么让自己停下来。道家"无为"思想能够中和人们过重的功利心，融安然于进取。这也是为什么时至今日，"无为"仍对解决现代人的心理压力、心理适应问题具有重要的启示意义。

自我接纳团体辅导
缓解贫困大学生心理压力的研究[①]

赵彤[②] 赵富才[③] 孙淑晶[④]

1 问题的提出

贫困大学生作为校园中的特殊群体,在面对经济压力的同时,还承受着精神和心理上的压力。压力(stress)原是物理学的一个概念。上世纪中叶加拿大生理学家汉斯·塞利(Hans Selye)开始将压力的概念引进医学和心理学[⑤],被解释为"应激"、"紧张",是指个体的身心在感受到威胁时所产生的一种紧张状态。Lazarus 提出的应激认知评价模型认为应激反应是个体对压力情境或压力事件认知评价的结果,他特别强调认知因素在应激反应中的作用,注重个体的主观能动性对应激过程的影响。一般心理压力感主要是指个体面对日常生活中的各种生活事件、突然的创伤性体验、慢性紧张(工作压力、家庭关系紧张)等压力源时所产生的心理紧张状态。有调查显示,83.2%的贫困生承认有心理压力。许科红(1999)的研究中表明,贫困生一般存在生活上的窘迫感、交往中的自卑感、对家人的歉疚感、对现实的无奈感等心理困扰。[⑥]

---

① 山东省社会科学规划重点课题(05BSZ05)资助。
② 赵彤,曲阜师范大学教育科学学院硕士研究生。
③ 赵富才,聊城大学心理教育中心教授。
④ 孙淑晶,聊城大学心理教育中心教师。
⑤ 郭楠:《大学生心理压力和应对方式研究述评》,载《医学教育探索》,2006,5(4):383—385。
⑥ 许科红:《高校特困生心理困扰的研究》,载《青年研究》,1999(10):32—34。

除此以外，家庭贫困使贫困生形成了片面的自我认识和消极的自我体验，[①]表现为自我认识偏颇、自我评价低、不悦纳自己。

针对缓解高校贫困生心理压力的策略，国内的研究颇多，但这些研究大多属于综述形式，缺乏调查与分析，而且减压策略往往局限于物质减压和形式单一的说教方式，缺乏贫困大学生的互动参与和亲身体验。在国外的研究中，Neil A. Rector and Dereck Roger（1997）证实可以通过实验的方法，来缓解心理压力。[②]本研究旨在探讨团体辅导对缓解贫困大学生心理压力的干预效果，为贫困大学生的心理健康教育提供理论与实践依据，探索出缓解贫困大学生心理压力的新方法、新途径。

2 研究方法

2.1 被试

被试主要来自大学大二年级的学生。首先向不同院系的学生发放心理压力问卷575份，回收有效问卷544份，其中包含贫困生144人，非贫困生400人。从这544同学中生筛选出贫困生被试40人，女生19人，男生21人。把这40人按照匹配分配的原则，平均分成2组，20人为实验组，20人为对照组。在筛选被试时主要按照如下标准：（1）该生属于贫困生；（2）愿意参加团体辅导；（3）心理压力感及11个维度得分均高于该次总体样本平均值。

2.2 实验设计

本研究总的实验设计为相等实验组控制组前后测时间系列设计。由研究者担任团体心理辅导教师。对实验组运用团体活动、分组讨论、角色扮演、

[①] 白海燕：《高校贫困生"自我意识"探析及引导》，载《河南工业大学学报》（社会科学版），2006，2(1)：80—82。

[②] 谢际春：《压力管理团体训练课程设计及有效性研究》，北京师范大学硕士论文，2005年。

行为训练等技术进行为期 6 周的团体心理辅导,每周 2 小时。控制组则处于常态的自然学习,不参加团体辅导。

2.3 团体辅导方法

本次团体辅导活动共分六个单元来完成,每一单元对应 2—3 个活动来实现单元目标。分别是:(1)相聚是缘,活动目标为组员相互认识,建立信任感;(2)认识自我,活动目标为客观、真实地认识自己;(3)榜样学习,活动目标为通过对贫困的客观认识,学习贫困生榜样如何认识贫困、应对贫困及他们自我接纳、自我评价的方法和艰苦奋斗的精神;(4)寻找自信的支点,活动目标为寻找自己的闪光点,增强自信心;(5)我的未来不是梦,活动目标为通过对自己的认识,展望自己的美好前程;(6)牵手飞翔,巩固成员之间的友谊,处理离别情绪;帮助成员将团体中学到的东西应用到实际生活中。

2.4 研究工具

(1)大学生心理压力感量表,由张林、车文博、黎兵老师编制,该量表由 68 个题目组成,将大学生的心理压力分成家庭压力、健康压力、适应压力、恋爱压力、自卑压力、挫折压力、人际压力、择业压力、学校环境压力、情绪压力和择业压力 11 个维度。通过对量表信度和结构效度的分析,可以看出量表的内部一致性信度和稳定性都较高,内部一致性 α 系数为 0.89,稳定性系数为 0.59,符合心理测量学的基本要求。[①] 该量表已被广泛应用于大学生心理压力的调查和研究工作中。

(2)自我接纳问卷(self-acceptance questionnaire,SAQ),由丛中和高文凤编制,共 16 题,包括自我评价(self-evaluation,SE)和自我接纳(self-acceptance,SA)两个因子。该问卷具有良好的信度、效度。自我接纳和自我评价两因子的内部一致性系数分别为 0.9347 和 0.9124。问卷的重测信度为

---

① 张林、车文博、黎兵:《大学生心理压力感量表编制理论及其信效度研究》,载《心理学探新》,2003,23(88):47—51。

0.7653。[①]该量表得分越高,自我接纳程度越好。

2.5 统计分析

本研究主要采用 SPSS13.0 进行数据分析。用两配对样本 T 检验比较前后测结果差异的情况。

3 研究结果与分析

3.1 贫困生与非贫困生心理压力感的差异性比较

通过对贫困生与非贫困生心理压力感及其因子的平均分进行显著性差异检验得出(表1),贫困生与非贫困生的心理压力感得分存在显著的差异性($P < 0.001$),贫困生的心理压力感要显著地高于非贫困生;在心理压力感的 11 个维度中,贫困生与非贫困生在家庭压力、健康压力、适应压力、自卑压力、挫折压力、人际交往压力、择业压力、学校环境压力、情绪压力和学业压力上的得分要显著地高于非贫困生($P < 0.01$),但在恋爱压力上,贫困生与非贫困生不存在显著的差异性($P > 0.05$)。

表1 贫困生与非贫困生心理压力感及各因子得分的差异性比较($M \pm SD$)

	贫困生(n=144)	非贫困生(n=400)	t
心理压力感	2.12 ± 0.55	1.83 ± 0.44	5.67[***]
家庭压力	2.00 ± 0.58	1.61 ± 0.45	7.35[***]
健康压力	1.62 ± 0.54	1.47 ± 0.50	2.85[**]
适应压力	1.59 ± 0.57	1.36 ± 0.42	4.73[***]

---

① 丛中、高文凤:《自我接纳问卷的编制与信度效度的检验》,载《中国行为医学科学》,1999,8(1):20—22。

（续表）

恋爱压力	1.81 ± 0.81	1.69 ± 0.70	1.57
自卑压力	1.89 ± 0.65	1.67 ± 0.55	3.41**
挫折压力	1.83 ± 0.69	1.67 ± 0.60	2.42*
人际交往压力	2.24 ± 0.77	1.90 ± 0.66	4.68***
择业压力	2.91 ± 1.05	2.40 ± 0.86	5.24***
学校环境压力	2.50 ± 0.74	2.20 ± 0.67	4.10***
情绪压力	2.61 ± 0.89	2.21 ± 0.73	4.80***
学业压力	2.31 ± 0.73	2.02 ± 0.67	3.90***

注：*$P < 0.05$，**$P < 0.01$，***$P < 0.001$

3.2 实验组与对照组团体辅导前测数据的差异性比较

由表2可知，实验组与对照组在团体辅导前测数据中，自我接纳、自我接纳因子、自我评价因子与心理压力及其11个纬度间不存在显著性差异。说明实验组和对照组的前测成绩基本是等值，在实验组和对照组的后测和追踪测量比较中可直接进行两独立样本T检验。

表2 实验组与对照组团体辅导前测数据的差异性比较

	实验组	对照组	t
自我接纳	1.74 ± 0.24	1.75 ± 0.21	−0.21
自我接纳因子	1.74 ± 0.37	1.73 ± 0.38	0.20
自我评价因子	1.75 ± 0.43	1.76 ± 0.21	−0.19
健康压力	1.87 ± 0.42	1.86 ± 0.40	0.21
适应压力	1.89 ± 0.69	1.89 ± 0.63	0.09
恋爱压力	2.37 ± 0.79	2.37 ± 0.76	0.08
自卑压力	2.67 ± 1.10	2.71 ± 1.00	−0.36

（续表）

挫折压力	1.93 ± 0.65	1.92 ± 0.66	0.21
人际交往压力	3.03 ± 0.89	3.05 ± 0.89	−0.28
择业压力	3.82 ± 1.00	3.83 ± 1.01	−0.20
学校环境压力	3.13 ± 0.73	3.16 ± 0.70	−0.35
情绪压力	3.69 ± 0.66	3.65 ± 0.68	0.36
学业压力	2.84 ± 0.73	2.85 ± 0.71	−0.20

3.3 实验组团体辅导前测、后测数据的差异性比较

由表3得出，实验组的同学经过团体辅导后，自我接纳水平有了显著的提高，而且自我接纳因子和自我评价因子的得分也有了显著的提高；在心理压力感方面，与团体辅导前相比，心理压力水平有了显著的降低，而且在家庭压力、健康压力等11个压力维度上，得分也有了显著的降低。这说明团体辅导起到了良好的干预效果。

表3 实验组团体辅导前、后心理压力的得分差异性比较

	前测数据（$M \pm SD$）	后测数据（$M \pm SD$）	t
自我接纳	1.74 ± 0.24	2.80 ± 0.18	−11.40[***]
自我接纳因子	1.74 ± 0.37	3.08 ± 2.65	−9.06[***]
自我评价因子	1.75 ± 0.43	2.53 ± 0.16	−5.64[***]
健康压力	1.87 ± 0.42	1.31 ± 0.25	4.20[**]
适应压力	1.89 ± 0.69	1.31 ± 0.27	2.73[*]
恋爱压力	2.37 ± 0.79	1.69 ± 0.60	3.12[*]
自卑压力	2.67 ± 1.10	1.56 ± 0.37	2.87[*]
挫折压力	1.93 ± 0.65	1.33 ± 0.17	3.46[**]
人际交往压力	3.03 ± 0.89	1.60 ± 0.38	4.92[***]

（续表）

择业压力	3.82 ± 1.00	1.84 ± 0.44	7.76***
学校环境压力	3.13 ± 0.73	1.69 ± 0.32	7.05***
情绪压力	3.69 ± 0.66	1.58 ± 0.21	8.69***
学业压力	2.84 ± 0.73	1.68 ± 0.37	4.88**

注：*$P < 0.05$，**$P < 0.01$，***$P < 0.001$

3.4 实验组与对照组团体辅导后测数据的差异性比较

实验组与对照组在自我接纳和心理压力后测数据中存在显著的差异性（表4），自我接纳水平比对照组有了显著的提高，心理压力比对照组有了显著的降低。

表4 实验组与对照组在团体辅导后，心理压力的得分差异性比较

	实验组后测数（$M \pm SD$）	对照组后测数据（$M \pm SD$）	t
自我接纳	2.80 ± 0.18	1.78 ± 0.20	18.53***
自我接纳因子	3.08 ± 2.65	1.92 ± 0.22	22.57***
自我评价因子	2.53 ± 0.16	1.64 ± 0.25	11.56***
心理压力感	1.56 ± 0.22	2.87 ± 0.36	-7.87***
家庭压力	1.51 ± 0.30	2.64 ± 0.56	-4.70**
健康压力	1.31 ± 0.25	2.40 ± 0.61	-5.44**
适应压力	1.31 ± 0.27	2.07 ± 0.72	-2.54*
恋爱压力	1.69 ± 0.60	2.65 ± 1.10	-2.93*
自卑压力	1.56 ± 0.37	2.56 ± 0.46	-7.24***
挫折压力	1.33 ± 0.17	2.58 ± 0.61	-5.64***
人际交往压力	1.60 ± 0.38	3.16 ± 0.56	-6.65***

（续表）

择业压力	1.84 ± 0.44	4.04 ± 0.55	−11.67***
学校环境压力	1.69 ± 0.32	3.18 ± 0.60	−5.62***
情绪压力	1.58 ± 0.21	3.60 ± 0.41	−10.82***
学业压力	1.68 ± 0.37	2.76 ± 0.47	−4.48**

注：*$P < 0.05$，**$P < 0.01$，***$P < 0.001$

3.5 实验组团体辅导长效后测数据与后测数据的差异性比较

通过对实验组团体辅导长效后测数据与团体辅导后测数据进行显著性检验得出（表5），自我接纳及其两因子与心理压力及其11维度的得分在长效后测和辅导后测中的差异不显著。这验证了团体辅导具有有效性和长期性。说明经过团体辅导后，实验组同学已经掌握了适应生活、调节情绪、与人结交、有效学习的方法和技巧。

表5 实验组团体辅导长效后测数据与后测数据的差异性比较

	长效后测数据（$M ± SD$）	后测数据（$M ± SD$）	t
自我接纳	2.89 ± 0.36	2.80 ± 0.18	0.87
自我接纳因子	3.17 ± 0.29	3.08 ± 2.65	0.86
自我评价因子	2.63 ± 0.22	2.53 ± 0.16	0.89
心理压力感	1.58 ± 0.26	1.56 ± 0.22	0.33
家庭压力	1.51 ± 0.15	1.51 ± 0.30	0.00
健康压力	1.27 ± 0.31	1.31 ± 0.25	−0.50
适应压力	1.47 ± 0.12	1.31 ± 0.27	0.63
恋爱压力	1.39 ± 0.35	1.69 ± 0.60	−1.00
自卑压力	1.50 ± 0.25	1.56 ± 0.37	−0.50
挫折压力	1.40 ± 0.35	1.33 ± 0.17	0.38

（续表）

人际交往压力	1.48 ± 0.22	1.60 ± 0.38	1.0
择业压力	1.87 ± 0.31	1.84 ± 0.44	0.32
学校环境压力	1.73 ± 0.31	1.69 ± 0.32	0.23
情绪压力	1.73 ± 0.50	1.58 ± 0.21	1.51
学业压力	1.52 ± 0.22	1.68 ± 0.37	−0.45

4 分析与讨论

近几年来，很多调查发现，贫困大学生出现心理疾患的概率要明显高于非贫困生。本研究的调查结果显示，贫困大学生的心理压力感要显著地高于非贫困大学生，除恋爱压力外，家庭压力、健康压力、适应压力、自卑压力、挫折压力、人际交往压力、择业压力、学校环境压力、情绪压力和学业压力在两者之间的差异均具有统计学意义。

团体心理辅导是近十年来在高校逐渐兴起的一种解决学生个人发展问题的辅助教育形式。大量的研究证明，团体心理辅导在促进大学生心理健康，优化大学生心理素质方面是有效的。但至今还没有采用团体辅导的形式来缓解高校贫困生心理压力的研究。本研究在借鉴已有相关研究的基础上，采用团体辅导的形式缓解贫困生心理压力，收到了预期的干预效果。

4.1 团体辅导前后测数据的差异说明了干预效果

团体辅导前后的数据分析表明，实验组的被试经过一个月的团体辅导后，在心理压力感方面发生了变化。实验组被试的前测数据和后测数据的差异是显著的，从中看出了经过团体辅导后，心理压力水平有了显著的降低；而对照组被试的前后测数据的变化不明显，而且没有规律性。因此，我们可以断定，团体辅导起到了预期的作用效果。实验组与对照组后测数据的差异性检验，更进一步证实了团体辅导的作用效果。

4.2 团体辅导干预效果的长期性

从团体辅导作用效果的有效期限来看，有效期不是即时的，而且是长期的。一个月后，对实验组被试进行再次问卷调查后发现，心理压力没有大幅度的回升，而且在适应压力、恋爱压力、挫折压力、情绪压力和学业压力几个维度上长效后测得分均稍低于辅导后测得分。说明经过团体辅导后，实验组被试已学会了客观地分析自我、认识自我，也学会了以积极的心态面对学习、生活中的各种困扰，并没有把它作为压力来对待。正如被试的同学在调查中所谈到的"某某同学最近这段时间变了，喜欢说话了，脸上也有笑容了，不像原来那样天天唉声叹气了，敢和别人面对面说话了……"通过同学们对被试的评价也可看出，团体辅导已经影响了被试的生活、学习、交友、情绪等各个方面。

4.3 团体辅导的特点对干预效果的作用

本次团体辅导之所以取得如此好的效果，还在于团体辅导有许多独特之处，使它在解决团体成员的心理问题时更为有效。

第一，团体是一个安全的、开放的多维人际互动环境，给团队成员提供了进行人际交往练习的机会。团体的互相尊重、保密、相互支持等环境特质，促使大家可以敞开心扉，畅所欲言，尽情地倾诉内心的苦恼，真诚地交流内心的想法。

第二，团体为成员提供了一个找到同类人的机会。成员进入团体后会发现，其他人也具有相同的困扰，如同一位被试所谈到的："经过这几次活动发现，大家遇到的问题都差不多，自己不是孤立的……"

第三，有效的团体活动帮助他们重新客观地认识自己，接纳自我，提高了自信。通过"天生我才"、"自画像"等活动，使得团队成员由浅及深地认识自我，重新对自我进行反思。

第四，团体辅导提供了一个模拟的社会环境。成员可以在这里无所顾忌地观察、学习、交流、解决现实中遇到的各类问题，如"模拟面试"活动让队员亲身经历了面试场景，队员间通过对面试体验的交流，互相学习、交换经验、互通有无，这种体验增强了他们应对类似场景的信心。

我国房树人绘画测验的评估
与诊断功能的应用现状

邢怡伦[①] 项锦晶[②] 裴欢昌[③] 王鹏翀[④] 陈涛[⑤] 罗捷[⑥]

房树人绘画测验是由评定者对绘画内容进行分析并评估被试的心理特点及可能存在的心理障碍的绘画测试。在美国心理学会的调查中，临床心理工作者对房树人测验的使用频率在 102 种经常使用的心理测量工具中排在第 8 位。[⑦]测试于 20 世纪早期在西方创立，在国外经历了发展的高潮，有大量较成熟的研究，日本于 20 世纪 60 年代引进应用。我国从 20 世纪 80 年代开始出现相关研究，其关注度和应用范围正在日益提升，评估和诊断的效果和稳定性也得到了越来越多的证实。房树人测试属于投射测验，刺激模糊且反应方式开放，能有效避免被试的社会赞许倾向等反应倾向。但由于其评分的主观性大，加之国外成型的绘画特征评分标准未经过本土化验证。目前国内缺乏统一的诊断标准以及计分和解释标准的一致性。因此易导致不同研究者的结论缺乏一致性，结论难以重复验证，测验难以大规模使用，研究范围较窄，评估体系不完整，测验获得的信息不全面等问题。[⑧]

[①] 邢怡伦，北京林业大学心理学系本科生。
[②] 项锦晶，北京林业大学心理学系讲师，研究方向：绘画心理治疗，表达性艺术治疗。
[③] 裴欢昌，北京林业大学心理学系本科生。
[④] 王鹏翀，北京林业大学心理学系本科生。
[⑤] 陈涛，北京林业大学心理学系本科生。
[⑥] 罗捷，北京林业大学心理学系本科生。
[⑦] W. Camara, J. Nathan, A. Puente, Psychological Test Usage in Professional Psychology: Report to the APA Practice and Science Directorates, APA press, 1998.
[⑧] Buck, J. N., "The H-T-P test", *Journal of Clinical Psychology*, 1948, 4: 151–159.

房树人绘画测试技术的应用主要分为评估和干预两大类，本研究主要着眼于其评估和辅助诊断的功能。已有的综述类研究中缺少对绘画特征的评估力和预测力的研究和对评估体系的检验。目前国内已有较多对房树人技术作为评估和辅助诊断工具的研究和关注，根据已有研究进行绘画特征评估和辅助诊断体系的整理归纳是十分有必要的，对已有研究进行元分析可以评估绘画特征的稳定性和预测力，形成评分体系，为以后研究提供参考。

1 研究方法

文献质性研究：在中国知网上以"房树人"为关键词进行检索。选择其中与房树人技术作为诊断和评估工具进行研究和发展相关的 2000—2014 年 72 篇研究论文进行研究方法、研究结果的总结。其中直接在文中引用的为 32 篇。

统计分析：根据已有研究对房树人绘画测验的数据的信效度进行验证和元分析。使用软件为 SPSS.20。

2 结果

2.1 我国房树人技术总体研究现状

我国从 20 世纪 80 年代开始出现房树人的相关研究，还处在发展的初期，且研究的范围不全面，研究数量偏少。图 1 所示，关于房树人绘画测试技术的研究正呈增加的趋势。从 2007 年起相关研究开始增加，2012、2013 年的研究数量比之前的研究数量增加近一倍之多。以"房树人"为关键词在中国知网上进行搜索得出的 78 篇文献中有 51 篇是将房树人技术作为评估或辅助诊断工具使用。如图 2 所示，在研究中房树人测试更多地被当做评估工具使用，而将房树人测试作为评估工具的研究呈现明显上升趋势。

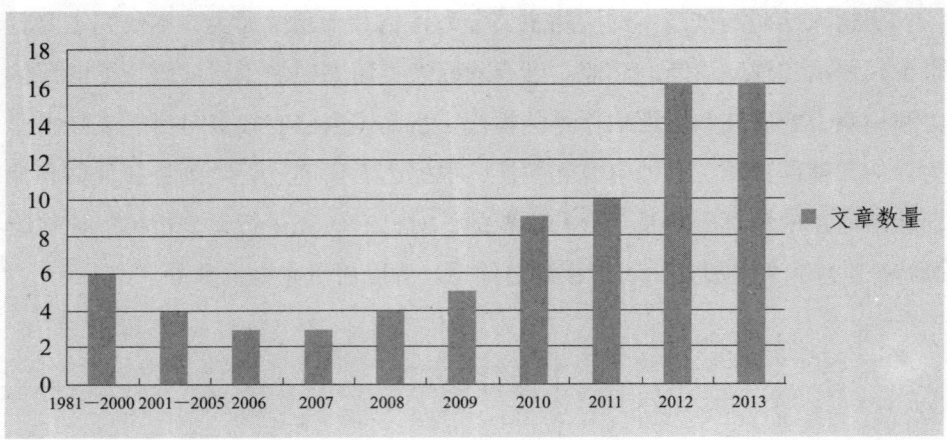

图 1　我国房树人测试的研究情况

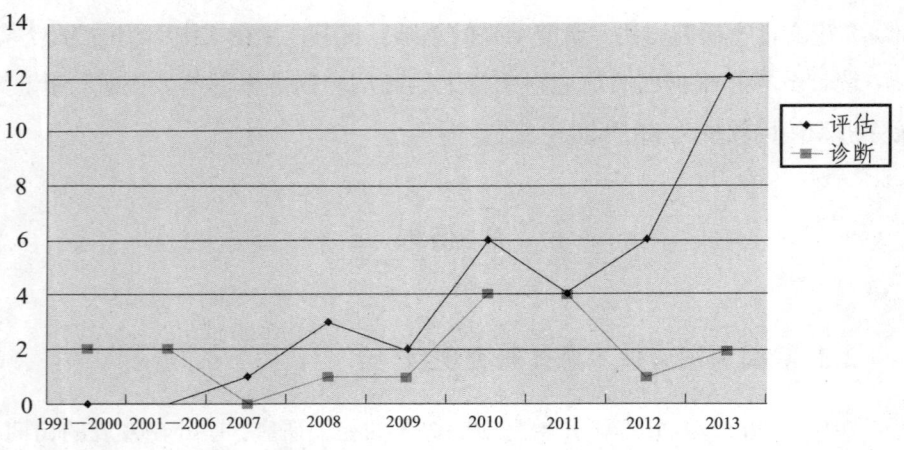

图 2　我国房树人测试作为评估和辅助诊断工具的研究情况

心理评估是指应用多种方法所获得的信息,对个体某一心理现象作全面、系统和深入的客观描述的过程。在我国关于房树人测验作为评估工具的 34 项研究中,主要运用绘画特征与诊断量表或诊断标准间的相关计算确立和检验房树人技术的评估体系。心理诊断是以心理学的方法和工具为主,对个体或群体的心理状态、行为偏移或障碍进行描述、分类、鉴别与评估的过程。在我国已有的 17 项关于房树人技术作为辅助诊断工具的研究中,主要研究方法是建立绘画特征对心理特征的具有中等解释水平的预测回归方程。从评估与辅助诊断的关系来看，当关于房树人的评估作用具有更多的成熟的研究支持时，也会促进房树人形成更加具有效度的标准化绘画特征评分体系，从而提高其作为辅助诊断工具的准确性和科学性。

作为心理特质和精神状况的评估和辅助诊断工具，房树人绘画测试技术具有信度高且稳定、能有效评估精神状况尤其是诊断精神异常、可测试内容广泛等优势。在效度方面，一些学者研究了特定人群的绘画特征，并证明该绘画特征可以成为心理疾病的辅助诊断的依据。如患不良适应症儿童比学习障碍儿童更多地将树描绘成枯死树。[1]用纸的下沿作地面线等绘画特征能够对被试的抑郁情绪作出较好的预测。[2]陈侃等通过房树人测验的标准化计分方法和回归检验，验证了能够有效反映神经症躯体化倾向的7项绘画特征，和能够有效反映抑郁症倾向的8项特征。[3]

如表1所示，房树人绘画测试技术可应用的范围较广，由于其具有不受语言、认知水平限制的特点，所以对儿童、青少年的应用较多。而根据搜索结果，国内尚无以中老年为被试进行房树人绘画测试的研究。在精神异常的评估和诊断中，针对抑郁、焦虑等心理异常的研究较多，而对人格障碍、认知障碍的则很少。

---

[1] 陈曦、赵玉平：《房树人测验(HTP)的研究及应用》，载《社会心理科学》，2012(27)：80—85。

[2] Yi-ting Chen, (2008). A Comparative Study of the Relationship of Project Drawing Test, Self-Concept and Depression for High School Guidance-related Teacher, Unpublished Master Dissertation, Nan Hua university, Taiwan, China.

[3] 陈侃、徐光兴：《抑郁倾向的绘画诊断研究》，载《心理科学》，2008，31(3)：722—724。

表1 2000年—2014年房树人绘画测试技术作为评估、辅助诊断工具的研究对象分布

（单位：项）

年龄			人格特征	精神异常					干预效果评估	特殊群体
儿童	青少年	成年		抑郁	焦虑	攻击性	精神分裂	神经症		
16	7	5	5	9	6	4	3	4	4	11

从表2中可看出，房树人技术作为诊断和评估工具，其内部一致性信度和主试间一致性信度的均值都接近0.8，具有较高的信度。在研究中涉及重测信度的研究较少，但日本学者作的一项研究显示，间隔一段时间后重测房树人绘画测验的结果具有较高的一致性，仅在细节上有所差异。

表2 房树人绘画测试作为评估诊断工具的信度的描述统计 (n=32)

信度	极小值	极大值	均值	标准差
内部一致性信度 Alpha	0.82	0.90	0.870	0.046
主试间一致性检验	0.69	0.92	0.787	0.051

2.2 房树人技术作为评估工具的研究现状

在我国已有研究中，根据评估方法可分为检验特征编码假设和根据实验结果整理群体绘画特征两种。检验假设通常用房树人绘画技术和量表相结合的测量方式进行，若数据结果呈正相关且存在显著性，具有显著的统计学意义，则证明房树人绘画特征与该量表成显著相关，关于该群体或心理现象的反映力与该量表一致。而根据实验结果整理绘画特征通常使用独立样本检验的方式进行对比。

2.2.1 用于特定群体心理状态的评估

通过对被试群体施测 HTP 的结果中的绘画特征或得分情况获取该群体的心理状态，也可获得该群体区别于其他群体的特征，即能用于评估和鉴别该群体的特征。经研究证明房树人测验指标测量大学生自我同一性方面具有较好的信效度。[1]综合已有研究成果，我国研究现状如表 3 所示。[2][3][4][5][6][7][8][9][10][11][12]

---

[1] 冯喜珍、林贞、洪安宁:《房树人测验在大学生自我同一性的运用》，载《牡丹江大学学报》，2012(05):138—140。

[2] 严虎、杨怡、伍海姗、陈晋东:《房树人测验在中学生自杀调查中的应用》，载《中国心理卫生杂志》，2013(09):650—654。

[3] 王求是、项锦晶、刘建新:《对自杀未遂者的儿时创伤和自我概念的访谈分析》，载《中国心理卫生杂志》，2007(06):407—410。

[4] 朱绘霖、项锦晶、陈雯瑾、申荷永、高岚:《四川震区创伤后应激障碍青少年的房树人绘画特点》，载《教育导刊》，2011(06):39—42。

[5] 王萍萍、许燕、王其峰:《汶川地震灾区与非灾区儿童动态房树人测验结果比较》，载《中国临床心理学杂志》，2010(06):720—722。

[6] 李小新:《绘画测验:评估灾后儿童的心理状态和人际关系功能的有效工具》，载《福建医科大学学报》(社会科学版)，2009(02):45—49。

[7] 康凯、刘凌、杨曦、陈玫:《绘画疗法在灾后的应用及作品分析》，载《现代生物医学进展》，2009(15):2923—2925。

[8] 钟世彪、静进、汪玲华、殷青云等:《注意缺陷多动障碍男童绘人测验特征分析》，载《中国妇幼保健》，2007(36):5142—5144。

[9] 金江、陈健、李梅、李杨、陈燕娜:《房树人绘图心理测验在儿童恶性肿瘤的应用》，载《中国抗癌协会》，2008(1):1139。

[10] 严虎、陈晋东:《农村留守儿童与非留守儿童房树人测验结果比较》，载《中国临床心理学杂志》，2013(03):417—419。

[11] 庄勤、何耐灵:《聋哑儿童绘人试验分析》，载《中国心理卫生杂志》，2003(3):196。

[12] 静进、黄旭、陈学彬、王琦、李学云、李照凯:《学习障碍儿童认知特征分析》，载《中国学校卫生》，2000(5):385—386。

表3　特殊群体的绘画特征

研究群体	群体内部维度	n	区别于对照组的绘画特征
自杀幸存群体	成年人（30±5岁）	30	自我意想不完整/将树或人涂黑/树干创伤/断枝/树或房子不完整
	中学生（15±2岁）	1044	窗子大小/多栋房屋/人物张口/太阳/月亮/图画尖锐部分
地震灾后群体	青少年（15.43±1.77岁）	392	圈状疤痕/树干笔直平行/树底有草
特殊儿童群体	青少年（12.02±1.66岁）	197	用桩来支持房屋/房子的墙垮掉了/树皮表面有污点/树皮呈现破烂的状态/树干有伤痕、污点/省略鼻子的描绘
	儿童（平均9岁）	94	人物为目前最关心或印象最深刻的人物/房子主要为地震前他们的家、学校、住的帐篷安置点和板房学校，以及所希望重建家园后他们的家和学校
	ADHD男童（9.04±0.67岁）	40	手部
	恶性肿瘤患儿（平均10.5岁）	18	窗户在屋顶/树冠由混乱线构成/树干偏斜/人物向右/躯干短小/抽象人
	农村留守儿童（11.02±1.3岁）	225	在内向孤僻、自卑胆小、紧张焦虑、抑郁和攻击性五个心理维度均要显著高于非留守儿童。
	聋哑儿童（平均7岁）	18	多自画像/画牙齿/流泪
	学习障碍儿童（6—12岁）	777	人物绘画细节粗略

2.2.2 绘画用于对实验或干预效果的评估指标

通过前后对比干预前后的差别对干预效果进行评估。此类应用不是很多，在本文筛选出的研究中占 14.7%。皮金斯等比较了 10 个 19—30 岁的精神分裂症患者在透析治疗前后 HTP 绘画的变化使用量化评分，发现在奇异的特征、线条的质量上有明显的改善，并且方差分析结果表明治疗前后的绘画有显著变化。① 国内也有类似的研究通过从康复期精神分裂症患者与精神分裂症患者的绘画特征对比看出画面过大和局部刻画是精神分裂症好转的较显著指征。②

2.3 房树人技术作为辅助诊断工具的研究现状

房树人技术最初被用于智力水平辅助诊断的工具。随着研究的发展，房树人绘画技术的诊断功能的应用和完善主要集中在异常心理学维度和人格特质维度。已有研究中主要用的有两种研究模式，一是验证绘画特征的诊断效果，通常以回归方程形式呈现。二是制作并检验诊断标准。

2.3.1 房树人技术与相关量表诊断效力的一致性检验

张燕通过对大学新生进行心理测试验证了在一定的筛选标准下认为房树人投射测验与症状自评量表 SCL-90 在大学生心理健康测试与筛选方面的作用基本相当，且房树人投射测验对 A 类人群的检出率更高。③ 邱鸿钟等在研究中证明了 MMPI 抑郁分量表与多项房树人绘画特征显著相关。④ 鲍谧清等对贫困大学生人格特质的研究结果证明绘人测验在反映人格特征方面与艾森克人格问卷简式量表中国修订版存在一致性。⑤

---

① E. Persson, E. Severinsson, Hellstrom, et al., "Spouses' Perceptions of and Reactions to Living with a Partner Who has Undergone Surgery for Rectal Cancer Resulting in a Stoma", *Cancer Nursing*, 2004, 27(1): 85—90.
② 马红霞、程淑英、傅楚巧、郑海英、张聪颖、武雪娇:《康复期精神分裂症患者心理健康状况与房树人绘画特征的关系研究》，载《中国全科医学》，2013, 25: 2293—2295。
③ 张燕:《房树人投射测验在新生心理普查中的应用价值》，载《思想理论教育》，2010,（05）: 70—73。
④ 邱鸿钟、吴东梅:《抑郁症患者明尼苏达多项人格测验与房树人绘画特征的相关性研究》，载《中国健康心理学杂志》，2010, 18(11): 1341—1344。
⑤ 鲍谧清、艾振刚、孙长安:《贫困大学生人格特质的"房树人绘画"研究》，载《教育探索》，2013,（03）: 140—141。

2.3.2 根据绘画特征建立具有预测力的回归方程

在验证了绘画特征与心理特征的相关性之后，一些研究者会进一步进行回归方程的建立与验证。通常将特定群体测试结果中的绘画特征建立回归方程并验证其稳定性和解释效果。已有较多的是对异常心理的诊断的研究。其中常用的是陈侃等人的研究范式。陈侃在神经症的绘画心理诊断研究中在躯体化、强迫症状、忧郁、焦虑、恐怖和偏执等 6 个神经症类型建立了房树人绘画测试和 SCL90 间具有预测效果的回归方程，经检验具有中等的解释效果且评分者一致性程度较高。且已证明房树人诊断技术具有较高的评分者一致性，验证了该回归方程的稳定性。[①] 其中关于神经症躯体化[②]和焦虑症[③]以及抑郁症[④]中的研究范式沿用此范式并针对该神经症进行更加深入的研究和回归方程建立。

表 4　房树人绘画测验的诊断回归方程的拟合度检验

	n	极小值	极大值	均值	标准差
NagelkerkeR2 值	10	0.11	0.61	0.304	0.130

如表 4 所示，选取 2000—2014 年国内以房树人绘画测验技术作为症状诊断工具的研究共 10 篇文献，其中包括 1 篇尚未发表的本科生毕业论文中的数据。可看出以房树人绘画测试技术作为诊断工具其回归方程的拟合度平均可达到 0.3 的水平，具有较高解释力。

[①] 陈侃：《神经症的绘画心理诊断研究》，华南师范大学硕士论文，2002 年。
[②] 陈侃、申荷永：《神经症躯体化倾向的绘画诊断研究》，载《心理科学》，2004，(05)：1236—1238。
[③] 陈侃、宋斌、申荷永：《焦虑症状的绘画评定研究》，载《心理科学》，2011，34(6)：1512—1515。
[④] 陈侃、徐光兴：《抑郁倾向的绘画诊断研究》，载《心理科学》，2008，31(3)：722—724。

2.3.3 根据绘画特征建立诊断标准

通过房树人的绘画特征进行分析，建立绘画特征编码和诊断标准的制定。斯图尔特验证了用 85 分以下的歌德依纳夫—哈里斯标准分及"矮小的树"指数联合起来区分儿童性虐待个体的正确率为 86.67%。格斯伯尔利等发现脑损伤病人损伤部位不同其图画的大小和空间位置有显著的不同。[①] 马红霞等在研究中发现可以通过绘画特征判断康复期精神分裂症患者在焦虑、抑郁、强迫症状等因子方面的健康状况。[②] 谢丽亚采用统合型 HTP 测验技术，对住院精神分裂症患者的研究结果表明房树人简单罗列、缺乏主题、无附加物等项目对精神分裂症具有辅助诊断意义。[③]

2.4 在评估诊断中稳定性较好的房树人绘画特征

同一绘画特征或同一类型的绘画特征由于表示的情绪、心理状态可能会符合多种情绪、症状、人格特征。在鲍谧清等[④]和韩小燕[⑤]以及其关于人格的绘画特征的研究中发现，内外向维度与图画占纸张比例的绘画特征相关性最高，而面积大和面积小分别与外向和内向呈较高正相关。神经质和精神质则与线条笔墨间的相关最高。线条粗细和轻重不均以及不连续都与神经质和精神质之间存在较大相关。如表 5 所示线条压力在焦虑和抑郁的评估中都具有很高的解释力。在对同一类型绘画特征与量表总分间相关系数进行均值检验后可看出，线条压力、图画潦草的绘画特征对焦虑和抑郁的评估效果均较好。

---

① 韩小燕：《神经症 HTP 测验与五态人格相关性的研究》，广州中医药大学硕士论文，2011 年。
② 马红霞、程淑英、傅楚巧、郑海英、张聪颖、武雪娇：《康复期精神分裂症患者心理健康状况与房树人绘画特征的关系研究》，载《中国全科医学》，2013，（25）：2293—2295。
③ 谢丽亚、叶秀红：《精神分裂症患者统合型"房树人绘画测验"测试结果分析》，载《中国心理卫生杂志》，1994，（06）：250—252。
④ 鲍谧清、艾振刚、孙长安：《贫困大学生人格特质的"房树人绘画"研究》，载《教育探索》，2013，（03）：140—141。
⑤ 韩小燕：《神经症 HTP 测验与五态人格相关性的研究》，广州中医药大学硕士论文，2011 年。

而抑郁的患者并没有表现出阴影和涂黑的绘画特征。

表 5　可辅助诊断焦虑和抑郁的绘画特征

绘画特征	绘画评估条目数	焦虑条目与焦虑量表总分相关性检验	显著水平
焦虑			
线条压力	16	0.586	0.000
画面大小	4	0.246	0.000
图画潦草	5	0.416	0.000
阴影、涂黑	4	0.426	0.000
抑郁			
线条压力	6	0.632	0.000
画面大小	4	0.596	0.000
画面潦草	4	0.660	0.000

2.5 绘画特征的动态和相互关系的特征

在研究数据和结果的整理中发现，大多数研究并未将 HTP 技术与 SHTP 技术进行区分。SHTP 是对 HTP 的简化，是将独立呈现的房、树、人三者呈现在同一张纸上，称为统合型房树人绘画测试或房树人动态绘画测试。在实践中发现 SHTP 具有减轻被测者的负担、提高成功率、扩大测验对象、有效地探测被测者的人格特征的效果。[1] 研究发现 SHTP 对人格特征的情绪的解释力更好。[2] 但目前的研究中所用的绘画分析操作手册和绘画特征多是单一绘画特征，而未系统地涉及动态或存在相互关系的绘画特征，如房、树、人三者

---

[1] 谢丽亚：《SHTP 测验》，载《中国心理卫生杂志》，1994，(02)：91—93。
[2] 杰拉尔德·D. 奥斯特、帕特里夏·古尔德·科农：《绘画心理评估与治疗》（第二版），何伦等译，东南大学出版社 2013 年版，第 58—59 页。

间距离的绘画特征。或许是研究中未曾把关系特征列入假设的编码中或是事后的特征整理中。在未来的研究中可以加入对这一类绘画特征的预测力和解释力的探索。

3 总结与展望

3.1 研究的信度检验

研究中使用最多的是内部一致性信度和评分者一致性信度，而甚少涉及重测信度。或许是由于其评估本身就带有一定的情绪宣泄作用和治疗价值，可能会造成再度测评时绘画特征反映的情绪症状的减轻。据此，推测房树人测验本身的治愈性及其带来的个体心理成长会对重测信度产生影响。

3.2 发展前景

房树人技术的评估和辅助诊断功能在未来可以在评估和辅助诊断的效果，以及评估、诊断体系的完善方面进一步进行探索研究。通过大量样本的积累，不断完善常模资料，为诊断提供方法及标准。而在研究方法方面也可以把检验假设和总结绘画特征的方法相结合进行。

（1）完善房树人绘画特征编码

从理论和已有研究可知房树人绘画特征存在年龄、性别和文化上的差异。但其差异尚无足够数据支持。比如段婧等在对抑郁症的房树人绘画研究中发现测量抑郁的相关指标的数量上有显著的性别差异，女性较多地画出这些指标。[1] 在部分指标上，抑郁倾向与性别的交互作用显著，有抑郁倾向的女性比男性较多出现相关指标。而无抑郁倾向的个体中结果却相反。若按年龄、性

---

[1] 段婧、郑久华：《"房树人"抑郁测量软件化的可行性》，第十四届全国心理学学术会议论文摘要集，2011: 563。

别等人口学变量进行编码,预测可以提高房树人作为测验、诊断工具的准确性。

(2)扩大 HTP 群体施测样本量及稳定性

扩大房树人测试的使用主题,为建立常模提供数据支持。有的特定群体由于其条件的特殊性导致被试的群体较小,实验被试数量少,研究结果的稳定性无法得到有效证明。比如闫晓云等对 1 型糖尿病患儿的研究结果存在较一致性的表现。[1]如不满意家庭现状,人际、社会和环境适应性差,以及对过去的某些经历感到恐怖这三个主题。但是由于被试数量太少,只有 10 例而并无显著可证的一致性的绘画特征。所以针对特定群体的绘画特征的总结和编码需要进行更多的数据采集和收集,研究需要持续的时间更长。

4 结论

房树人技术的评估和诊断功能已经被证明有良好的信度和效度,部分绘画特征也被证明具有稳定的预测力。随着测试心理因素的全面性的加强和被试取样的加强,本土化的房树人评估体系的建立已经初具基础,并会在以后的研究中不断被补充完整。

---

[1] 闫晓云、李翠萍:《1 型糖尿病患儿房树人心理测验调查》,载《社区医学杂志》,2012,(16):41—43。

环境关心与环境保护

环境关心与亲环境行为：
环境心理控制源的调节作用

刘贤伟[①] 吴建平[②]

1 引言

在当今全球范围内，环境问题已经成为一个重要的社会问题。一方面，人类的活动引起并加剧了各种环境问题；另一方面，环境状况的恶化对人类的生产、生活和健康造成了严重的影响。20世纪60年代起，一系列环境事故和灾难引起了西方社会环境运动的不断高涨，同时也促进了民众对环境问题的关心和亲环境行为的开展。对于亲环境行为及其影响因素的研究也成为社会科学家们关心的议题。亲环境行为（Pro-environmental behavior）是一个被西方研究者广泛使用的术语，在国内研究中，亲环境行为一般被称作环境友好行为或环保行为，斯特恩（Stern）将其定义为人们以保护环境或者阻止环境恶化为行为意图，所表现或塑造的人类活动。[③]汉特（Hunter）等人在22个国家的跨文化研究中，根据行为所涉及到私人领域和公众领域程度将亲环境行为划分为私人领域的亲环境行为（如购买绿色无公害产品，减少汽车使用频率等）和公众领域的亲环境行为（如参与环保示威、游行，为支持环保

[①] 刘贤伟，北京航空航天大学高等教育研究所博士研究生。研究方向：高等教育管理，环境心理。

[②] 吴建平，北京林业大学人文社会科学学院心理学系副教授，研究方向：社会心理，环境心理。

[③] Stern, P. C., "New Environmental Theories: Toward a Coherent Theory of Environmentally Significant Behavior", *Journal of Social Issues*, 2000, 56(3): 407–424.

捐款等），①龚文娟也沿用了这一分类对中国城市居民亲环境行为的性别差异进行了分析。②

顿拉普（Dunlap）和琼斯（Jones）认为所谓环境关心是指人们意识到环境问题并支持解决这些问题的程度，或者指人们为解决这些问题而作出个人努力的意愿，并提出新生态范式（New Ecological Paradigm）量表用以测量人们的环境关心，③该量表从更为抽象、普遍的层面上测量人们对于自身与生态自然之间的关系的看法，因此具有跨时间和文化的普遍适用性。对于环境关心与亲环境行为之间的关系，学界一直没有得到一个比较一致的结论，一些研究指出环境关心是亲环境行为的一个有效预测因素，例如有较高环境关心水平的消费者比那些较少关心环境问题的消费者更倾向于购买绿色产品，但是更多的学者倾向于认为环境关心作为一种态度，与具体行为之间的关系很有可能并不是直接的，中间有中介抑或调节变量的存在。④⑤

源自于对心理控制源的研究，麦卡迪（McCarty）和施勒姆（Shrum）将环境心理控制源（Environmental Locus of Control，ELOC）定义为：人们认为通过自己的行动，自己的能力在多大程度上能够影响到环境的改善。⑥该概念的核心是罗特（Rotter）对于内部（internal）和外部（external）心理控制源的

---

① Hunter, L. M., Hatch, A. & Johnson, A., "Cross-national Gender Variation in Environmental Behaviors", *Social Science Quarterly*, 2004, 85(3): 677–694.

② 龚文娟：《当代城市居民环境友好行为之性别差异分析》，载《中国地质大学学报》（社会科学版），2008, 8(6): 37—42。

③ R. E. Dunlap & R. E. Jones, "Environmental Concern: Conceptual and Measurement Issues", In R. E. Dunlap and W. Michelson, eds., *Handbook of Environmental Sociology*, Westport, CT: Greenwood Press, 2002: 482–524.

④ Black, J., Overcoming the "Value-Action gap" in Environmental Policy: Tensions between National Policy and Local Experience, *Local Environment*, 1999, 4(3): 257–278.

⑤ Kollmus, A. & Agyeman, J., "Mind the Gap: Why do People Act Environmentally and What are the Barriers to Pro-environmental Behavior?" *Environmental Education Research*, 2002, 8(3): 239–260.

⑥ McCarty, J. A. & Shrum, L. J., "The Influence of Individualism, Collectivism, and Locus of Control on Environmental Beliefs and Behavior", *Journal of Public Policy & Marketing*, 2001, 20(1): 93–104.

经典区分[①]以及利文森（Levenson）对于心理控制源的多维概念研究。[②]一般而言，内控型的个体认为自己的行为影响了特定情境下的行为结果，而外控型的个体则认为自己的能力很小，特定情境下的行为结果超出了自己行为所能控制的范围。基于这些研究，克利夫兰（Cleveland）等人的研究将环境心理控制源进一步划分为内部和外部环境心理控制源，验证性因素分析支持了这一结论。[③]环境心理控制源是由个体的知识以及直接或间接的经验所决定的，因此也会随个体知识与经验的不同而不同，作为一种个体信念，它在更为抽象和普遍的价值观的影响下形成。而很多研究者指出态度或者信念与行为之间的关系之间存在不一致。因此，很多研究就考虑到了态度—行为这一关系之间存在的影响因素，环境心理控制源便是其中一个。麦卡迪（McCarty）和施勒姆（Shrum）在对回收行为的研究中，便发现环境心理控制源起到了调节作用。[④][⑤]其他研究者也得出了类似的结论，如斯科维普克（Schwepker）和康维尔（Cornwell）发现内部控制感影响消费者是否购买生态产品，[⑥]克利夫兰（Cleveland）等人研究发现个体的心理控制源是其将环境关心转化为具体亲

---

① Rotter, J. B., "Generalized Expectancies for Internal Versus External Control of Reinforcement", *Psychological Monographs: General and Applied*, 1966, 80(1): 1-28.

② Levenson, H., "Activism and Powerful Others: Distinctions within the Concept of Internal-External Control", *Journal of Personality Assessment*, 1974, 38(4): 377-383.

③ Cleveland, M., Kalamas, M. & Laroche, M., "Shades of Green: Linking Environmental Locus of Control and Pro-environmental Behaviors", *Journal of Consumer Marketing*, 2005, 22 (4): 198-212.

④ McCarty, J. A. & Shrum, L. J., "The Recycling of Solid Wastes: Personal Values, Value Orientations, and Attitudes about Recycling as Antecedents of Recycling Behavior", *Journal of Business Research*, 1994, 30(1): 53-62.

⑤ McCarty, J. A. & Shrum, L. J., "The Influence of Individualism, Collectivism, and Locus of Control on Environmental Beliefs and Behavior", *Journal of Public Policy & Marketing*, 2001, 20(1): 93-104.

⑥ Schwepker, C. H. & Cornwell, T. B., "An Examination of Ecologically Concerned Consumers and Their Intention to Purchase Ecologically Packaged Products", *Journal of Public Policy & Marketing*, 1991, 10(2): 1-25.

环境行为的"催化剂"。①

2 研究方法

2.1 被试

被试数据从北京林业大学、北京劳动职业保障学院以及内蒙古呼和浩特民族学院三所大学采集，共发放正式问卷1200份，回收问卷1118份，回收率96.67%，其中有效问卷为1034份，有效率为92.49%。被试社会人口学资料见表1。

表1 被试社会人口学资料统计表

项目	类别	人数	构成比（%）
性别	男	337	32.6
	女	677	65.5
	缺失	20	1.9
民族	汉	652	63.1
	蒙	317	30.7
	其他	57	5.5
	缺失	8	0.7

---

① Cleveland, M., Kalamas, M. & Laroche, M., "Shades of Green: Linking Environmental Locus of Control and Pro-environmental Behaviors", *Journal of Consumer Marketing*, 2005, 22 (4): 198–212.

（续表）

居住地类型	城市	288	27.9
	城镇	266	25.7
	农村/牧区	433	41.9
	缺失	47	4.5
家庭平均月收入	1000元以下	227	22.0
	1001—4000元	387	37.4
	4001—7000元	203	19.6
	7001—10000元	67	6.5
	10001及以上	47	4.5
	缺失	103	10.0

注：本研究中，被试除了汉族和蒙古族外，还包括了苗、回、达斡尔、壮、满、维吾尔等民族，由于人数较少，便归类为其他少数民族。

2.2 研究工具

2.2.1 环境关心的测量

本研究采用吴建平等人修订的中文版新生态范式量表（New Ecological Paradigm Scale，NEP）测量被试的环境关心。[1][2] 在 Dunlap 等人的研究中，NEP 被认为是单维度的。量表共 15 题，采用从"完全不同意"（记 1 分）

---

[1] 吴建平、訾非、刘贤伟等：《新生态范式的测量：NEP 量表在中国的修订及应用》，载《北京林业大学学报》（社会科学版），2012，4：8—13。

[2] Dunlap, R. E., Van Liere, K. D., Mertig, A. G. & Jones, R. E., "New Trends in Measuring Environmental Attitudes: Measuring Endorsement of the New Ecological Paradigm: A Revised NEP Scale", *Journal of Social Issues*, 2000, 56(3): 425–442.

到"完全同意"（记5分）的Likert五点计分法，对偶数题目进行反向计分，量表的得分范围为15—75分，得分越高表明被试对环境的关心程度越高。在本研究中，量表验证性因素分析的各项拟合指数为 $x^2/df = 4.59$，NNFI=0.95，CFI=0.95，NFI=0.94，RMSEA=0.061。量表的内部一致性系数为0.817。

2.2.2 环境心理控制源的测量

对克利夫兰（Cleveland）等人的环境心理控制源研究中使用的环境心理控制源量表进行中文版修订及补充，[①]该量表由两个维度构成，分别是内部环境心理控制源和外部心理控制源，共8个题项，采用从"完全不同意"（记1分）到"完全同意"（记5分）的Likert五点计分法，其中对外部心理控制源题目进行反向计分，量表的得分范围为8—40分，得分越高越趋向于内控。在本研究中，量表验证性因素分析的各项拟合指数为 $x^2/df = 8.01$，NNFI = 0.92，CFI = 0.95，NFI = 0.94，RMSEA = 0.077。量表的内部一致性系数为0.745。

2.2.3 亲环境行为的测量

本研究对龚文娟编制的公私领域环境行为的自评量表进行了补充，[②]补充后的量表包括公领域和私领域的亲环境行为两个维度，共12个题项，要求被试回忆过去一年中是否有从事过量表中所陈列的行为，根据行为的频率，采用从"从不"（记1分）到"经常"（记5分）的Likert五点计分法，量表的得分范围为12—60分，分数越高表示亲环境行为频率越高。量表验证性因素分析的各项拟合指数为 $x^2/df = 8.44$，NNFI=0.92，CFI=0.93，NFI=0.93，RMSEA=0.083。量表整体的内部一致性系数为0.783，两个维度的内部一致性

[①] Cleveland, M., Kalamas, M. & Laroche, M., "Shades of Green: Linking Environmental Locus of Control and Pro-environmental Behaviors", *Journal of Consumer Marketing*, 2005, 22 (4): 198–212.

[②] 龚文娟：《当代城市居民环境友好行为之性别差异分析》，载《中国地质大学学报》（社会科学版），2008, 8 (6): 37—42。

系数分别为 0.681 和 0.768。

2.3 数据处理

采用统计软件 SPSS17.0 和 LISREL8.17 进行数据处理与统计分析。

3 结果与分析

3.1 各研究变量与人口学因素的关系

对各研究变量在性别、民族、居住地类型以及家庭收入上的差异进行检验，结果见表2。

表2 各研究变量的差异显著性检验

变量		环境关心	环境心理控制源	私领域亲环境行为	公领域亲环境行为
性别	t	−4.49***	−1.26	−7.14***	0.26
民族	F	9.12***	65.58***	56.24***	0.16
家乡类型	F	4.19**	14.55***	15.07***	0.20
家庭收入	F	4.59**	5.08***	2.92**	1.33

注：* $p < 0.05$，** $p < 0.01$，*** $p < 0.001$。

独立样本 t 检验和方差分析表明，被试的环境关心在性别、民族、家乡类型及家庭收入上存在显著差异，其中，男性被试在新生态范式量表上的得分（3.96±0.58）显著低于女性被试得分（4.13±0.53）；Tukey HSD 事后检验表明蒙古族大学生新生态范式得分（4.37±0.49）显著高于汉族（4.24±0.57）和其他民族大学生得分（4.08±0.56）；城市大学生得分（4.32±0.52）显著高于农村/牧区大学生（4.21±0.61）得分；家庭月均收入在 10000 元以上的大学生得分（4.00±0.57）显著低于其他收入水平被试的得分。

被试在环境心理控制源量表上的得分存在显著的民族、家乡类型以及收入上的差异，事后检验表明，蒙古族大学生的得分（4.05±0.61）显著高于汉族（3.60±0.58）和其他民族大学生得分（3.57±0.42），而汉族和其他民族大学生在环境心理控制源上的得分均不存在显著差异；农村/牧区大学生得分（4.03±0.74）显著高于城市（3.74±0.68）和城镇大学生得分（3.88±0.68），城市和城镇大学生得分不存在显著差异；家庭月均收入在10000元以上的大学生得分（4.05±0.73）显著高于其他收入水平大学生的得分。

被试在私领域亲环境行为上的得分存在显著的性别、民族、家乡类型以及收入水平差异，而在公领域亲环境行为上的得分在各人口学变量上均不存在显著差异，其中，男性大学生私领域亲环境行为上的得分（3.69±0.75）显著低于女性大学生得分（4.05±0.75）；事后检验表明，汉族大学生得分（4.09±0.72）和其他民族大学生得分（4.04±0.72）显著高于蒙古族大学生得分（3.56±0.75），汉族大学生和其他民族大学生得分不存在显著差异；城市大学生得分（4.12±0.73）显著高于农村/牧区（3.81±0.80）和城镇大学生得分（3.96±0.70），城镇大学生得分显著高于农村/牧区大学生得分；家庭月均收入在7001—10000元的大学生得分（4.19±0.64）显著高于1000元以下（3.88±0.80）和1001—4000元的大学生得分（3.90±0.79）。

3.2 研究变量之间的相关分析

对三类价值观、环境关心和两类亲环境行为进行相关分析。结果见表3。

表3 变量间的相关矩阵

	1	2	3	4
1.NEP	1			
2.ELOC	0.443**	1		
3.公领域	0.128**	0.137**	1	
4.私领域	0.240**	0.042	0.397**	1

注：* $p<0.05$；** $p<0.01$；*** $p<0.001$。

从表3可以看出，环境关心与两类亲环境行为显著正相关，与环境心理控制源显著正相关，环境心理控制源与公领域亲环境行为显著正相关。这为环境心理控制源的调节作用的检验奠定了基础。

3.3 环境心理控制源在环境关心与亲环境行为之间的调节作用分析

根据温忠麟等人介绍的显变量的调节效应的定义与分析方法，检验环境心理控制源在新生态范式对亲环境行为影响的调节作用，调节变量的定义是：如果变量 Y 与变量 X 的关系是变量 M 的函数，称 M 为调节变量，检验方法是：当自变量和调节变量都是连续变量时，用带有乘积项的回归模型，进行层次回归分析：(1) 进行 Y 对 X 和 M 的回归，得测定系数 R_1^2，(2) 进行 Y 对 X、M 和 XM 的回归得 R_2^2，若 R_2^2 显著高于 R_1^2，即 $\triangle R^2$ 值显著则调节效应显著。①

本研究以环境关心，以及环境关心与环境心理控制源的交互项作为预测变量，分别以私领域的亲环境行为和公领域的亲环境行为为因变量，进行多层回归分析。为消除变量间共线性的消极影响，采用温忠麟等人的建议，在进行回归分析之前，利用 SPSS 17.0 软件先对新环境范式、环境心理控制源以及亲环境行为的得分进行了中心化变换。在多层回归分析中，各变量进入回归模型的顺序是：社会人口学变量作为控制变量第一步进入；新环境范式和环境心理控制源第二步进入，目的在于控制其主效应；新环境范式与环境心

---

① 温忠麟、候杰泰、张雷：《调节效应与中介效应的比较与应用》，载《心理学报》，2005，37(2)：268—274。

理控制源的交互作用第三步进入,考察调节作用。多层回归分析的结果见表4。

表4 环境心理控制源的调节作用检验

变量及步骤	公领域亲环境行为		私领域亲环境行为	
	β	$\triangle R^2$	β	$\triangle R^2$
第一步				
性别	0.009		0.250***	
民族	0.003		−0.138***	
家乡	0.007		−0.124***	
家庭收入	−0.003	0.000	0.031	0.111
第二步				
NEP	0.061		0.238***	
ELOC	0.107**	0.020	0.037	0.049
第三步				
NEP*ELOC	0.08*	0.006	0.111***	0.012
R^2		0.026*		0.171***

注:* $p<0.05$,** $p<0.01$,*** $p<0.001$。

由上表中可以看出,在公领域亲环境行为方面,从多层回归分析各步骤 $\triangle R^2$ 来看,第一步中,控制变量中各社会人口学变量的主效应均不显著,在控制了社会人口学变量之后,第二步 $\triangle R^2$ 显著,其中环境关心主效应不显著,而环境心理控制源主效应显著,其预测作用是正向的,第三步 $\triangle R^2$ 显著,环境关心和环境心理控制源的交互效应显著;在私领域亲环境行为方面,多层回归分析各步骤 $\triangle R^2$ 都达到显著,其中第一步当中,性别、民族、家乡主效应显著,家庭收入主效应不显著,第二步中环境关心主效应显著,而环境心理控制源的主效应不显著,第三步中,新生态范式和环境心理控制源的交互效应显著。

为更进一步检验环境心理控制源得分高低对新生态范式和两类亲环境行为关系的调节作用,进一步采用道森(Dawson)和里克特(Richter)所建议的程序对表3中的两组交互效应展开深入的分析。[①] 分析之前根据被试在新生态范式和环境心理控制源上的分数,以平均数为基准将被试分为高分组($M+1SD$)和为低分组($M-1SD$)。分别估计当环境心理控制源得分处于高(倾向于内控)、低(倾向于外控)两种不同水平时,新生态范式和两类亲环境行为之间的关系。详见图1和图2。

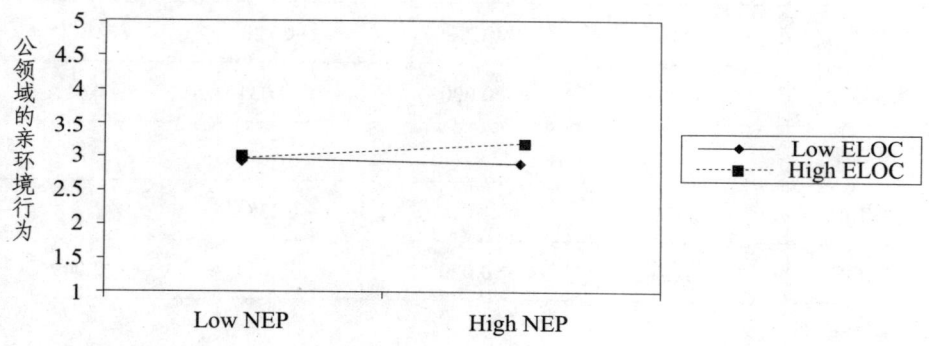

图1 ELOC对NEP与公领域亲环境行为关系的调节作用示意图

图1显示,心理控制源高分组(内控组)的大学生对新生态范式接受程度从低到高的过程中,在公领域亲环境行为上有一个轻微但是明显的上升趋势,但对于心理控制源低分组(外控组)的大学生而言,其在公领域亲环境行为上有一个略微的下降。

---

① Dawson, J. F. & Richter, A. W., "Probing Three-way Interactions in Moderated Multiple Regression: Development and Application of a Slope Difference Test", *Journal of Applied Psychology*, 2006, 91(4): 917–926.

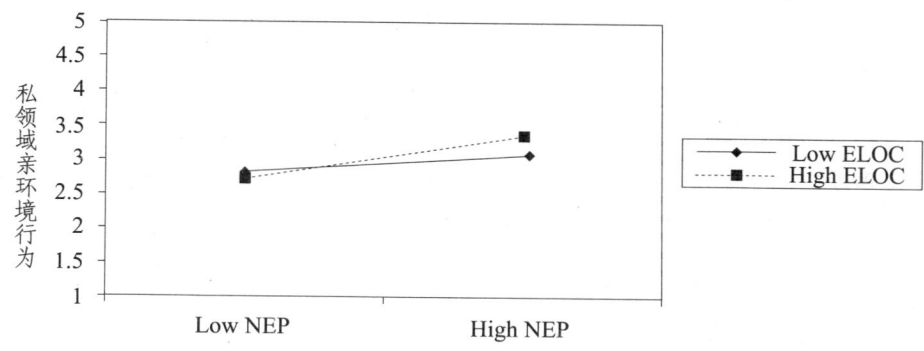

图 2　ELOC 对 NEP 与私领域亲环境行为关系的调节作用示意图

如图 2 所示，心理控制源高分组（内控组）的大学生环境关心程度从低到高的过程中，在私领域亲环境行为上有一个轻微但是明显的上升趋势，但对于心理控制源低分组（外控组）的大学生而言，其在公领域亲环境行为上有一个略微的上升趋势。值得注意的是，当大学生被试环境关心程度较低时，心理控制源高分组（内控组）在私领域亲环境行为上得分低于心理控制源低分组（外控组）的大学生。

4　讨论

4.1 大学生在各研究变量上的特点

对于性别变量，女大学生被试在环境关心量表上的得分显著高于男大学生被试。这一结论与龚文娟的研究结果一致。[①]Hunter 等人把环境关心性别差异的原因归结为男女两性传统社会性别角色的差异：首先，个体的行为和心理被文化规范中的性别期望所塑造，在这个框架之内，女性的传统社会角色

---

① 龚文娟：《当代城市居民环境友好行为之性别差异分析》，载《中国地质大学学报》（社会科学版），2008，8(6)：37—42。

是照料者和看护者,因此社会要求她们的角色是合作性的,具有同情心的,进而形成维持生活和各种关系的世界观;其次,男性传统社会角色要求男性应该为家庭提供经济支持,这种家庭供养者的角色使得男性在追求经济上的成功时更具有支配性和独立性。[1]因此,一般来说,女性对于生态环境,表现出更多的关心,对于生态环境遭受到的破坏,表现出更多的同情,而对于男性,则表现出对于生态环境的利用、征服。对于民族变量,蒙古族大学生被试的环境关心水平显著高于汉族和其他民族的大学生被试,出现这一差异与国内的一些研究假设是一致的,[2]原因可能在于蒙古族与汉族在生活环境、生态价值观、宗教信仰等多方面所存在的不同。蒙古族生活在中国的边疆地区,自然环境与气候条件较为恶劣,自然资源对其生存与发展弥足珍贵,对于自然的依赖、崇拜,以及与自然和谐相处的理念世代相传。蒙古族生态伦理是以保护自然环境、爱惜自然资源为出发点的,其精神文化与物质文化都以保护自然环境为前提。[3]此外,近年来少数民族地区经济迅速发展,随之而来的环境污染亦十分严重,这可能也在一定程度上使得少数民族地区居民的环保意识不断提高。

大学生被试在环境心理控制源上的得分表明,大多数被试是倾向于内控的,即认为通过自己的行动,自己的能力能够影响到环境的改善。大学生是一个自主性比较强的群体,其独立、自主意识较为强烈。但值得注意的是,环境问题作为一个社会性问题,大学生也会持有一些被动的态度或信念,所以在整体量表上得分并不是很高,并且在外控的两个题项上得分较高,这反映出针对环境问题,大学生认为自身的行动是重要的,但是国家、政府的支持也非常重要,在自己的环保行为中往往也会存在很多干扰,有自身的,也

---

[1] Hunter, L. M., Hatch, A. & Johnson, A., "Cross-national Gender Variation in Environmental Behaviors", *Social Science Quarterly*, 2004, 85(3), 677–694.

[2] 吴建平、訾非、刘贤伟等:《新生态范式的测量:NEP量表在中国的修订及应用》,载《北京林业大学学报》(社会科学版),2012,4:8—13。

[3] 包斯古日楞:《蒙古族的自然崇拜及其生态价值》,载《内蒙古农业大学学报》(社会科学版),2009,11(5):199—200。

有外界环境的因素。

研究结果显示，在亲环境行为的频率上，大学生被试得分属于中等偏上，且参与较多的是身边的一些行为，私领域的亲环境行为频率较高，而有组织性的、公众性的行为，具有互动性质的公领域行为则参与较少。一方面说明，虽然大学生群体有较强的环境意识，但是落实到具体行为层面时可能存在很多主、客观方面的阻碍，另一方面，大学生生活、学习的环境一般固定在大学校园中，因此，公众性质的亲环境行为较少，大多以平时生活中，尤其是宿舍生活环境中的一些具体的亲环境行为为主。

4.2 环境心理控制源的调节作用

与前人的研究相似，[1][2][3][4] 本研究发现了在中国大学生样本中，环境心理控制源在环境关心和亲环境行为的关系中起到了调节作用。环境心理控制源由个体的知识、直接和间接经验所决定，因此由于个体知识和经验的不同，不同个体的环境心理控制源存在差异。[5][6] 在层次回归分析中，可以看到环境

---

[1] McCarty, J. A. & Shrum, L. J., "The Recycling of Solid Wastes: Personal Values, Value Orientations, and Attitudes about Recycling as Antecedents of Recycling Behavior", *Journal of Business Research*, 1994, 30(1): 53–62.

[2] McCarty, J. A. & Shrum, L. J., "The Influence of Individualism, Collectivism, and Locus of Control on Environmental Beliefs and Behavior", *Journal of Public Policy & Marketing*, 2001, 20(1): 93–104.

[3] Schwepker, C. H. & Cornwell, T. B., "An Examination of Ecologically Concerned Consumers and Their Intention to Purchase Ecologically Packaged Products", *Journal of Public Policy & Marketing*, 1991, 10(2): 1–25.

[4] Cleveland, M., Kalamas, M. & Laroche, M., "Shades of Green: Linking Environmental Locus of Control and Pro-environmental Behaviors", *Journal of Consumer Marketing*, 2005, 22 (4): 198–212.

[5] Brown, I., "Learned Helplessness Through Modeling: Self-Efficacy and Social Comparison Processes", In *Choice and Perceived Control*, Lawrence C. Perlmutter and Richard A. Monty, eds., New York: John Wiley & Sons, 1979.

[6] Thompson, S. C., "Will it Hurt Less if I can Control it? A Complex Answer to a Simple Question", *Psychological Bulletin*, 1981, 90(1): 89.

心理控制源对于两类亲环境行为的影响是显著的，同时环境心理控制源与新生态范式的交互作用也是显著的。一些个体认为通过它们的行动可以引起一定的结果，并且会为特定的问题或事件带来改变，而另外一些个体可能对于他们的行动是否能够为问题、事件带来改观缺乏信心。环境心理控制源是一种基于特定问题或情况的个人信念，它形成于个体一般的和抽象的价值观念，并受之影响，在抽象价值观与具体的行为中扮演着调节变量的作用。但是值得注意的是，在本研究中，环境心理控制源对于环境关心与私领域亲环境行为关系的调节作用更明显，对于其原因，可能是由于被试的特点以及其生活环境、方式的影响。

5 结论

本研究得出如下结论：（1）女性大学生被试环境关心水平显著高于男性大学生被试；蒙古族大学生被试在环境关心、环境心理控制源上的得分都显著高于汉族和其他民族大学生被试。（2）环境心理控制源、新生态范式和亲环境行为的关系当中，环境心理控制源和新生态范式的交互效应显著，环境心理控制源起到了调节变量的作用。

环境行为控制感、环境知识及环境关心对亲环境行为的影响

李阳[①]　吴建平[②]

1　引言

当今社会，随着经济的迅猛发展，环境问题的严重性也在日益增强。人类对于自然资源的不断开采和浪费，由于发展工业而造成的大气污染、水污染，由于过度开垦和放牧所导致的土地荒漠化等破坏环境的行为，已经让人类自食其果——自然灾害的频繁发生等，这些现象使得环境问题成为了一个不容忽视的问题，同时也成为了环境心理学需要去关注的一项重要议题。究竟什么样的因素会影响人们做出亲环境行为，又该怎么样去促进亲环境行为的发生，这是当前急需探究的问题。

Sebastian 基于规范激活理论和计划行为理论，从利己动机和亲社会动机两方面将"亲环境行为（pro-environmental behavior）"定义为"对自身利益的关注及对他人、后代、其他物种或生态系统的关心的一种行为"。[③]我国学者也对亲环境行为给出了较为明确的定义，如：刘辉将其称为"环境友好行为"，具体是指"个体在日常生活实践中所表现出来的对环境产生积极作用，

[①] 李阳，中国科学院心理研究所硕士研究生。
[②] 吴建平，北京林业大学人文社会科学学院心理学系副教授，研究方向：社会心理，环境心理。
[③] Sebastian Bamberg & Guido Moser, "Twenty Years after Hines, Hungerford, and Tomera: A New Meta-analysis of Psycho-social Determinants of Pro-environmental Behavior", *Journal of Environmental Psychology*, 2007, 27: 14–25.

并与环境直接相关的环境友好行为"①；常跟应将其称为"环保行为"，具体是指"有助于维持生态平衡和减缓环境污染的行为"②。由上述概念界定可以得知，国内外学者对于亲环境行为的定义多种多样，然而其内涵是基本一致的。另一方面，基于现实意义的考虑，本研究主要探讨对环境产生积极影响的行为，而不去探讨负面的、对环境造成破坏的行为。因此，亲环境行为可以理解为"个体对环境产生积极影响的行为"。

在对亲环境行为的影响因素中，最容易想到的自然是"态度—行为"这样的联系，于是"环境关心"、"环境态度"这样的概念也就应运而生了。在国外研究中，环境关心（environmental concern）被看做是一种对给环境造成影响的事实、行为等的评价或态度，它既是一种直接决定行为意愿的态度，也是一种对环境问题的一般价值取向③。Stern将这种价值取向分为四种：第一种被称为新环境范式，相当于生态圈中心的价值取向；第二种是利他主义；第三种是利己主义；第四种是其他更深层次的原因，如宗教或后物质主义。④在环境关心与亲环境行为的关系方面，大部分研究的结果都是两者呈现中度相关，⑤但也有研究对于环境关心与亲环境行为之间关系的结果并非如此，⑥因此，很可能有中介和调节因素的存在，对这两者之间关系的研究不能忽视其他的因素，如控制感、责任感、知识经验等方面。

---

① 刘辉：《环境友好行为：基于分类基础上的几点思考》，载《黑河学刊》，2005，118：123—12。

② 常跟应：《国外公众环保行为研究综述》，载《科学·经济·社会》，2009，27（1）：79—88。

③ Fransson, N. & Garling, T., "Environmental Concern: Conceptual Definitions, Measurement Methods, and Research Findings", *Journal of Environmental Psychology*, 1999, 19: 369–382.

④ Stern, P. C., "Psychological Dimensions of Global Environmental Change", *Annual Review of Psychology*, 1992, 43: 269–302.

⑤ Kaiser, S. J., Wolfing, S. & Fuhrer, "U. Environmental Attitude and Ecological Behavior", *Journal of Environmental Psychology*, 1999, 19: 1–19.

⑥ 同上。

"环境行为控制感"（environmental locus of control，ELOC）的概念源自于社会心理学中的"控制感"，并将其推广到亲环境行为的领域，主要是指个体认为自己能够影响行为的结果，且这种影响是由个体自己而非外界因素所决定的。这与 McCarty 和 Shrum 的定义相符，即：人们认为通过自己的行动，自己的能力在多大程度上能够影响到环境的改善。[①] 关于环境行为控制感与亲环境行为的关系，学者们也在不断地探索和验证。Cleveland 对环境行为控制感和亲环境行为之间的关系进行了探讨，他认为环境关心对于亲环境行为的解释力度不足的原因在于没有将环境行为控制感等其他变量介入来进行分析。[②] 在 2012 年 Cleveland 的另一篇关于二者关系研究的论文中，他回顾了 1966—2005 年各位学者对于两者关系的研究，发现研究结果不尽相同，部分研究证明二者呈显著正相关，而其他研究却没有发现二者之间有显著的相关。[③]

环境知识（environmental knowledge）是指关于环境问题的状况和如何去改善环境问题等的知识。这个概念在亲环境行为的理论模型中也经常被提及，有的会把它当做一种认知因素，有的会把它作为一种个体的知识经验，但都肯定了其对亲环境行为的正向影响。[④] 缺乏环境知识是环境关心与亲环境行为之间相关较弱的解释因素之一，Hines 在 1987 年所作的元分析中，发现有 17 项研究都显示环境知识与亲环境行为之间为中度相关，关于"环境问题的现状"

[①] McCarty, J. A. & Shrum, L. J., "The Influence of Individualism, Collectivism, and Locus of Control on Environmental Beliefs and Behavior", *Journal of Public Policy & Marketing*, 2001, 20(1): 93–104.

[②] Clevand, M., Kalamas, M. & Laroche, M., "Shades of Green: Linking Environmental Locus of Control and Pro-environmental Behaviors", *Journal of Consumer Marketing*, 2005, 22(4): 198–212.

[③] Clevand, M., Kalamas, M. & Laroche, M., "It's not Easy being Green: Exploring Green Creeds, Green Deeds, and Internal Environmental Locus of Control", *Psychology & Marketing*, 2012, 29(5): 293–305.

[④] Kollmus, A. & Agyeman, J., "Mind the Gap: Why do People Act Environmentally and What are the Barriers to Pro-environmental Behavior?" *Environmental Education Research*, 2002, 8(3): 239–260.

和"改善环境的方法"的知识是态度与行为之间很好的调节变量。[1] Simmons 和 Widmar 也总结说缺乏环境知识是对那些持有积极环境态度的个体付出实际行动(回收行为)的一个阻碍。[2] 国内的许多研究中也提到了环境知识的重要性,认为可以通过环境教育的方式来加强公民的亲环境行为,而环境教育的核心就在于传授与环保相关的知识。[3][4] 因此,探讨环境知识对于亲环境行为的影响是很有研究意义的,而且,通过环境知识的干预来提高亲环境行为也非常必要。

除上述所提到的因素之外,探究社会人口学变量和亲环境行为之间的关系也是目前关于亲环境行为研究的方向之一,相关的社会人口学变量一般包括:性别、年龄、受教育程度、经济收入等,根据本研究对象——初中生的实际情况,选择了性别这一因素来进行探讨。对于性别与亲环境行为之间的关系,在 Fransson 和 Garling 对前人研究的总结中提到,Arcury 和 Christianson 的相关研究指出男性比女性要更关心环境,然而 Stern 等人的研究却发现女性比男性表现出更强的亲环境行为意愿和信念。[5] 在 Zelezny 及其同事的文献回顾中发现大多数的研究结论都表明女性比男性的亲环境行为表现更好。[6] 国内学者龚文娟所作的研究中也指出女性在私人领域的亲环境行为表现上要显著

---

[1] Hines, J. M., Hungerford, H. R. & Tomera, A.N., "Analysis and Synthesis of Research on Responsible Environmental Behavior: A Meta-analysis", *The Journal of Environmental Education*, 1987, 18(2): 1–8.

[2] Simmons, D. & Widmar, R., "Motivations and Barriers to Recycling: Toward a Strategy for Public Education", *Journal of Environmental Education*, 1990, 22: 13–18.

[3] 沈昊婧、谢双玉、高悦、黄宇:《大学生环境行为调查及其影响因素分析》,载《华中师范大学学报》(自然科学版),2010,44(4):702—707。

[4] 王琪延、侯鹏:《北京城市居民环境行为意愿研究》,载《中国人口·资源与环境》,2010,20(10):61—67。

[5] Fransson, N. & Garling, T., "Environmental Concern: Conceptual Definitions, Measurement Methods, and Research Findings", *Journal of Environmental Psychology*, 1999, 19: 369–382.

[6] Zelezny, L. C., Chua, P. & Aldrich, C., "Elaborating on Gender Differences in Environmentalism", *Journal of Social Issues*, 2000, 56(3): 443–457.

好于男性，而在公共领域的亲环境行为表现上女性和男性没有显著差异。[①]

综上，本研究主要采用问卷调查与实验干预相结合的方法，通过给部分被试讲授环境知识来进行干预，通过被试自评亲环境行为和实际行为记录的方式来评定被试亲环境行为的得分，然后对比实验组被试与控制组被试的得分，以及前测与后测的得分来探讨是否内控型个体更容易受到环境知识的影响，进而表现出更多的亲环境行为，以及环境行为控制感、环境知识和环境关心三者之间与亲环境行为的关系如何等问题。

2 研究方法

2.1 研究对象

本研究以北京市延庆八中初一年级的112名同学作为被试。其中，男生占50%，平均年龄为13.65岁，以初一（5）班和初一（7）班的同学作为实验组，进行环境知识讲授的干预，以初一（1）班和初一（2）班的同学作为控制组，不进行干预。

2.2 研究工具

2.2.1 自评亲环境行为量表

参考国内学者龚文娟对于城市居民环境友好行为的测量量表，[②]自编亲环境行为量表，包括公共领域和私人领域的亲环境行为两个维度，共15个题项，采用Likert五点计分法，要求被试回忆过去一个月中是否有从事过量表中所列出的行为，其中"1"表示"从不"，"2"表示"很少"，"3"表示"偶尔"，"4"

[①] 龚文娟：《当代城市居民环境友好行为之性别差异分析》，载《中国地质大学学报》（社会科学版），2008，8（6）：37—42。

[②] 同上。

表示"有时","5"表示"经常",将所有的题项分数相加为被试的自评亲环境行为得分,总分越高就表明被试的亲环境行为表现越好。

2.2.2 环境关心量表

采用刘贤伟、吴建平修订的中文版环境关心量表,量表共分三个维度——生态圈环境关心、利他环境关心和利己环境关心,其内部一致性系数为0.868。量表共有12道题目,采用Likert七点计分法,其中,"1"表示"最不重要","7"表示"最重要",总分越高表示环境关心的水平越高。[①]

2.2.3 环境行为控制感量表

采用刘贤伟在2012年硕士论文中自编的环境行为控制感量表,该量表分为两个维度——内控和外控。量表共8个题项,采用Likert五点计分法,"1"表示"完全不同意","5"表示"完全同意",其中对外控型描述的题目采用反向计分,总分越高越趋于内控。[②]

2.2.4 环境知识测验问卷

针对讲授的内容,从中选取了14道题目作为环境知识测验的内容,主要包括对环境现状的认识、亲环境行为的做法等。全部题项为判断题,被试要对每个题目描述的正确性作出判断,"T"表示"正确","F"表示"错误","NS"表示"不确定",只有被试正确地作出判断时才计1分,否则为0分,总分越高表示被试掌握的环境知识越好。

2.2.5 实际亲环境行为的测量

要求同学们从每对礼物中选择自己最想要的,每对礼物中都有相对环保

---

① 刘贤伟、吴建平:《环境关心量表的信效度研究及应用》,载《中国健康心理学杂志》,2012, 20(7):1006—1009。

② 刘贤伟:《价值观、新生态范式以及环境心理控制源对亲环境行为的影响》,北京林业大学硕士学位论文,2012年。

和不环保的两种。

2.3 研究程序

2.3.1 前期准备

2.3.1.1 问卷的编制与修订。

选取延庆八中初一年级两个班级，共 54 名同学进行了问卷的预测，根据预测结果对部分题目进行了删改，并形成了最终的施测问卷。

2.3.1.2 环境知识讲授的材料。

根据前人研究，首先确定了两节课的主题分别是"环境恶化的现状"及"如何去行动来保护环境"。然后通过上网查阅相关资料，整理出几大主要内容，分别是：①生物多样性的减少、森林锐减、土地荒漠化和水资源的恶化；②如何节约用水、节约用电、节约用纸，如何进行垃圾的分类投放，以及购物中的环保行为等。分别做成了相应的 PPT，从而能更直观地给学生进行讲授。

2.3.2 前测

在延庆八中的初一年级四个班级中进行了前测，共计 112 名同学，收回有效问卷 112 份，回收率和有效率均达到 100%。

2.3.3 实验干预

依据前期准备的知识材料，先后给初一（5）班和初一（7）班的同学上了环境知识的两次课程。

2.3.4 后测

前测一个月后，在延庆八中的初一年级四个班级进行了后测，由于个别同学当时有事，所以共有 111 名同学参与了问卷的填写，回收有效问卷 111 份，回收率和有效率均为 100%。

3 研究结果

3.1 前测结果中各变量的描述性统计

根据前测结果,各变量的描述性统计结果如下:亲环境行为,$M=3.87$,$SD=0.54$;环境关心,$M=6.11$,$SD=0.65$;环境行为控制感内控,$M=3.87$,$SD=0.74$,环境行为控制感外控,$M=2.21$,$SD=0.91$;环境知识测验,$M=6.19$,$SD=0.70$。

3.2 性别差异的影响

根据前测结果,对各研究变量上的性别差异进行独立样本 t 检验,具体结果见表1。

由表1的结果可以看出,只有亲环境行为得分在男、女生之间存在性别差异,且女生的亲环境行为得分显著高于男生,而其他变量的性别差异均不显著。

表 1 各研究变量性别差异的独立样本 t 检验

	M		n			
	男	女	男	女	t	p
亲环境行为	55.13	59.89	56	56	−2.93	0.004
环境关心	73.23	72.93	56	56	0.20	0.845
环境行为控制感	30.45	30.79	56	56	−0.42	0.679
环境知识	6.16	6.21	56	56	−0.12	0.904

3.3 研究变量间的相关关系

根据前测数据,对研究变量进行相关分析,研究变量间的相关矩阵见表2。

表 2 研究变量间的相关分析（$n=112$）

	1	2	3	4	5	6	7
1. 利己环境关心	1						
2. 利他环境关心	0.704**	1					
3. 生态圈环境关心	0.512**	0.769**	1				
4. 环境行为控制感	0.180	0.135	0.315**	1			
5. 环境知识	0.130	0.174	0.184	0.315**	1		
6. 私人领域亲环境行为	0.435**	0.287**	0.158	0.290**	0.278**	1	
7. 公共领域亲环境行为	0.263**	0.264**	0.296**	0.098	0.167	0.584**	1

注：**表示 $p<0.01$。

相关分析表明，利己、利他环境关心与私人领域和公共领域的亲环境行为均为显著正相关，生态圈环境关心与公共领域的亲环境行为表现出显著正相关，环境行为控制感与环境知识、私人领域的亲环境行为表现出显著正相关，环境知识与私人领域的亲环境行为表现出显著正相关。

3.4 环境关心、环境行为控制感、环境知识与亲环境行为的回归分析

由相关分析结果表明，研究中自变量与因变量之间存在显著相关，为进一步探讨环境关心、环境行为控制感和环境知识对亲环境行为影响的大小，将亲环境行为作为因变量，将环境关心、环境行为控制感和环境知识作为自变量，进行多元回归分析，结果 $F(3,102)=10.08$，$p<0.001$，说明使用三个自变量来预测亲环境行为的多元回归模型与数据拟合程度较好，但环境关心（$\beta=0.37$，$t=4.23^{**}$）和环境知识（$\beta=0.18$，$t=2.00^{*}$）对亲环境行为具有预测作用，而环境行为控制感（$\beta=0.11$，$t=1.23$）的预测作用不显著。据此，可建立回归方程为：Y=24.938+0.37×环境关心+0.49×环境知识。

另外，将私人领域的亲环境行为作为因变量，进行多元回归分析，

结果 $F(3, 102)=10.50$, $p<0.001$, 说明使用三个自变量来预测私人领域的亲环境行为的多元回归模型与数据拟合程度较好, 环境关心 ($\beta=0.32$, $t=3.63**$)、环境行为控制感 ($\beta=0.20$, $t=2.22*$) 和环境知识 ($\beta=0.19$, $t=2.05*$) 对私人领域的亲环境行为均具有预测作用。据此, 可建立回归方程为: Y=20.404+0.23×环境关心+0.22×环境行为控制感+0.36×环境知识。

3.5 前、后测中各变量得分的对比

将前测和后测两次的数据进行整合, 可以得到配对数据110个, 运用配对样本 t 检验, 对比前后两次测量中的各个变量, 结果见表3。

表3 各变量前后测得分的对比

		M		n	t	p
		前测	后测			
实验组	亲环境行为	56.66	59.17	53	−2.66	0.010
	公共领域	12.51	13.72	53	−2.43	0.019
	私人领域	44.15	45.45	53	−1.90	0.064
	环境关心	72.91	72.17	53	0.46	0.645
	环境行为控制感	30.53	30.30	53	0.29	0.775
	环境知识	5.94	9.30	53	−8.66	0.000
控制组	亲环境行为	59.07	62.07	57	−3.43	0.001
	公共领域	14.23	15.32	57	−2.72	0.009
	私人领域	44.84	46.75	57	−2.68	0.010
	环境关心	73.37	73.05	57	0.30	0.768
	环境行为控制感	30.68	29.26	57	1.99	0.051
	环境知识	6.42	6.32	57	0.26	0.795

由上表数据可知，在接受环境知识讲授的实验组中，被试的亲环境行为有显著提高，且环境知识得分也有显著提高；而在没有接受环境知识讲授的控制组中，被试的亲环境行为也有显著提高，但环境知识得分没有变化。其他变量（环境关心、环境行为控制感）均没有发生显著变化。

3.6 环境行为控制感和环境知识干预对亲环境行为变化量的交互作用

为验证环境行为控制感和环境知识干预的主效应及交互作用，根据前测中环境行为控制感的得分将被试分为内控组和外控组，初一（5）班、（7）班的同学为实验组，初一（1）班、（2）班的同学为控制组。环境行为控制感和环境知识干预均为被试间设计，将后测与前测的亲环境行为得分相减得出的亲环境行为得分变化量作为因变量，检验两者对亲环境行为得分变化量是否存在交互作用，结果见表4。

表4　环境行为控制感和环境知识干预对亲环境行为的影响

	df	MS	F	p
实验分组（是否干预）	1	1.23	0.03	0.868
环境行为控制感	1	4.97	0.11	0.738
分组　控制感	1	216.16	4.90	0.029

根据上表数据可知，环境行为控制感和环境知识干预的主效应均不显著，而环境行为控制感和环境知识干预的交互作用显著（$p<0.05$），进一步对环境行为控制感和环境知识干预进行简单效应分析，发现在环境知识干预中，实验组的内控和外控间的差异达到边缘显著的水平（$p=0.064$），说明在实验干预的条件下，内控者的得分变化量要高于外控者，而在控制组，内控者与外控者的得分变化量无显著差异。详见图1。

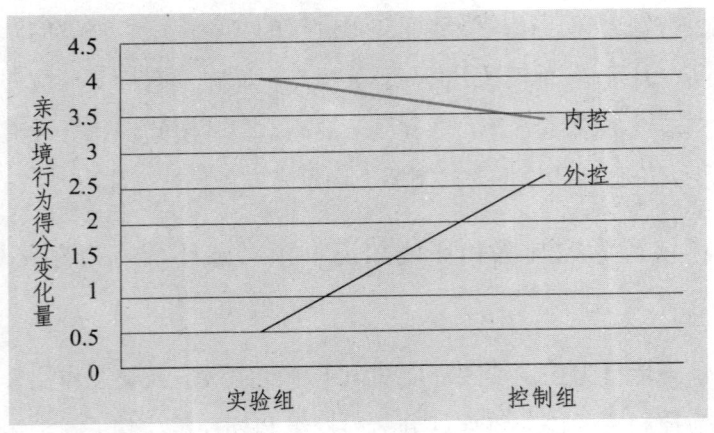

图 1 环境行为控制感和环境知识干预对亲环境行为的影响

3.7 前、后测中各变量对实际亲环境行为的影响

根据被试的礼物选择倾向,可以更真实地反映出被试的亲环境行为表现情况,由于该部分选择为"是/否"的反应,因此结果不符合正态分布,需要选用非参数检验的方法,将其他研究变量取前27%和后27%,分成高、低分组,分别看前测和后测数据中两组的礼物选择有无差异,具体结果见表5。

曼-惠特尼U检验的结果表明,在前测中,三个自变量对于实际亲环境行为的影响均不显著,说明各自变量的高分与低分之间在亲环境行为的实际表现上没有显著差异,实验分组在前测中实际亲环境行为上也没有显著差异。在后测中,三个自变量对于实际亲环境行为的影响仍然均不显著,但是,实验组和控制组被试在实际亲环境行为的表现上是有显著差异的。

表5 前、后测中各变量对实际亲环境行为的影响

		Mann-Whitney U	p
前测	环境关心	413.00	0.583
	环境行为控制感	451.00	0.231
	环境知识	288.00	0.188
	实验分组（是否干预）	1168.00	0.053
后测	环境关心	595.50	0.684
	环境行为控制感	435.00	0.526
	环境知识	515.50	0.178
	实验分组（是否干预）	996.50	0.002

4 讨论

研究结果表明，只有亲环境行为得分在男、女生之间存在性别差异，且女生的亲环境行为得分显著高于男生，而其他变量的性别差异均不显著，说明在实际行动中，女生的行动力会更高一点，而男生虽然也关心环境，具备同等的环境知识，但却较少表现出行动上的环保。关于这一性别差异，其理论解释一般基于社会化理论和社会结构（劳动的社会性别分工）理论。在社会化理论框架中，社会化的过程鼓励女性扮演照顾家庭的角色，因为她们具有"母亲精神"，这种精神对保护环境是有利的。相反，鼓励男性扮演家庭生计维持者的角色，要求男性具有理性和积极进取的"市场精神"，对待环境采取工具主义和消费主义的价值观，这对环境保护是不利的。社会结构理论认为女性处于顺从和被支配的地位，所以女性与自然格外亲近，同时女性

花在家庭的时间更多,因此她们从事的亲环境行为就比男性要多。[①]在本研究中,由于被试还是初中生,因此社会结构理论的解释不是很合适,笔者认为,女生表现出更多的亲环境行为更可能是因为社会的潜在要求,即:女生应该更温柔,更懂得呵护,所以进一步拓展到环境保护的领域,也就表现出更多的亲环境行为。

本研究的意义在于:第一,目前关于亲环境行为的实验研究还比较少,而将其与环境行为控制感相结合的研究就更少,因此,本研究是对该领域的探索;第二,对已有理论中的内容,运用实验法进行验证和探讨,从而研究环境行为控制感和环境知识干预是否能影响亲环境行为的发生;第三,针对目前全球环境问题频出的现状,从心理学的角度来探讨亲环境行为的相关问题,为增加公民个人的亲环境行为给出一些参考和建议;第四,将被试群体定位于初中生,也将为初中生关于环境保护方面的认知发展做出一定的改善。

本研究存在以下不足:第一,在问卷编制方面,自评亲环境行为量表在行为的频次上应该更明确和细致,本研究中分为五个档次,分别为"从不""很少""偶尔""有时"和"经常",在"有时"和"经常"中间的跨度有些大,可以加入"常常"等,或者直接定义为次数,如"一个月内表现几次?"选项可以是"2—3次""6—7次"等,这样会更明确。第二,被试群体仅限于初中生,且仅为一个学校的学生,无疑就限制了研究结果的推广。因此在以后的研究中,应该尝试扩展被试群体,使其更具有代表性。

未来研究可改进的方向为:第一,在未来研究中,对于影响亲环境行为的自变量之间的关系可以作更多的探讨,如:环境关心是否可以作为环境行为控制感和环境知识对亲环境行为影响的中介变量,还是环境行为控制感和环境知识可以作为环境关心与亲环境行为关系之间的调节变量等。第二,在实验的干预方面,可以增加次数,定期进行,还可以增加巩固强化的部分,并加入一些互动的环节,充分调动被试的主动性和积极性,让被试自己去查

[①] 龚文娟:《当代城市居民环境友好行为之性别差异分析》,载《中国地质大学学报》(社会科学版),2008,8(6):37—42。

找与环境问题相关的资料,这样干预的效果会更好。而且,在环境知识讲授的干预完成后,应该隔一段时间再去测量亲环境行为的表现,这样能够使被试有时间去将理论中学到的知识应用于实际中。第三,未来研究应该更多地去关注亲环境行为得分的评估方式,除了自评的方式外,是否还有其他更为贴近实际表现的评估方式可以选用,如:可以观察被试在实验室内是否使用一次性的纸杯,是否会选择双面利用纸张,是否会正确地进行垃圾分类等。

新生态范式量表（儿童版）的修订和施测[1]

苏丹[2] 王明怡[3]

20世纪60年代以来，随着世界人口增多、科学的发展，自然界的环境却在不断恶化。在环境日益恶化的事实前，人类开始意识到环境保护的重要性，并采取一系列的补救措施。传统的社会心理学认为态度决定着人的行为，因此环境态度决定环境行为的观点不容置疑。如今在许多发达国家已逐渐认识到环境态度对于改善生态环境，实现社会经济的可持续发展的重要作用，开始对国家公民加强环境教育，培养积极的环境态度。

早期研究认为环境态度不仅包括认知、情感、行为意图等成分，还包括实际行为的成分。后来的研究开始将实际行为排除在外，仅包含认知、情感、行为意图三种成分。[4]目前公认的定义认为环境态度是指"个体对与环境有关的活动、问题所持有的信念、情感、行为意图的集合"。[5]为了找出个体环境态度差异的原因，研究者提出了价值观基础理论和包含理论，这两个理论使环境态度的研究有了新的方向。

---

[1] 中央高校基本科研业务费专项资金（TD2011—15），"生态主义心理学的理论建构与实践探索"课题。
[2] 苏丹，北京师范大学教育学部教育心理与学校咨询研究所硕士研究生。
[3] 王明怡，北京林业大学人文社会科学学院心理学系副教授。
[4] Bruce E. Rideout, "The Effect of a Brief Environmental Problems Module on Endorsement of the New Ecological Paradigm in College Students", *Reports & Researcher*, 2005.
[5] Bonnett, Michael, Williams, Jacquetta, "Environmental Education and Primary Children's Attitudes towards Nature and the Environment", *Cambridge Journal of Education*, 1998, 28(2): 159–174.

Stem 和 Dietz（1994）的价值观基础理论认为环境态度是个体一套价值观的结果。每个人有三种价值目标（valued object），指向自己、他人和生物。个体对三种目标的重视程度不同代表了不同的价值观：利己取向、利他取向和生态取向。而这三种价值观又会导致三种不同的环境态度，即利己环境态度、利他环境态度和生态环境态度。利己环境态度会以利己价值观为主，保护环境是为了使自己的利益不受损害；利他环境态度是以利他价值观为基础，是从人类生存的长远利益考虑，觉得保护环境是对人类生存有好处的事；生态环境态度是以生态价值观为基础，关注的是自然本身，将人类归于自然的一部分。如果个体觉得保护环境给自己、他人、生物带来了不利后果，那个体可能就不会保护环境。因此这一理论是用来解释总的环境态度的。

另一种包含理论也认为个体有三种环境态度：利己环境态度、利他环境态度和生态环境态度，但是包含理论对三种环境态度的解释与价值观基础理论不同。不同的环境态度表现了不同程度的包含。利己环境态度认为自己和他人、自然是独立的；利他环境态度认为自己和他人是有联系的；生态环境态度则认为自己和其他所有生物是有联系的。三种环境态度都会产生环境关心，但表现的是不同的自我认知结构。[1]

为了更好地测量出个体的环境态度，一些专家学者开始着手编写测量环境态度的量表，其中使用较为广泛的是新环境范式量表（New Environmental Paradigm, 简称 NEP）。Dunlap 和 Van Liere（1978）编制了新环境范式量表，用来测量人们的环境关心。量表最初包括 12 个项目，分为三个方面：对增长极限的看法、对生态平衡的看法、对人类与自然关系的看法。20 世纪 90 年代初，Dunlap 等人尝试修订 1978 年提出的新环境范式（NEP）量表，并在 2000 年正式发表，修订后的量表叫作"新生态范式"（New Ecological Paradigm）量表，

---

[1] Schultz P. Wesley, "Empathizing with Nature: The Effects of Perspective Taking on Concern for Environmental Issues", *Journal of Social Issues*, 2000, 56(3): 391–406.

由15个题目组成，具有良好的信效度。[①]但新环境范式量表的适用人群并不包括儿童，鉴于此，Manoli 等人对于新修订的"新生态范式"量表作了一些修订，使其适合10至12岁的儿童，本研究采用的即为修订后的"新生态范式"量表（NEP）儿童版。

在国外的研究中发现，儿童的环境态度会受到环境课程（Environmental Education，简称 EE）的影响。[②]在许多国家，尤其是发达国家，大多数学校中开设了环境课程，同时在社会上也有一些教授环境课程的组织。对于环境课程的定义也有多种，但其主要目的都在于让孩子能够发展出对于生态概念的理解，建立对自然界的积极情绪以及改变他们的环境行为。[③]在国内，大多数学校都开设了自然课（有些地方更名为科学课），课程涉及许多自然常识，其宗旨是培养和提高每个学生的科学素养。相对于国外课程，国内的自然课并不局限于自然环境，也包括科学知识。

早期国外学者就对野外课程（wilderness programmes）以及户外教育项目（outdoor education programmes）与儿童发展相关作了一些研究，并得出结论表明这些户外项目对于儿童自尊自信的培养、自我效能感的获得都有益处。[④]此外，其他一些国家在幼儿园、小学等也开设了环境课程（EE），并通过研

[①] Cordano, Mark, Welcomer, A. Stephanie, Scherer, F. Robert, "An Analysis of the Predictive Validity of the New Ecological Paradigm Scale", *The Journal of Environmental Education*, 2003, 34 (3): 22.

[②] Jennifer Camp Bell Bradley, Waliczek, T. M., Zaijicek, J. M., "Relationship between Environmental Knowledge and Environmental Attitude of High School Students", *The Journal of Environmental Education*, 1999, 30 (3): 17.

[③] Constantinos C. Manoli, Bruce Johnson and Riley E. Dunlap, "Assessing Children's Environmental Worldviews: Modifying and Validating the New Ecological Paradigm Scale for Use With Children", *Reports & Research*, 2007, 38 (4): 6.

[④] Christopher Spencer and Mark Blades, *Children and Their Environments, Learning, Using and Designing Spaces*, Cambridge University Press, 2006: 126–128.

究发现环境课程对于孩子解决环境问题，改变环境行为都有影响。[①][②] 国内虽然在学校里有开设自然课，但是一直以来这门课程都没有受到应有的重视，很多时候都形同虚设。同时社会上也很少有像国外团体创设的户外活动课程。儿童对于自然的体验大部分是通过书本或是旅游，但缺乏系统性和目的性。儿童对于自然的态度可能是积极的，但仍然具有局限性，因此环境课程对儿童环境态度的影响并不明确。

为了调查当前小学生的环境态度情况，本研究通过修订国外的环境态度量表，对小学儿童的环境态度进行调查，以期了解当前小学生的环境态度状况，以及环境课程的影响作用，对环境活动的开展和学校环境课程的开设提供建议。

1 对象与方法

1.1 研究对象

预测对象：随机选取北京市某小学三至四年级学生共 100 人进行施测，回收有效问卷 86 份，其中男生 40 人，女生 46 人，年龄在 10—12 岁之间。

正式测试对象：随机选取北京市两所小学三至四年级学生共 200 人进行施测，回收有效问卷 185 份，其中男生 82 人，女生 103 人，年龄在 10—13 岁之间。这两所学校一所设有自然课，但大多数时间被老师占用为其他课程，另一所学校开设科技课，对学生传授自然知识。

---

① Shin, Keum Ho, "Development of Environmental Education in the Korean Kindergarten Context", *Dissertation Abstracts International*, 2008.

② Ann Bostrom, Richard Barke, Rama Mohana R. Turage and Robert E. O'Connor, "Environmental Concerns and the New Environmental Paradigm in Bulgaria", *Reports & Research*, 2006, 37(3).

1.2 研究工具

分别请三位心理和英语系研究生对 Manoli 等人修订的新生态范式量表（儿童版）进行翻译和回译，然后请小学班级的班主任对中文版的量表内容提出建议，修改部分翻译内容，形成预测问卷。预测结果显示问卷信度良好，内部一致性系数达到 0.78。对量表的内容作部分修改调整后，确定正式量表。

1.3 统计方法

所有数据采用 SPSS18.0 及 AMOS 7.0 进行统计分析。采用探索性因素分析、项目分析、验证性因素分析、独立样本 t 检验等统计方法进行处理。

2 结果分析

2.1 项目分析

采用相关法计算所有题项与问卷总分之间的相关。结果显示，所有题项与总分之间的相关系数在 0.46—0.78 之间（均 $p<0.01$）。

2.2 效度检验

2.2.1 探索性因素分析

对数据的适应性进行检验，结果表明 KMO 值为 0.885，Bartlett 检验 x^2 值为 4371.78（$p<0.001$，$df=245$），适合进行探索性因素分析。使用主成分及斜交旋转法抽取共同因素，发现有 4 个因素的特征值（Eigenvalues）大于 1.0，共同解释了项目总方差的 66.06%，见表 1。对四因素进行命名，由于结果与英文版的新生态范式 NEP 量表的儿童版大致一致，因此，各因素名称也与英文版相似。因素 1 为人类免责主义，主要内容是人类对于自然的态度；因素 2 为人类行为结果，主要内容为人类行为对生态造成的危害；因素 3 是对人类行为态度，主要内容是个体对人类行为对自然造成危害的态度；因素 4 是自

然的权利，主要内容为人类对自然规律的看法。各项目在因素中负荷见表1。

表1 新生态范式量表（儿童版）的探索性因素分析结果（n=185）

人类免责主义		人类行为结果		对人类行为态度		自然的权利	
项目	负荷	项目	负荷	项目	负荷	项目	负荷
3	0.58	5	0.76	2	0.75	1	0.74
6	0.74	10	0.77	8	0.76	4	0.76
9	0.58					7	0.79

2.2.2 验证性因素分析

采用AMOS7.0对数据进行分析，对问卷的结构模型进行检验，得到各指标数据达到统计要求，模型拟合度较好，见表2和图1。中文版新生态范式量表（儿童版）的题项能够有效地反应其所对应的因子。因此经修订后的问卷在结构上合理。

表2 新生态范式量表（儿童版）假设结构模型拟合度（n=185）

RMSEA	GFI	AGFI	CFI
0.086	0.850	0.847	0.723

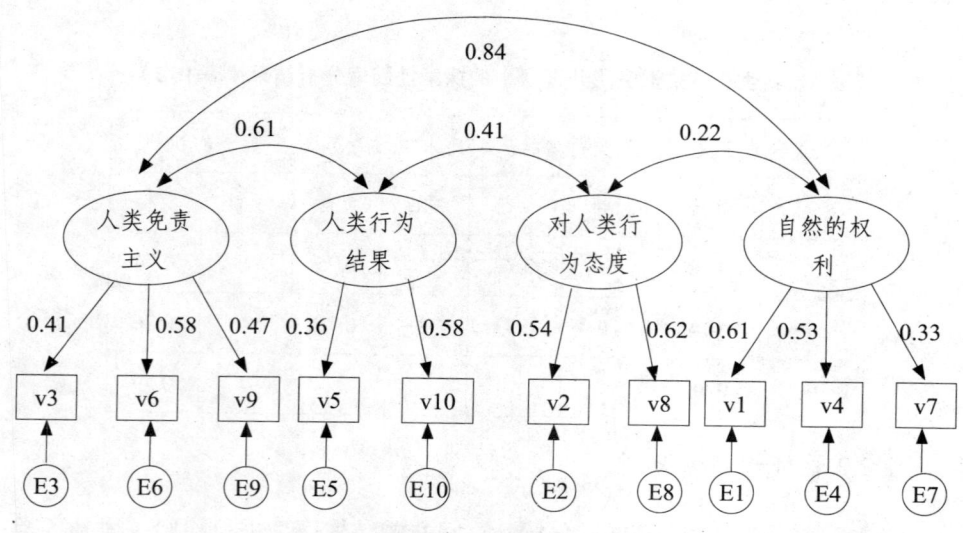

图 1　验证性因素分析图

2.2.3 结构效度

对量表各因素得分与总分作相关分析得到，各因素与量表总分相关系数在 0.41—0.65 之间（$p<0.01$），各因素之间的相关系数在 0.41—0.63 之间（$p<0.01$），见表3。各因素与总量表的相关程度、因素之间都有中等程度相关，本量表的结构效度较好。

表 3　量表各因素之间及其与总分相关性（$n=185$）

因素	人类免责主义	人类行为结果	人类行为态度	自然的权利
人类免责主义				
人类行为结果	0.612**			
人类行为态度	0.600**	0.610**		
自然的权利	0.412**	0.633**	0.616**	
总分	0.409**	0.645**	0.528**	0.557**

注：**$p<0.01$。

2.3 信度检验

内部一致性：总量表的内部一致性系数为 0.77，四个因素的内部一致性系数分别为 0.78、0.60、0.73、0.63。

分半信度：总量表的分半信度为 0.66，四个因素的分半信度分别为 0.79、0.61、0.73、0.60。

2.4 环境课程对小学生环境态度影响的差异检验

分别对两所学校学生的量表各因素和总量表得分作独立样本 t 检验，得到两所小学学生在总量表及其各因素上均有显著差异（见表 4）。可见学校是否开设环境课程对小学生的环境态度有影响，除了自然的权利一项，学习自然课程的学生在其他项目上的得分均高于未学习自然课程的学生，表明其在环境态度上更积极，更能意识到环境的重要性。

表 4 两所小学学生环境态度的差异检验（n=185）

因素	小学 1		小学 2		t
	M	SD	M	SD	
人类免责主义	2.99	0.94	2.43	0.85	3.85*
人类行为结果	4.44	0.78	3.96	0.94	2.23*
对人类行为态度	3.56	0.68	3.21	0.56	2.12*
自然的权利	3.49	0.71	3.79	0.75	−2.63*
总分	3.67	0.50	3.36	0.47	2.35*

注：*p<0.05，小学 1 为有环境课程小学，小学 2 为无环境课程小学。

3 讨论

本研究在以往研究儿童环境态度的文献基础上，修订并施测了儿童生态范式量表，量表一共含有四个部分，反映了儿童对于环境的态度和看法。

通过探索性因素分析表明，儿童生态范式量表含有四个因素，这四个因素分别测查了儿童有关环境态度的不同方面的内容，同时量表的总分又体现了儿童环境态度的整体水平。量表的验证性因素结果表明，儿童生态范式量表的结构模型拟合较好，各因素在总量表上的负荷比较合理，因此本量表具有较好的结构效度，能有效地反应儿童的生态环境观。此外，信度分析表明，本量表所得结果真实可靠。

通过独立样本 t 检验可得，环境课程对小学生的环境态度有一定的影响。有环境课程的小学，其小学生在生态危机意识上要高于没有环境课程的小学。同时有环境课程的小学的小学生会更多地从环境出发，较少有人类中心的看法和态度。因此，环境课程通过向学生传授环境知识，参与环境改造活动，能够更好地让学生了解到环境保护的重要性，改变不良的环境行为，提高环境意识。

这一结果与国外的相关研究一致，[1][2] 表明环境课程对儿童的环境态度确实有着影响。根据环境态度的价值观基础理论，每个人有三种不同的价值观：利己、利他和生态。在研究中，被试在人类行为结果、对人类行为态度和人类免责主义三个维度上的区别较大，反映出被试主要是从利己和生态两种价值观出发去评判环境问题的。因此，如果能够让儿童认识到保护环境对于自

---

[1] Constantinos C. Manoli, Bruce Johnson and Riley E. Dunlap, "Assessing Children's Environmental Worldviews: Modifying and Validating the New Ecological Paradigm Scale for Use with Children", *Reports & Research*, 2007, 38 (4): 6.

[2] Bonnett, Michael, Williams, Jacquetta, Environmental Education and Primary Children's Attitudes towards Nature and the Environment, Cambridge Journal of Education, 1998, 28 (2): 159–174.

身以及生态的积极性，将更有利于儿童去认识自然、保护自然。同时也可以发现，儿童对于自然的规律了解并不多，这对于他们的环境态度的形成也会产生一定的影响。当儿童能够更好地理解自然规律，相信他们能够更好地意识到环境保护的重要性。

鉴于研究结果，在环境课程的教授中应避免照本宣科，教师应该更多地从实际出发，从儿童自身出发，可以利用举例、列事实、实践活动，让儿童更直观地感受到环境给自身带来的好处，强化儿童保护环境的意识。

本研究只是对儿童环境态度的初步探索，还有很多的不足和缺点，在以后的研究中还应更加深入，完善研究的结果，进一步修正儿童新生态范式量表。

4 进一步研究方向

研究被试的取样仅局限于北京市的两所小学，并未在更大范围内取样，取样缺乏代表性。同时，被试都是来自城市，缺少来自农村或者是少数民族的被试，如果考察到被试的生活环境，研究结果可能会有所差别。此外，本研究采用问卷法来了解小学生的环境态度，计分采用5点自评法。这种自我报告法，比较容易受社会赞许效应的影响。被试可能会因为一些外在因素而选择和自己态度不同的选项从而获得高分，导致问卷结果不真实。因此，今后的研究应多种方法结合，如投射测验等来了解被试的真实环境态度。

后 记

随着我国社会经济的发展，生态与环境问题也日益突显。建设生态文明、美丽中国，这不仅是政府的责任，也是心理学家的责任。在多方支持下，我们于2010年举办了首届全国生态与环境心理学大会，学者们就生态与环境心理学的多个领域进行了热烈讨论，并在此基础上出版了大会论文集。

2013年10月，在中国社会心理学会生态与环境心理学专业委员会（筹）、北京林业大学人文社会科学学院、北京心理学会以及中国海洋大学法政学院的大力支持下，我们在北京召开了第二届全国生态与环境心理学大会。围绕着"美丽中国——心理学的贡献"这一主题，与会学者就环境认知、环境保护、生态心理咨询等领域展开讨论，探讨了各个心理学领域如何对人与自然的和谐共生作出贡献。我们相信，学术会议的召开以及论文集的出版，将对生态与环境心理学的发展起到一定的推动作用。

在此，特别感谢各方对举办全国生态与环境心理学大会的支持，感谢中央编译出版社对论文集出版的帮助。生态与环境心理学还是一个年轻的学科，很多研究都还不成熟，甚至还处于萌芽阶段。但我们相信，这是一个有着巨大潜力的学科领域，只要我们潜心研究、用心浇灌，这颗小苗一定会慢慢长成参天大树。

编写组

2014年7月21日

图书在版编目(CIP)数据

生态文明视野中的心理学研究：第二届全国生态与环境心理学大会论文集／田浩等主编．—北京：中央编译出版社，2014.11
ISBN 978-7-5117-2391-8

Ⅰ.①生… Ⅱ.①田… Ⅲ.①生态环境－环境心理学－文集
Ⅳ.① B845.65-53

中国版本图书馆 CIP 数据核字(2014)第 259626 号

生态文明视野中的心理学研究：第二届全国生态与环境心理学大会论文集

出 版 人：刘明清
责任编辑：盛菊艳
责任印制：尹 珺
出版发行：中央编译出版社
地　　址：北京西城区车公庄大街乙 5 号鸿儒大厦 B 座 (100044)
电　　话：(010) 52612345（总编室）　　(010) 52612335（编辑室）
　　　　　　(010) 52612316（发行部）　　(010) 52612317（网络销售）
　　　　　　(010) 52612346（馆配部）　　(010) 66509618（读者服务部）
传　　真：(010) 66515838
经　　销：全国新华书店
印　　刷：北京金瀑印刷有限责任公司
开　　本：787 毫米 ×1092 毫米　1/16
字　　数：275 千字
印　　张：18.25
版　　次：2014 年 11 月第 1 版第 1 次印刷
定　　价：65.00 元

网　　址：www.cctphome.com　　　**邮　　箱**：cctp@cctphome.com
新浪微博：@中央编译出版社　　　　**微　　信**：中央编译出版社（ID：cctphome）
淘宝店铺：中央编译出版社直销店（http://shop108367160.taobao.com）

本社常年法律顾问：北京市吴栾赵阎律师事务所律师　闫军　梁勤
凡有印装质量问题，本社负责调换。电话：010-66509618